식품 물성학 원리와 응용

FOOD RHEOLOGY

식품 물성학 원리와 응용

이수용 · 김용노

수학사

머리말

전 세계적으로 식품 산업은 다양한 과학기술이 접목되어 비약적인 발전을 거듭하며 성장하고 있다. 이에 따라, 식품 (가)공학, 식품 화학, 식품 미생물의 세 분야로 대표되던 전통적인 식품공학은 다른 학문 분야와의 융합을 통해 확대되는 동시에 더욱 더 세분화, 전문화되고 있다. 이러한 추세는 학문적 이론과 객관적 측정을 기반으로 한 과학적 접근 방법이 식품 전 분야로 확대되고 있기 때문이다. 그렇지만, 아쉽게도 식품 물성에 대해서는 아직까지 과학적 분석을 바탕으로 한 객관적 수치보다는 숙련자의 경험을 통한 주관적 판단에 더 의존하고 있는 실정이다. 식품 산업이 대형화, 글로벌화됨에 따라 정확한 제어와 예측을 통해 다양한 소비자가 원하는 식품 물성을 일관되게 구현하는 것이 매우 중요하며, 이를 위해 식품 물성의 객관적 측정이 필요하다는 것은 저자뿐만 아니라 많은 학계, 산업계 식품 전문가들의 공통된 의견이기도 하다.

『식품 물성학』은 식품을 전공하는 학부생 또는 대학원생으로부터 식품 산업체에서 제품 개발, 품질 관리 등 물성에 대한 이해가 요구되는 분야 종사자에 이르기까지 광범위한 독자를 대상으로 식품 물성 및 텍스처에 대한 기초적 지식과 응용적 내용을 포괄적으로 기술하고자 하였다. 제1장에서는 식품 물성 및 텍스처의 정의와 식품 산업에서의 필요성을, 제2장에서는 응력, 변형률, 변형속도 등의 식품 물성 기초 이론을, 제3장에서는 고체 식품의 물성을, 제4장에서는 액체 식품의 물성을, 제5장에서는 식품의 점탄성을, 제6장에서는 식품 물성 측정을 위한 기기 장치를, 제7장에서는 『식품공전』을 토대로 한 식품별 물성 측정 방법을 다루고자 한다. 특히, 식품의 물성을 이해하기 위한 이론적 지식뿐만 아니라 관련 예제를 제시하고, 실제 측정 방법을 사진과 함께 보여 줌으로써 이해도를 높이고자 하였다. 식품 물성에 관한 용어는 아쉽게도 아직까지 우리말로 정립되어 있지 않은 경우가 많아 이를 번역하는 데 많은 어려움이 있었지만, 한국식품과학회『식품과학용어집』제3판을 토대로 하고, 그 이외에도 한국화학공학회『화학공학술어집』, 한국물리학회『물리학용어집』등을 참고하여 식품 분야에 적합한 의미를 잘 전달할 수 있도록 표현하였다. 아울러, 식품 이외의 여러 학문 분야에서 사용되고 있는 물성학 개념과 상충되지 않고 인식을 같이 할 수 있도록 수학적, 공학적 개념을 적절하게 배치하였다.

이 책은 국내에서 처음으로 식품 물성 및 텍스처에 관한 이론과 측정 방법을 다루고 있어 그 의미가 크다고 할 수 있다. 아직까지 여러모로 부족한 점들은 추후 개정판을 통하여 지속적으로 보완할 예정이다. 끝으로 이 책을 완성할 수 있도록 도와주신 동료, 선후배님들, 그리고 세종대학교 식품가공학 실험실 학생들에게 고마움을 전하며 사랑하는 가족에게 이 책을 바친다.

저자 이수용, 김용노

차례

7 다양한 식품의 물성 측정

1 서론

1.1. 식품 물성학의 정의

1.2. 식품 물성학의 중요성

1.3. 식품 텍스처

1 서론

1.1. 식품 물성학의 정의

물성物性이라는 개념이 우리 실생활과 어떤 연관성이 있는지 파악할 수 있다면 '식품 물성학'을 이해하고 정의하는 데 도움이 될 수 있다. 벽에 페인트를 칠하는 장면을 생각해 보자. 페인트를 솔brush에 묻혀 벽에 바르면 페인트는 얇은 두께의 막으로 벽에 붙게 된다. 즉, 페인트는 액체 상태이지만 흘러내리지 않고 벽에 붙어 고체처럼 움직이지 않는 상태가 된다. 하지만, 페인트가 아닌 물을 묻혀 벽에 바르면 페인트와 같이 얇은 막의 형태로 벽에 붙어 있지 않고, 아래 방향으로 흘러내린다. 이와 같이 페인트와 물은 액체 상태의 물질인데 동일한 조건에서 "왜 이렇게 다르게 움직이는가?" 하는 의문이 생긴다.

그림 1-1은 마요네즈와 꿀을 보여 주고 있다. 마요네즈는 보관 용기에서 덜어 내면 그 형태를 그대로 유지하려고 한다. 반면, 꿀의 경우 처음에는 그 형태를 유지하려고 하다가 결국 흐르게 되어 표면이 평평한 상태로 된다. 우리가 일반적으로 생각하기에 고체는

그림 1-1 일상생활에서의 물성학 예시들

움직이지 않고 그대로 있는 성질을 가지고 있고, 액체의 경우에는 힘을 가하면 움직이는 즉, 흐르는 성질을 가지고 있다. 이와 같은 개념에서 마요네즈와 꿀의 고체적 성질과 액체적 성질은 근본적인 차이가 있으며, 유체의 물성 척도로 흔히 사용하는 점도만으로 그 물성을 설명하는 데 한계가 있음을 알 수 있다.

언급한 예시들은 각 물질의 물성학적 특성과 관련이 있는 현상으로서, 물성은 일반적으로 물질이 가지고 있는 전기적, 자기적, 광학적, 역학적 특성과 같은 물리적 특성physical property을 의미한다. 이와 같이 물성에 의한 현상은 우리가 생활하는 주변에서 흔히 경험할 수 있으며 식품뿐만 아니라 다양한 분야에서 중요한 부분을 차지하고 있다.

물성은 다양한 학문 분야의 이론과 방법을 토대로 측정하고 해석하는데 특히, '리올로지rheology'를 통한 물질의 기계적 물성 분석은 광범위한 영역에서 활용되고 있다. 리올로지는 *παντα ρει*〔발음 '판타레이panta rhei'〕라는 그리스어에서 유래했다고 알려져 있는데, 이 말은 그리스의 철학자 Heraclitus가 한 말로 '만물은 흐른다Everything flows and nothing abides.'의 뜻을 내포하고 있다. 'Rheo'는 그리스어로 '흐른다flow'는 의미를, '-ology'는 학문의 의미를 내포하고 있어 리올로지는 결국 흐름에 대한 학문이라고 말할 수 있다. 1920년 Eugene C. Bingham이 Heraclitus의 말에서 영감을 얻어 'Rheology'라는 용어를 처음 사용하기 시작했다고 알려져 있다.

앞서 리올로지를 흐름에 대한 학문이라고 하였지만, 좀 더 명확히 표현하자면 'the science of the deformation and flow of materials'라고 할 수 있다. 즉, 액체 물질의 경우 외부의 힘force을 받으면 흐름flow이 생기지만 고체의 경우 흐른다기보다는 변형deformation이 일어난다고 표현하는 것이 적합하기 때문이다. 따라서, '리올로지'란 물질이 외부의 힘을 받았을 때 어떻게 변형되고 흐르는지를 연구하는 학문으로서 간단히 '물질의 흐름과 변형에 관한 학문'이라 정의할 수 있다.

따라서, 이 책에서 다루는 식품 리올로지로 대변되는 '식품 물성학'은 식품foods이란 물질을 대상으로 하여 식품의 변형과 흐름에 대해서 연구하는 학문이며, 여기에서 식품은 원료raw materials, 중간 제품intermediate products, 최종 제품final products을 모두 포함하는 개념이다.

물질이 어떤 방향에서 힘을 받아 어떻게 변형되고 흐름이 일어났는지 텐서tensor를 사용하여 이론적으로 나타낼 수 있기 때문에 물성학에서는 공학적, 수학적 개념이 필요하다. 따라서, 제2장에서는 식품 물성학을 공부하기 위해서 필요한 기본적 이론에 대하여 다루

표 1-1 다양한 물성학적 특성의 개요

액체(liquids)		고체(solids)	
완전 점성(ideal viscous) 유동 특성(flow behavior) 뉴턴의 점도 법칙(Newton's law of viscosity)	점탄성 액체(viscoelastic liquid) 유동 특성(flow behavior) 맥스웰 모델(Maxwell model)	점탄성 고체(viscoelastic solid) 변형 특성(deformation behavior) 켈빈 모델(Kelvin model)	완전 탄성(ideal elastic) 변형 특성(deformation behavior) 후크의 법칙(Hooke's law)
유동/점도 측정 (flow/viscosity test)	크리프 회복 측정(creep recovery test), 응력 완화 측정(stress relaxation test), 진동 측정법 (oscillatory test)		

고자 한다. 물성을 측정해야 하는 물질이라는 관점에서 식품을 살펴보면 액체liquid, 고체solid라는 2가지 물리적 형태로 구분할 수는 있지만, 죽과 같은 반액체semi-liquid, 크림cream이나 젤gel 같은 반고체semi-solid 형태의 다양한 식품도 존재하며 이를 구분하는 경계가 모호할 경우도 많다. 따라서, 제3장에서는 후크의 법칙Hooke's law을 따르는 고체 상태의 식품을, 제4장에서는 뉴턴의 점도 법칙Newton's law of viscosity을 토대로 한 액체 상태의 식품을 다루고, 제5장에서는 고체 및 액체 상태의 특성을 모두 가지고 있는 점탄성viscoelasticity에 대하여 다루고자 한다.

식품은 다른 분야에서 다루는 물질에 비하여 그 성분 조성 및 구조가 매우 광범위하고, 여러 가공 공정을 거치면서 많은 공정 변수의 작용에 의해 그 물성 또한 변하게 된다. 아울러, 다양한 식품별로 소비자들의 경험적 측면에서 요구하는 전형적인 물성 특성(예로 케첩의 점도가 높은 흐름성, 감자칩의 바삭함, 젤리의 탄력성 등)이 있다. 따라서, 식품 분야에서는 특이적으로 다른 분야와는 달리 이론적인 지식뿐만 아니라 경험을 토대로 한 실질적 접근 방법이 식품 물성 분석에 사용되고 있어 제6장과 제7장에서는 이를 다루고자 한다.

1.2. 식품 물성학의 중요성

물성학은 전통적으로 재료공학 분야에서 주로 다루어 왔지만, 모든 물질은 고유의 물성학적 특성을 가지고 있기 때문에 현재 모든 분야에서 광범위하게 적용되고 있다. 예로, 그림 1-2에서 보여 주는 바와 같이 플라스틱이 얼마나 늘어날 수 있는지, 금속이 충격에 얼마만큼 견딜 수 있는지, 콘크리트가 어느 정도 하중을 버틸 수 있는지 등의 의문점을 물성학적 관점에서 해결책을 찾고자 플라스틱, 금속, 콘크리트 등의 여러 분야에서 오래

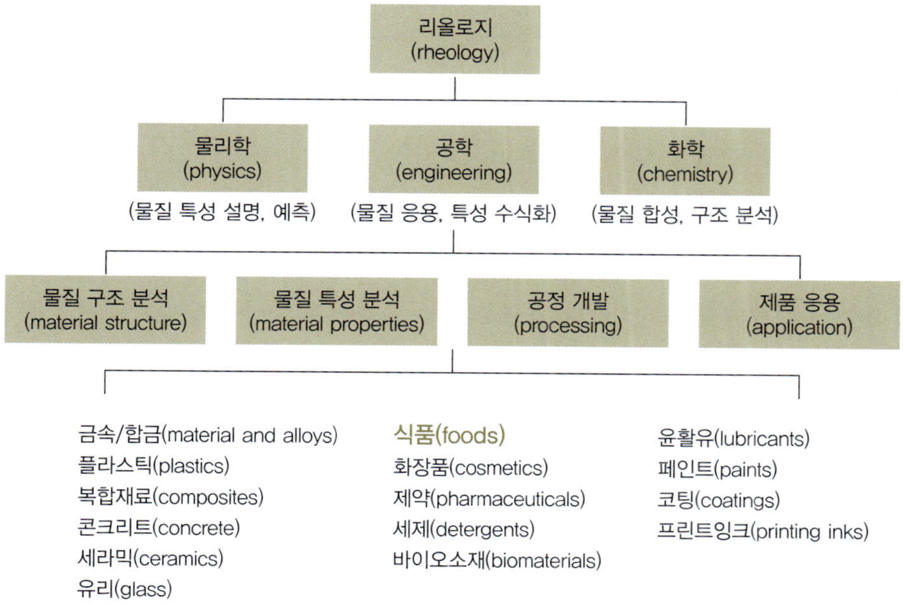

그림 1-2 다양한 분야에서 물성학의 응용

전부터 물성학적 기술이 적용되고 있다. 이러한 공학 분야 이외에도 바이오 소재에 대한 연구가 활발히 진행되면서 의학, 약학, 화장품 등의 생명과학 분야에서도 물성학에 대한 중요성이 부각되고 있다.

전통적으로 식품의 물성 분석은 경험을 토대로 한 개인의 숙련도 및 주관적 판단에 의존하는 방법이 널리 사용되어 왔고 현재도 이러한 방식이 통용되고 있다. 하지만, 식품산업의 규모가 확대, 대형화되면서 다량의 식품에 소비자가 원하는 물성을 일관되게 구현하고, 이를 객관적으로 측정할 수 있는 필요성이 대두되었다. 따라서, 기계적 측정 방법을 통하여 객관적으로 수치화할 수 있는 물성학적 접근법이 식품 분야에서 큰 주목을 받고 있다.

식품 분야에서 물성학의 필요성을 요약하면 다음과 같다.

① 공정 디자인 : 식품 공정에서 펌프, 혼합기 등의 장치 및 파이프 라인 등 공정 설계 시 사용되는 식품의 물성 정보(점도 등)가 필요하다.

② 품질 특성의 객관적 분석 : 식품이 지닌 고유의 물성(예로 스낵의 바삭함, 케첩의 점도 등)을 분석하여 객관적 수치로 나타낼 수 있다.

③ 품질 관리 : 생산되는 제품이 일정한 품질 특성을 갖도록 물성을 모니터링하여 제품의 품질을 관리한다.

④ 제품 개발 : 신제품 개발 시 기존 제품과의 물성 차이를 분석하거나 새로운 물성을 구현하고자 할 때 물성 측정이 필요하다.

⑤ 유통기한 설정 : 특정 식품(예로 베이커리/떡류 제품 등)의 경우, 저장 기간에 따라서 물성이 변하는 경우에 물성을 측정하여 유통기한 설정에 이용할 수 있다.

⑥ 관능 특성과의 연계 : 식품의 관능학적 품질 특성과 물성 특성과의 연관성을 구명하여 물성학적 측정법으로부터 관능학적 특성을 유추할 수 있으며, 이로 인해 시간적, 경제적 비용을 절감할 수 있다.

1.3. 식품 텍스처

식품에서 물성을 말할 때에 흔히 텍스처texture라는 용어를 혼용해서 사용하고 있다. 엄밀히 말하면 식품의 물성과 텍스처는 서로 연관되어 있지만 서로 다른 의미도 내포하고 있기에 이들에 대한 구별이 필요하다.

텍스처라는 용어는 '직물을 짜다'라는 의미의 라틴어 'textura'에서 유래한 말로서, 원래 섬유fabrics의 질감을 표시하는 데 사용되어 왔다. 그런데, 이러한 질감을 나타내는 의미로 텍스처라는 개념을 식품 분야에서 사용하기 시작하였다. 따라서, 식품에서 널리 사용하고 있는 텍스처의 개념을 식품학적 관점에서 정의할 필요가 생겼고 이에 따라 학자들이 텍스처에 대한 정의를 내리고 있다. 하지만, 아쉽게도 아직까지 식품 분야에서 식품 텍스처에 대한 공식적인 정의는 불분명하다. 식품에서 텍스처는 '조직감'이라는 용어로 사용되기도 하는데, 다양한 문헌에서 정의된 텍스처의 개념을 요약하면 다음과 같다.

① 식품의 구조에서 유래된 물리적 특징으로, 특히 기계적mechanical, 물성학적rheological 특성에 속한다. 광학적optical, 전기적electrical, 자기적magnetic, 열적thermal 특성은 텍스처 정의에서 제외된다.

② 텍스처는 하나의 물리적 특성이 아니라 여러 가지 물리적 특성들physical properties의 복합적인 작용을 나타낸다.

③ 주로 입이나 손에 의한 촉감 등 감각기관에 의해서 느껴지는데 맛taste, 향기odor 등의 화학적 감지와는 관련이 없다.

④ 객관적 측정의 경우 질량, 거리, 시간의 함수로 나타낸다.

⑤ 특정한 식품이 아니라 다양한 식품에 보편적으로 적용되는 특성이다.

따라서, 이러한 개념을 바탕으로 식품에서 텍스처의 의미를 요약하면 식품의 구조에서 유래한 물리적 특성들로서, 주로 촉감에 의해 느껴지며, 외부 힘에 의한 변형 및 흐름과 관련 있고, 질량/시간/거리의 함수로 객관적으로 측정될 수 있는 특성을 의미한다고 할 수 있겠다. 『식품과학용어사전』에는 '표면 또는 식품의 느낌과 관련되는 관능 성질, 또는 표면 구조 및 표면의 일반적인 물리적 겉모양에 의해 일어나는 인상. 일반적으로 촉감으로 느껴지는 식품 구조에서 오는 복합적인 물리적 특성을 말한다.'라고 정의하고 있으며 국제표준화기구International Standards Organization, ISO에서는 관능 분석을 위한 용어로서 식품에서 텍스처를 'All the rheological and structure (geometrical and surface) attributes of a food product perceptible by means of mechanical, tactile, and, where appropriate, visual and auditory receptors.'라고 정의하고 있다

식품에서 텍스처의 중요성은 일찍부터 연구되어 보고되고 있다. 1970년대 Schiffman 연구에 의하면, 29개의 다양한 식품을 으깨어 퓌레 형태로 만들어 각 식품 고유의 텍스처를 제거한 후 사람들의 눈을 가리고 풍미flavor만으로 어떤 식품인지 구별하는 테스트를 진행한 결과 정상 체중의 어른의 경우 단지 40.7%만이 정확히 구별하였다. 특히, 소고기는 응답자의 41%, 감자는 19%, 당근은 15%만이 정확히 구별하였다(표 1-1). 이러한 결과는 식품에서 텍스처가 차지하는 비중이 얼마나 중요한지를 단적으로 보여 준다.

또한 1981년 Schutz 및 Wahl의 연구에 의하면 94개의 식품을 섭취 시 외형appearance, 냄새odor, 맛taste, 텍스처texture 중에서 어느 것을 중요하게 여기는지 조사한 결과 외형

표 1-2 다양한 식품의 텍스처를 제거한 후 판별 정확도

(단위 : %)

식품	정상 체중(young)	비만 체중(young)	정상 체중(aged)
사과	81	87	55
당근	51	44	7
바나나	41	69	24
소고기	41	50	27
감자	19	69	38
돼지고기	15	6	7

자료 : J. Gerontol. 1977 32:586-592; Physiol. Behav. 1978. 21:417-422

2.57점, 냄새 2.46점, 맛 2.46점, 텍스처 2.51점으로 텍스처가 식품의 다른 특성들과 동등한 비중을 차지하고 있다는 결과를 보고하여 식품 텍스처의 중요성을 보여 주었다.

흥미로운 점은 식품의 텍스처는 대부분의 경우 인간의 무의식 수준에서 인지된다는 것이다. 예로, 사탕의 경우 딱딱하고 끈적끈적한 텍스처를, 케첩은 점도가 어느 정도 있는 걸쭉한 상태를, 일주일 지난 빵이라면 딱딱한 텍스처를 대부분의 사람이 무의식적으로 인지하고 있다. 따라서, 특정한 식품에 대해서 사람들은 이미 무의식적으로 '그 텍스처가 어떻다'라고 기대하고 있기 때문에 텍스처가 기대하는 수준에 미치지 못한다면, 그 식품은 소비자들로부터 외면받을 수 있다. 따라서, 텍스처의 중요성을 과소평가하여 쉽게 간과하여서는 안 된다.

식품의 조성과 더불어 구조는 식품의 물성을 결정하고, 이러한 식품의 물성은 식품의 텍스처에 영향을 미친다. 이러한 관점에서 식품의 물성과 텍스처는 서로 연관되어 있지만 어느 하나가 다른 하나를 포함하는 개념은 아니다. 예를 들어, 식품 입자의 크기와 형태, 거친 표면은 인간의 감각기관에 의해서 느껴질 수 있어 텍스처 특성이 될 수 있지만, 물성학의 영역과는 거리가 멀다. 반대로, 제4장에서 설명하는 식품의 점도 특성인 전단희석shear-thinning, 전단농화shear-thickening 현상은 물성학의 영역에 속하지만 식품의 텍스처와는 거리가 멀다. 또한, 식품 물성의 경우 변형 및 흐름을 일으키기 위해서는 외부에서 작용하는 힘이 필요하지만, 텍스처의 경우 외부의 힘이 없어도 눈을 통한 시각적 감각을 통해 '표면이 거칠다', '단단하다' 등의 특성을 느낄 수도 있다. 따라서, 식품의 물성과 텍스처는 그림 1-3과 같은 관계가 있다고 생각할 수 있다.

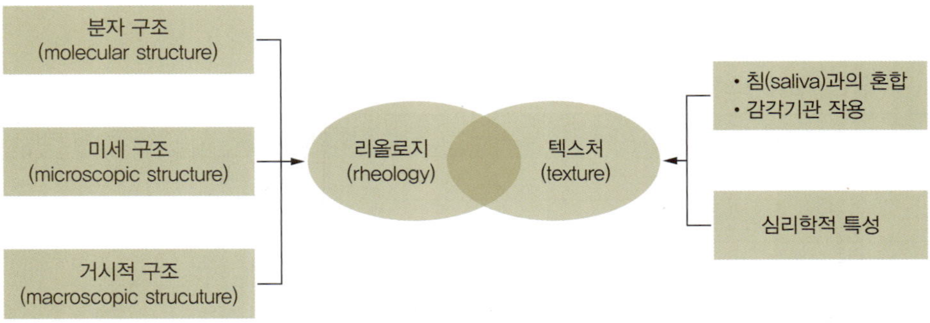

그림 1-3 리올로지와 텍스처와의 관계

식품을 섭취하기 위한 저작mastication은 혀에 의해 식품이 치아 사이로 들어가는 섭취ingestion 단계, 식품이 잘게 부서져 음식덩이bolus를 형성하는 씹기chewing 단계, 이를 삼켜 입안을 비우는 삼키기swallowing 단계로 구분할 수 있는데 식품의 텍스처는 이 세 단계를 통하여 인식된다. 흥미로운 것은 저작 중 앞니가 움직이는 궤적을 관찰하면 그 궤적이 서로 일치하지 않고 모두 다르다는 것이다. 따라서, 이러한 움직임으로 인하여 식품은 저작 중 입안 특정한 곳에 위치해 있기보다는 입안 골고루 움직이면서 다양한 신체의 감각기관에 의해서 복합적으로 느껴지게 된다고 말할 수 있다.

식품의 텍스처를 표현하기 위해서 다양한 용어들이 사용되고 있다. Szczesniak과 Kleyn(1963년)은 100명을 대상으로 조사한 결과 78개의 텍스처를 묘사하는 단어가 사용되었고, Yoshikawa 연구팀(1970년)은 일본에서 유사한 테스트를 진행하여 140명의 여자 대학생을 대상으로 했을 때 97개 식품의 텍스처를 묘사하기 위해 406개의 다른 단어들이 사용되었다. 아울러, Rohm(1990년)의 연구에서는 105개의 단어가 사용되었다고 보고하고 있다. 표 1-3은 이 세 가지 연구에서 자주 사용된 10개의 단어를 보여 주고 있다. 여기서 주목할 만한 점은 10개의 단어 중 6개가 모두 공통적으로 사용되었다는 점이다. 이것은 사람들이 다른 장소, 다른 문화에서 살고 있지만 식품의 텍스처에 대하여 많은 공통적인 생각을 가지고 있다는 것을 의미한다.

표 1-4는 식품의 텍스처 특성을 기계적 특성과 기하학적 특성에 따라 분류하고 이들을 표현하기 위해 일상적으로 사용되는 용어와의 관계를 보여 주고 있다.

표 1-3 나라별로 식품 텍스처 묘사에 빈번하게 사용되는 어휘

미국	일본	오스트리아
Crisp	Hard	Crisp
Dry	Soft	Hard
Juicy	Juicy	Soft
Soft	Chewy	Crunchy
Creamy	Greasy	Juicy
Crunchy	Viscous	Sticky
Chewy	Slippery	Creamy
Smooth	Creamy	Fatty
Stringy	Crisp	Watery
Hard	Crunchy	Tough
78단어	406단어	105단어

표 1-4 식품 텍스처 분류 및 용어

식품 텍스처	일반 표현 용어
경도(Hardness)	부드러운(soft), 단단한(firm, hard)
부서짐성(Fracturability)	잘 부서지는(crumbly), 아삭아삭한(crunchy), 잘 깨지는(brittle), 바삭바삭한/아삭아삭한(crispy)
씹힘성(Chewiness)	연한(tender), 씹히는(chewy), 질긴(tough)
점착성(Gumminess)	바삭바삭한(short), 파슬파슬한(mealy), 페이스트 같은(pasty), 검성의(gummy)
점도(Viscosity)	묽은(thin), 걸쭉한(viscous)
탄성(Elasticity, Springiness)	가소성의(plastic), 탄(력)성의(elastic, springy)
부착성(Adhesiveness)	끈적끈적한(sticky), 들러붙는(tacky), 찐득거리는(gooey)
입자 크기 및 형태(Particle size and shape)	모래 같은(gritty), 알갱이의(grainy), 거친(coarse)
입자 형태 및 정렬(Particle shape and orientation)	섬유질의(fibrous), 세포조직 모양의(cellular), 결정형의(crystalline)
수분 함량(Moisture content)	마른(dry), 촉촉한(moist), 젖은(wet), 물과 같이 묽은(watery)
지방 함량(Fat content)	기름기 많은(oily, greasy)

단원정리

- 물질의 물리적 특성physical property을 의미하는 물성物性은 리올로지rheology라는 학문 분야의 이론과 방법을 토대로 분석할 수 있다.
- 리올로지는 '만물萬物은 흐른다'라는 의미를 가진 그리스어 '판타레이panta rhei'에서 유래하였으며 흐름rheo-에 대한 학문-logy을 의미한다.
- 식품 리올로지food rheology로 대변되는 식품 물성학이란 식품의 변형deformation과 흐름flow에 대하여 연구하는 학문으로서, 여기에서 식품은 원료, 중간 제품, 최종 제품을 모두 포함한다.
- 식품 분야에서 식품 물성학은 공정 디자인, 제품 품질 특성의 객관적 분석 및 관리, 새로운 제품 개발, 유통기한 설정, 관능 특성과의 연계 등의 다양한 영역에서 활용되고 있다.
- 식품 텍스처food texture는 식품의 구조에서 유래한 물리적 특성들로서, 주로 촉감에 의해 느껴지며, 외부 힘에 의한 변형-분해-흐름과 관련 있고, 질량/시간/거리의 함수로 객관적으로 측정되는 특성을 의미한다.
- 식품 텍스처와 식품 물성학은 서로 연관되어 많은 상관관계를 보이고 있지만 서로 구별되는 영역을 가지고 있다.

2 식품 물성학의 기초 이론

- 2.1. 응력
- 2.2. 변형률
- 2.3. 변형속도

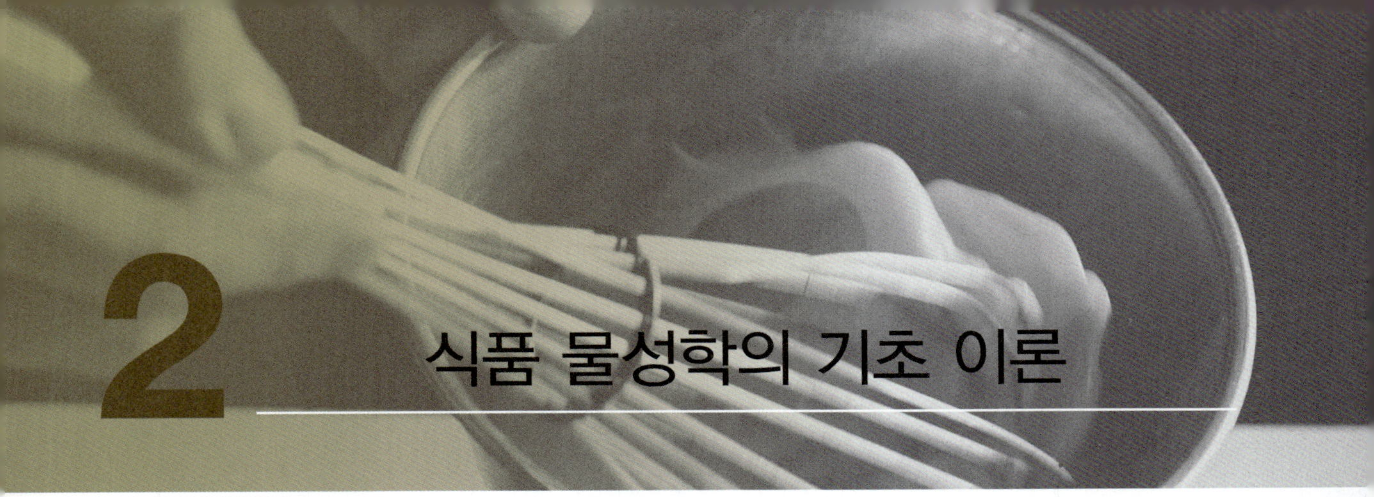

2 식품 물성학의 기초 이론

제1장에서 정의하였듯이 식품 리올로지food rheology로 대변되는 식품 물성학은 식품의 변형과 흐름에 대해서 연구하는 학문이다. 여기에서 중요한 것은 식품이 변형 또는 흐름이 일어나기 위해서는 외부에서 작용하는 힘이 있어야 한다는 것이다. 또한, 이러한 힘을 받았을 경우에 식품이 어떻게, 얼마만큼 변형이 되는지 또는 흐르는지를 알아야만 식품의 물성학적 특성을 체계적으로 분석할 수 있다. 따라서, 식품에 작용하는 힘과 그에 따른 변형(흐름)을 객관적으로 표현할 수 있는 방법이 필요하다.

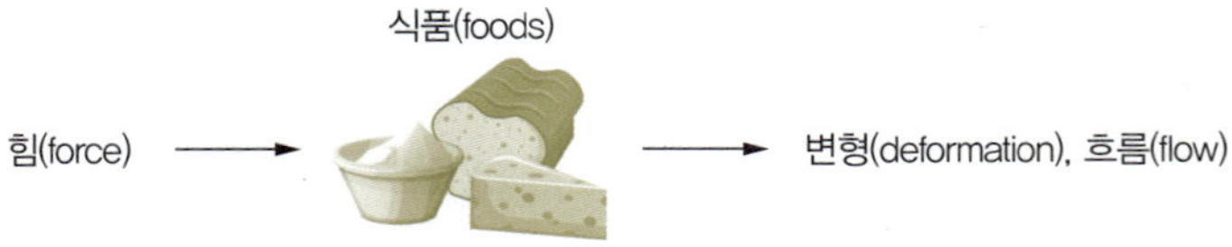

그림 2-1 식품에 작용하는 힘과 변형(흐름)

2.1. 응력

물체에 작용하는 힘force은 크게 인장력tension, 압축력compression, 전단력shear의 3가지로 구분할 수 있다(그림 2-2). 인장력은 물체를 잡아당겨 늘리는 힘이고, 압축력은 인장력과는 반대로 물체를 눌러 수축시키는 힘이다. 전단력은 물체의 표면에 평행하게 작용하는 힘으로 정의되고 있다.

그림 2-2 **힘의 종류**

힘의 단위는 N(뉴턴 ; SI 단위)인데, 이를 물체에 작용하는 힘의 지표로 사용할 수 있다. 하지만, N을 단위로 하는 힘을 물성학적 지표로 사용할 경우 다음과 같은 문제가 발생할 수 있다.

예로, 새로 개발된 젤리의 물성을 A, B 두 연구원이 분석하여 비교하고자 한다. A 연구원은 1×1×1 cm 크기의 샘플을 준비하였고, B 연구원은 5×5×5 cm 크기로 샘플을 준비하였다. 이때, 2 N에 해당하는 힘을 똑같이 가할 경우 두 연구원은 동일한 결과를 얻을 수 있을까?

운동 분야에서 헤비급과 라이트급 선수에게 똑같은 힘의 타격을 가할 경우 그 느끼는 정도는 분명히 다르기 때문에 체급을 고려하여 타격 강도를 조절해야만 두 선수가 느끼는 타격 정도를 같게 할 수 있을 것이다. 마찬가지로, 식품도 다양한 형태와 크기를 가지고 있기 때문에 이에 맞도록 가하는 힘을 표준화할 필요가 있다. 이를 위하여 물성학에서는 힘 대신에 힘을 물체의 작용 면적으로 나눈 응력stress을 지표로 사용하고 있다.

$$\text{응력}(\sigma) = \frac{F}{A}$$

F : 힘(N)　　A : 면적(m^2)

응력은 단위가 N/m^2(또는 Pa)로서 압력의 단위와 같고, 그리스 문자 σ(수직응력) 또는 τ(전단응력)로 나타내는데 σ를 전단응력에서 사용하기도 한다.

앞서 설명했듯이 물체에 작용하는 힘은 인장력, 압축력, 전단력의 3가지가 있다고 했는데, 응력의 관점에서 보면 물체 표면에 작용하는 힘의 방향에 따라 수직응력, 전단응력의 2가지로 나눌 수 있다.

문제 다음 물체의 위 표면적에 작용하는 응력(stress) 값을 구하시오.

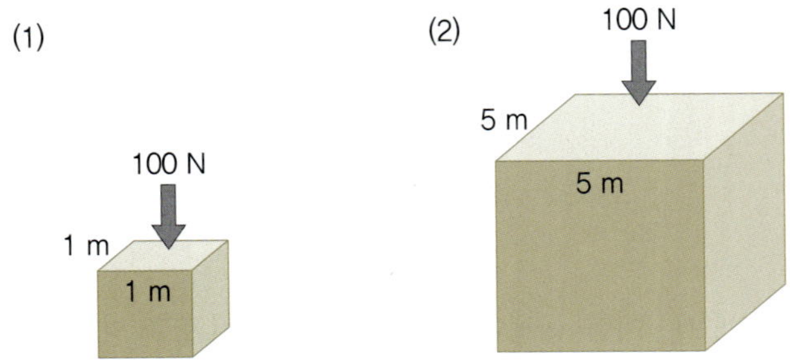

풀이 (1) Stress = 100/(1 × 1) = 100 Pa (2) Stress = 100/(5 × 5) = 4 Pa

수직응력normal stress

- 물체 표면에 수직으로 작용하는 응력으로서 표면을 밀어붙이는 방향으로 작용하는 압축응력compressive stress과 잡아당기는 방향으로 작용하는 인장응력tensile stress으로 구분될 수 있다.
- 수직응력이 작용할 경우 작용 물체의 부피 변화를 초래하게 된다.

예) 손가락으로 두부를 누를 때, 어금니로 껌을 씹을 때, 밀가루 반죽을 잡아당길 때 등

전단응력shear stress

- 물체 표면에 평행으로 작용하는 응력을 나타낸다.
- 수직응력과는 반대로 부피 변화 없이 물체의 형태를 변형시킨다.

예) 식빵 표면에 버터를 바를 때, 커피가 든 컵을 빙빙 돌릴 때 등

물체에 작용하는 응력을 좀 더 자세히 분석하기 위하여, 외부의 힘을 받으며 평형을 유지하고 있는 물체 내부에 매우 작은 정육면체를 가정해 보자. 그림 2-3과 같이 정육면체 각 면에 작용하는 응력을 하나의 수직 성분과 2개의 전단 성분으로 분해할 수 있다.

예를 들어 그림 2-3에서와 같이 x_2축에 수직한 면에 작용하는 응력을 1개의 수직응력(σ_{22})과 2개의 전단응력(σ_{23}, σ_{21})으로 분해할 수 있다.

즉, 작용하는 응력을 σ_{ij}로 표현한다면(i는 힘이 작용하는 면의 방향, j는 힘이 작용하는 방향)

σ_{22} − x_2에 수직인 면에 x_2 방향 즉, 수직으로 작용하는 수직응력

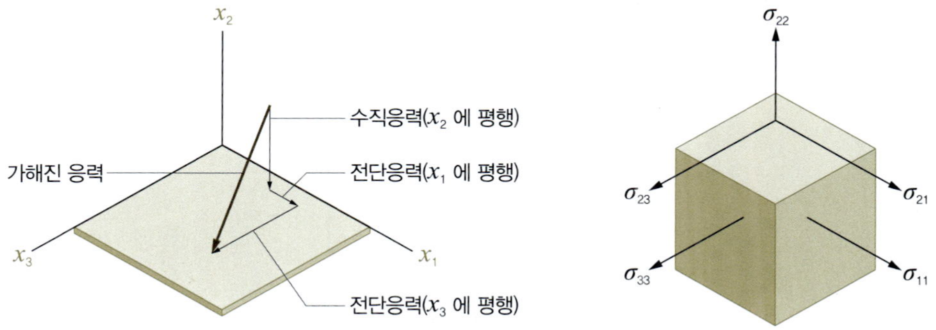

그림 2-3 평면(plane) 및 한 점(point)에 작용하는 응력

σ_{23} − x_2에 수직인 면에 x_3 방향으로 작용하는 전단응력

을 나타낸다.

따라서, $i=j$이면 수직응력을, $i \neq j$이면 전단응력을 나타낸다.

특히, 수직응력의 경우 밖으로outward 작용하는 인장력일 경우 양positive의 값을, 안으로inward 작용하는 압축력일 경우 음negative의 값을 가지게 된다.

그림 2-3의 정육면체 내 한 점에서의 응력은 아래와 같이 3개의 수직 성분과 6개의 전단 성분으로 구성된 행렬 형식의 응력텐서stress tensor로 표시할 수 있다.

$$\sigma_{ij} = \begin{bmatrix} \sigma_{11} & \sigma_{12} & \sigma_{13} \\ \sigma_{21} & \sigma_{22} & \sigma_{23} \\ \sigma_{31} & \sigma_{32} & \sigma_{33} \end{bmatrix}$$

그림 2-3의 정육면체에서 하나의 면을 고려해 보자.

그림 2-4와 같이 사각형 중심부에 대하여 회전평형 상태rotational equilibrium condition일 경우 $\sigma_{12}=\sigma_{21}$이다. 또한, 다른 평면에 대해서도 $\sigma_{13}=\sigma_{31}$, $\sigma_{23}=\sigma_{32}$가 성립한다. 따라서, 응력텐서의 경우 3개의 수직응력(σ_{11}, σ_{22}, σ_{33})과 3개의 전단응력($\sigma_{12}=\sigma_{21}$, $\sigma_{13}=\sigma_{31}$, $\sigma_{23}=\sigma_{32}$), 총 6개의 독립 변수가 존재한다.

$\sigma_{ij} = \begin{bmatrix} \sigma & 0 & 0 \\ 0 & 0 & 0 \\ 0 & 0 & 0 \end{bmatrix}$ 의 경우 한 방향으로 수직응력만 작용하기 때문에 단축방향uniaxial으로 잡아당기는 것을 나타내며, 정수압 Phydrostatic pressure가 작용하는 물체의 모든 방향에서의 압축력은 그림 2-5와 같이 나타낼 수 있다.

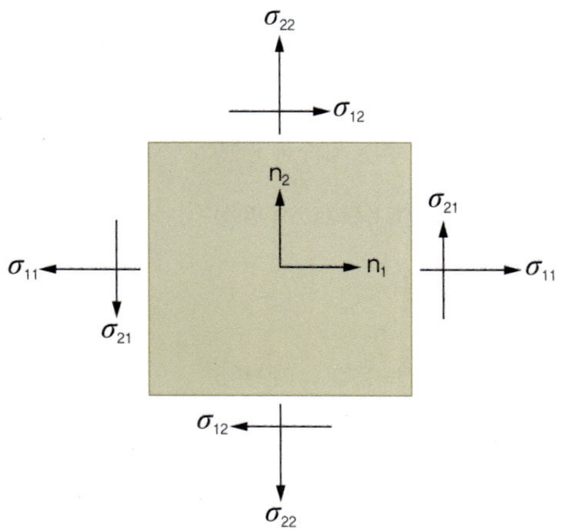

그림 2-4 평면 응력 상태

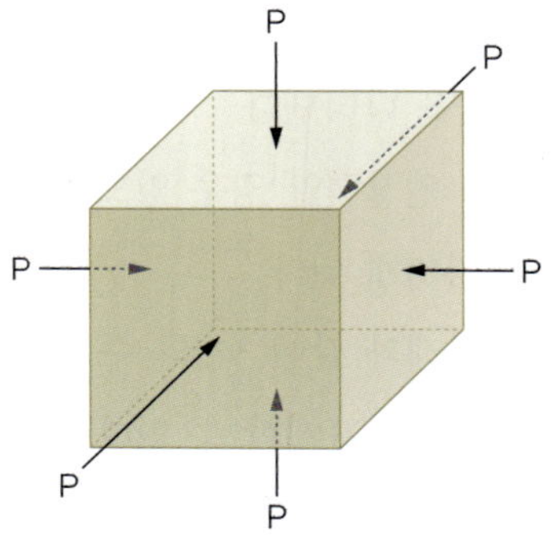

$$\sigma_{ij} = \begin{bmatrix} -p & 0 & 0 \\ 0 & -p & 0 \\ 0 & 0 & -p \end{bmatrix}$$

그림 2-5 압력(P)이 작용 시 응력텐서

2.2. 변형률

물체는 응력을 받게 되면 크기 또는 형태가 변형된다. 그렇다면, 물체가 어떻게 변형이 되는지 표시할 수 있는 물리량이 필요한데, 변형률strain을 사용하여 물체의 변형 정도를 나타낼 수 있다.

변형률은 일반적으로 그리스 문자 ε(수직응력 작용 시) 또는 γ(전단응력 작용 시)로 표시하며, 몇 가지 다른 관점에서 변형률을 설명할 수 있다.

1) 물리 변화량

20 cm 길이의 물체를 잡아당겨 27 cm로 늘어났다. 이럴 경우 얼마나 변형이 되었는지 표현한다면 '7 cm 늘어났다.'라고 표현할 수 있다. 즉, 이런 관점에서 변형률은 7 cm라고 말할 수 있다. 이와 같이 '숫자(변화된 정도)+단위'를 사용하는 물리 변화량의 표시 방법은 일상생활에서 자주 사용하지만, 물체의 처음 길이에 대한 정보가 없기 때문에 객관적인 측정이 요구되는 학문 및 산업 분야에서는 적합하지 않다.

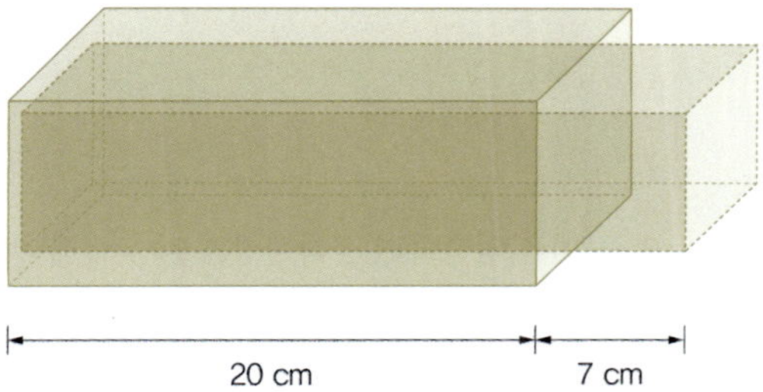

그림 2-6 물리 변화량을 통한 변형률 표시

2) 공학변형률

물체가 변형이 일어난 후 길이 변화량(δL)과 변형 전 물체 길이(L_0)의 비를 공학변형률 engineering strain이라고 하며 코시변형률Cauchy strain이라고도 한다. 그림 2-7과 같이 인장응력이 작용하여 물체가 늘어난 경우 공학변형률은 아래와 같이 계산할 수 있다.

$$\varepsilon = \frac{L - L_0}{L_0} = \frac{\delta L}{L_0}$$

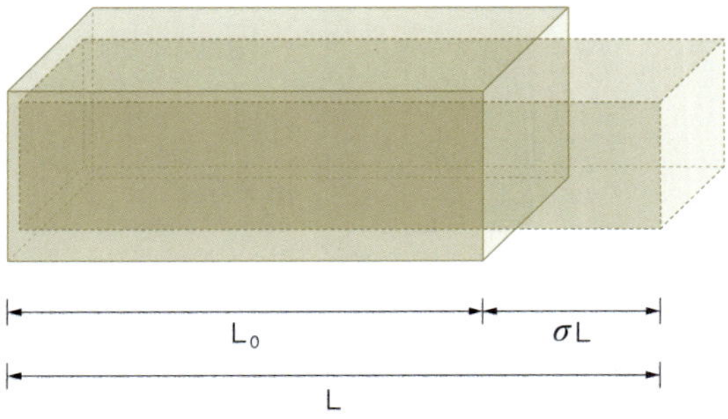

그림 2-7 인장응력이 작용 시 공학변형률

이와는 반대로 압축응력이 작용하였을 경우에 공학변형률은 아래와 같이 나타낼 수 있다.

$$\varepsilon = \frac{L_0 - L}{L_0} = \frac{\delta L}{L_0}$$

문제 우동 면발(두께 5 mm)에 압축응력을 가하여 우동의 씹는 특성을 분석하고자 한다. 20%에 해당하는 공학변형률을 가하고자 할 때 얼마만큼 면을 압축해야 하는가?

풀이 $L_0 = 5$

$(5 - L)/5 = 0.2$

$L = 4$

따라서, $(5-4) = 1$ mm만큼 면을 압축하면 공학변형률 20%에 해당한다.

3) 진변형률

진변형률true strain은 대수변형률logarithmic strain, 자연변형률natural strain, 헨키변형률Hencky strain이라고도 불린다. 공학변형률의 경우 변형 전후의 길이에만 초점을 맞추고 있어 변형이 일어나는 과정은 고려되지 않는다. 하지만, 그림 2-8과 같이 물체를 잡아당길 경우 가운

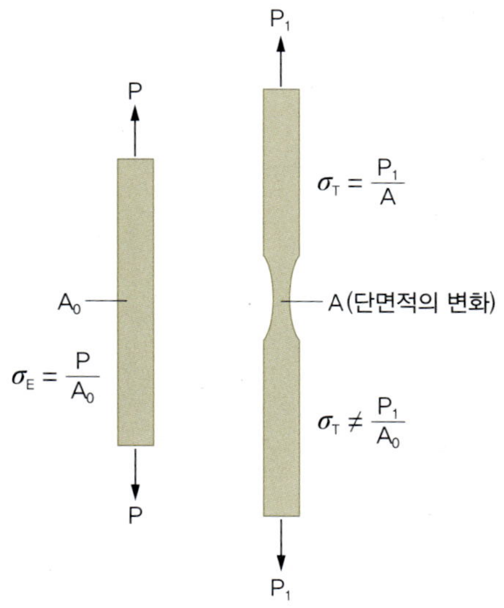

그림 2-8 진변형률의 개념

데 부분이 가늘어지면서 면적에 대한 변화가 지속적으로 생기기 때문에 이럴 경우 연속적으로 변화되는 변형을 고려하여 변형률을 나타낼 수 있다.

즉, 전체 변형을 미소변형small deformation으로 나누어 이들의 합으로 표시하는 방법이 진변형률이다.

미소변형률 : $d\varepsilon = \dfrac{dL}{L}$

$$\varepsilon = \int d\varepsilon = \int_{L_0}^{L} \frac{dL}{L} = [\ln L]_{L_0}^{L}$$
$$= \ln L - \ln L_0 = \ln \frac{L}{L_0}$$

진변형률 $= \sum \dfrac{\delta L_i}{L_i} = \int_{L_0}^{L} \dfrac{dL}{L} = \pm \ln \dfrac{L}{L_0}$

인장력(+) 압축력(−)

문제 지름이 20 mm, 길이가 100 mm인 반죽을 잡아당겨 지름이 2 mm인 면 형태로 만들었을 때 길이 방향에서의 진변형률을 구하시오. (공정 중 반죽이 끊어지지 않고 원료의 손실이 없다고 가정)

풀이 변형 전후의 부피는 같으므로

$$V = \pi r^2 L = \pi \times \left(\frac{2}{2}\right)^2 \times L = \pi \times \left(\frac{20}{2}\right)^2 \times 100$$
$$L = 10^2 \times 100 = 10000 \text{ mm}$$
$$\varepsilon = \ln\left(\frac{L}{L_0}\right) = \ln\left(\frac{10000}{100}\right) = \ln 100 = 4.605$$

4) 공학변형률과 진변형률의 관계

공학변형률과 진변형률은 모두 널리 사용되고 있는데, 이 두 변형률의 관계를 알아보자. 물체를 잡아당겨 L_1에서 L_3로 변형시키는데, 2단계로 나누어 잡아당기는 경우를 가정해 보자. 먼저 물체의 길이 변형이 L_1에서 L_2로 일어나고, 그 다음 L_2에서 L_3로 일어났다면 전체 진변형률은 아래와 같이 나타낼 수 있다.

$$\varepsilon_t = \ln\left(\frac{L_2}{L_1}\right) + \ln\left(\frac{L_3}{L_2}\right) = \ln\left(\frac{L_3}{L_1}\right)$$

반면, 공학변형률은 아래와 같다.

$$\varepsilon_E = \frac{L_3 - L_1}{L_1}$$

이와 같이, 공학변형률의 경우 처음 길이와 변형이 일어난 후의 길이만을 비교하는 반면에 진변형률의 경우는 $L_1 \rightarrow L_2$, $L_2 \rightarrow L_3$ 두 변형의 합으로 이루어져 있어 연속적인 변형 과정이 고려되어 있음을 알 수 있다.

문제 아래 A, B의 경우에서 공학변형률, 진변형률을 계산하여 이 두 변형률의 차이점을 기술하시오.

A 경우 : 초기 길이가 6 cm인 물체를 잡아당겨 8 cm가 되었다. 이 물체를 더 잡아당겨 12 cm로 만들었다.

B 경우 : 초기 길이가 6 cm인 물체를 잡아당겨 12 cm로 만들었다.

풀이

A 경우

- 6 cm → 8 cm $\quad \varepsilon_E = \frac{L - L_0}{L_0} = \frac{8-6}{6} = 0.33, \quad \varepsilon_T = \ln\frac{L}{L_0} = \ln\frac{8}{6} = 0.288$
- 8 cm → 12 cm $\quad \varepsilon_E = \frac{L - L_0}{L_0} = \frac{12-8}{8} = 0.5, \quad \varepsilon_T = \ln\frac{L}{L_0} = \ln\frac{12}{8} = 0.405$

B 경우

- 6 cm → 12 cm $\quad \varepsilon_E = \frac{L - L_0}{L_0} = \frac{12-6}{6} = 1.0, \quad \varepsilon_T = \ln\frac{L}{L_0} = \ln\frac{12}{6} = 0.693$

공학변형률을 계산해 보면 $0.33 + 0.5 \neq 1.0$로 A와 B 경우가 같지 않은 반면,
진변형률의 경우 $0.288 + 0.405 = 0.693$으로 A, B 경우가 같다.
따라서, 진변형률의 경우 길이의 변형이 일어나는 연속적인 과정을 고려하고 있음을 알 수 있다.

공학변형률과 진변형률은 인장응력과 압축응력에 대하여 아래와 같은 관계를 가지고 있다.

인장응력이 작용할 때,

$$\varepsilon_E = \frac{L - L_0}{L_0}, \quad \varepsilon_E = \frac{L}{L_0} - 1, \quad \varepsilon_E + 1 = \frac{L}{L_0}, \quad \ln(\varepsilon_E + 1) = \ln\frac{L}{L_0} = \varepsilon_T$$

$$\varepsilon_T = \ln(1 + \varepsilon_E)$$

압축응력이 작용할 때,

$$\varepsilon_T = -\ln(1-\varepsilon_E)$$

만약에, 초기 길이가 5 cm인 막대기를 잡아당겨 6 cm와 10 cm로 늘이는 경우 공학변형률과 진변형률을 계산해 보면, 아래와 같다.

$$5\text{ cm} \rightarrow 6\text{ cm} \qquad \varepsilon_E = \frac{L-L_0}{L_0} = \frac{6-5}{5} = 0.2, \quad \varepsilon_T = \ln\frac{L}{L_0} = \ln\frac{6}{5} = 0.18$$

$$5\text{ cm} \rightarrow 10\text{ cm} \qquad \varepsilon_E = \frac{L-L_0}{L_0} = \frac{10-5}{5} = 1, \quad \varepsilon_T = \ln\frac{L}{L_0} = \ln\frac{10}{5} = 0.693$$

5 cm에서 6 cm로 변형된 경우는 미소변형에 해당하고, 5 cm에서 10 cm로 늘이는 경우 대변형large deformation을 나타낸다. 미소변형과 대변형이 일어났을 경우 공학변형률과 진변형률을 비교해 본다면, 미소변형일 경우 두 변형률의 차이가 작은 반면에 대변형일 경우 그 차이가 커진다.

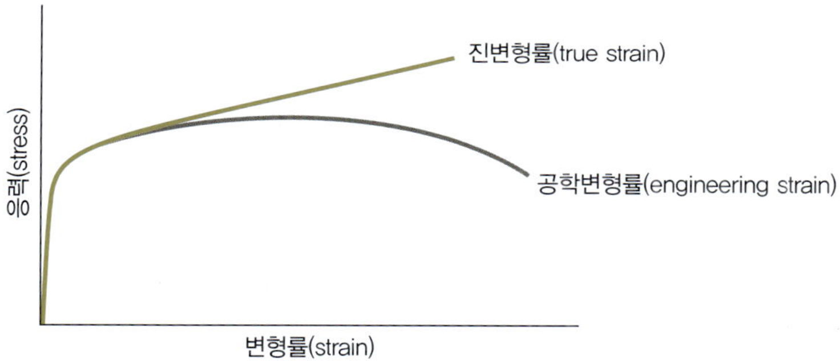

그림 2-9 미소변형과 대변형에 따른 공학변형률과 진변형률의 관계

대략적으로 25% 변형률까지 공학변형률과 진변형률이 유사한 값을 보인다고 알려져 있다. 하지만, 식품의 경우 물성을 측정하기 위해서 대변형이 흔히 사용되기 때문에 진변형률을 사용하는 것이 더 적합할 수 있다.

5) 전단변형률

전단력이 물체에 작용할 경우에는 길이의 변화 대신에 그림 2-10과 같이 비틀어짐에 의한 각도의 변화를 이용하여 전단변형률shear strain을 나타내고 있다.

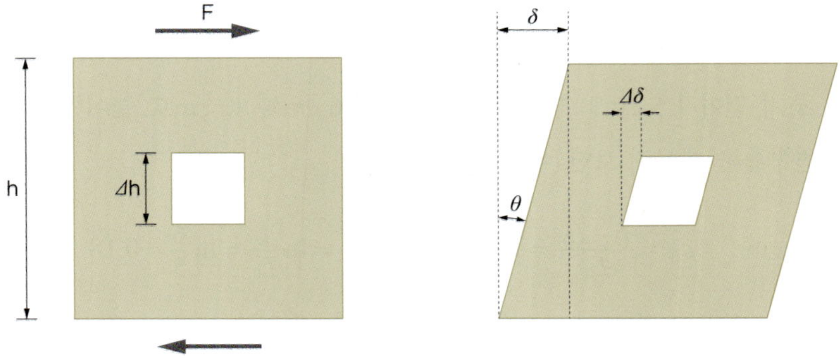

그림 2-10 전단변형

$$전단변형률(\gamma) = \frac{\Delta\delta}{\Delta h} = \frac{\delta}{h} = \tan\theta$$

2.3. 변형속도

응력, 변형률 이외에 물체의 물성 특성을 나타내는 중요한 변수 중 하나는 시간이다. 즉, 응력을 받아서 변형이 어느 정도 일어나는지도 중요하지만 그 변형이 얼마나 빠르게 또는 얼마나 느리게 일어나는지를 나타낼 경우에는 시간이라는 개념이 필요하다. 예로 액체의 경우 응력을 받을 때 흐름flow이 일어나는데, 그 흐름이 빠르게 일어나면 점도가 낮다고 하고, 흐름이 느리게 일어나면 점도가 높다고 한다. 따라서, 이러한 경우 시간이라는 개념이 필요하게 된다. 시간의 개념을 포함하기 위해서 시간에 따른 변형률의 변화 즉, 변형속도strain rate를 사용하고 있으며 기호로는 변형률strain(ε, γ) 위에 점을 찍어 표기한다.

압축응력이 작용할 경우 :

$$\dot{\varepsilon} = \frac{d\varepsilon}{dt} = \frac{\frac{dL}{L}}{dt} = \frac{1}{L}\frac{dL}{dt} = \frac{V_z}{L} \quad (V_Z : \text{axial velocity})$$

전단응력이 작용할 경우 :

$$\dot{\gamma} = \frac{d\varepsilon}{dt} = \frac{1}{h}\frac{d\delta}{dt} = \frac{V_X}{h} \quad (V_X : \text{velocity of the moving plate})$$

변형률의 경우 비ratio의 개념을 사용하고 있어 단위가 없는 무차원 수이지만, 변형속도의 단위는 [1/시간]이다.

문제 인장력을 가하여 1시간에 30%의 변형률이 일어날 경우 변형속도를 구하시오.

풀이 $\frac{0.3}{3600s} = 8.3 \times 10^{-5}/s$

문제 마주 보는 두 평판 사이의 거리가 0.5 cm이고 하나의 평판이 30 cm/s로 평행하게 움직일 경우 평판 사이에 있는 시료의 변형속도를 구하시오.

풀이 변형속도 $= \frac{30}{0.5} = 60/s$

다음의 표 2-1은 다양한 식품 공정에서의 변형속도 범위를 보여 주고 있다.

표 2-1 다양한 공정에서의 변형속도

공정(processing)	전단변형속도(shear strain rate)
압출(extrusion)	$10^0 \sim 10^3$
캘린더링(calendering)	$10^1 \sim 10^2$
병에서 붓기(pouring from a bottle)	$10^1 \sim 10^2$
씹기 및 삼키기(chewing and swallowing)	$10^1 \sim 10^2$
침지 코팅(dip coating)	$10^1 \sim 10^2$
혼합 및 교반(mixing and stirring)	$10^1 \sim 10^3$
관 흐름(pipe flow)	$10^0 \sim 10^3$
문지름(rubbing)	$10^2 \sim 10^4$
솔질(brushing)	$10^3 \sim 10^4$
분무(spraying)	$10^3 \sim 10^5$
고속 코팅(high speed coating)	$10^4 \sim 10^6$
윤활(lubrication)	$10^3 \sim 10^7$

자료 : Steffe JF. Rheological Methods in Food Process Engineering. Freeman press, East Lansing, MI, USA. (1996)

단원정리

- 물체에 작용하는 힘은 크게 인장력tension, 압축력compression, 전단력shear의 3가지로 구분할 수 있는데 이러한 힘 값을 물체의 작용 면적으로 나눈 값을 응력stress이라고 한다.
- 물체 표면에 작용하는 방향에 따라 응력은 물체 표면에 수직으로 작용하는 수직응력normal stress과 물체 표면에 평행으로 작용하는 전단응력shear stress으로 구분된다.
- 변형률strain은 응력이 물체에 작용할 경우 변형되는 정도를 나타낸다.
- 공학변형률engineering strain은 물체 변형 전후의 길이 비율로 나타내며, 진변형률true strain은 전체 변형을 미소변형small deformation의 합으로 나타낸다.
- 전단력shear stress이 작용할 경우 물체가 비틀어지는 각도의 변화를 통하여 전단변형률shear strain을 나타낸다.
- 변형속도strain rate는 물체(특히, 액체)의 물성 특성을 나타내는 중요한 지표로서 시간에 따른 변형률의 변화를 나타낸다.

3 고체 식품의 물성

3.1. 응력과 변형률의 관계

3.2. 변형 형태에 따른 탄성계수

3.3. 탄성계수들의 연관성

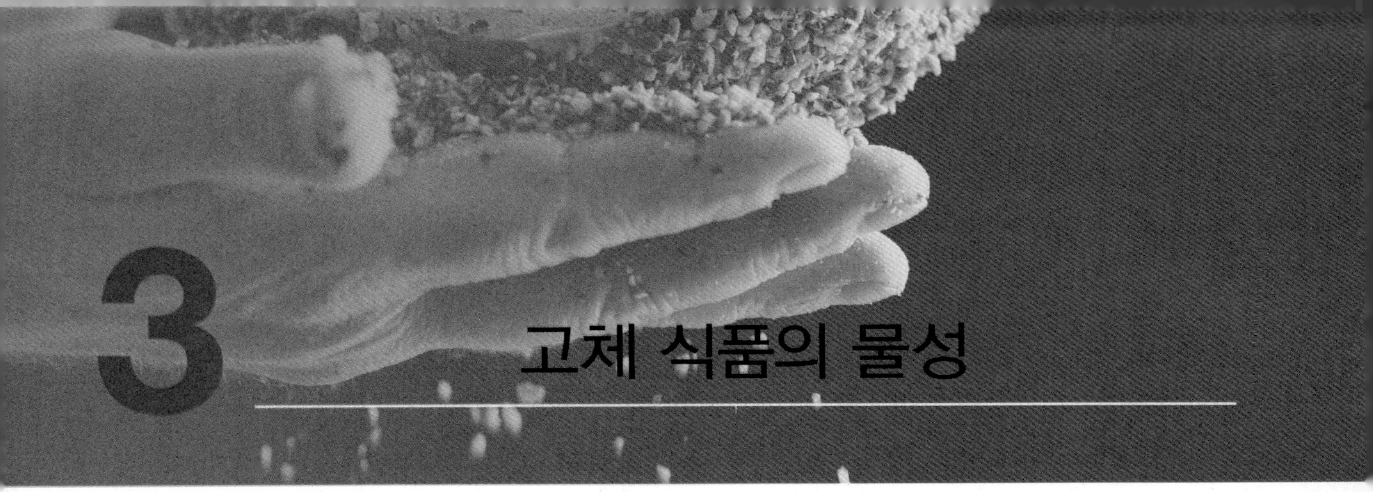

3 고체 식품의 물성

3.1. 응력과 변형률의 관계

물체에 대하여 응력stress이 증가하면 이에 따른 변형률strain도 증가하게 된다. 특히, 고체 물질에 대하여 응력과 변형률 사이의 관계를 분석하는 것은 고체 물질의 물성을 분석하는 가장 근본적인 방법이다. 그림 3-1은 고체 식품에 응력을 가하여 변형시켰을 경우 y축은 응력, x축은 변형률로 나타낸 응력-변형률 도표stress-stain diagram이다.

응력이 가해지면 변형률이 증가하는데, 그림 3-1 (a)에서 O~E 구간에서는 가해지는 응력값에 비례적으로 변형률이 증가하여 응력과 변형률 사이에 선형적인 관계를 보여 주고 있다. 이와 같은 선형 구간linear region의 끝을 비례 한계proportional limit라고 한다. 이 구간에서는 응력이 가해지면 그만큼 비례하여 변형되고, 그 응력이 일정하게 유지되면 변형도 그대로 유지된다. 또한, 주어진 응력이 제거되면 변형률이 원점으로 돌아오게 되는데, 원래 상태로 되돌아가기 때문에 탄성 한계elastic limit라고도 한다. 비례 한계와 탄성 한계는 일치할 수도 있지만, 고무와 같은 탄성체의 경우 탄성 한계가 비례 한계보다 클 수 있다.

탄성 한계 이후로는 변형률이 비선형적으로 증가하게 되는데, 이때에 작용한 응력을 제거하여도 원상태도 돌아오지 않게 되는 시작점을 항복점yield point이라고 한다. (가)소성plasticity은 외부에서 작용하는 힘에 의하여 변형된 후 그 힘을 제거하여도 원상태로 회복이 불가능한 특성을 말한다. 따라서, 항복점 이후로는 소성 변형이 시작된다. 금속의 응력-변형률 그래프에서는 응력의 증가 없이도 변형이 일어나는 점을 항복점이라고 정의하

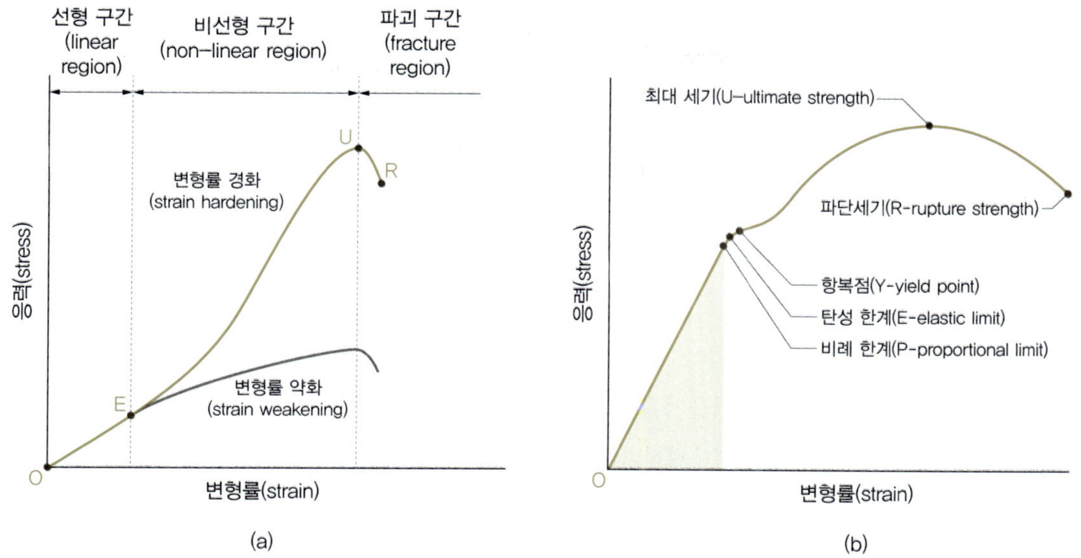

그림 3-1 고체 물질의 응력-변형률 도표

고 있어 항복점은 탄성 한계보다 이후에 측정될 수 있다(그림 3-1 (b)).

그림 3-1 (a)에서 보여 주는 바와 같이 항복점 이후 소성 변형을 일으킬 때 더 많은 응력이 필요한 현상을 변형률 경화strain hardening 또는 가공 경화work hardening라고 하는데, 식품의 젤, 밀가루 반죽 등에서 흔히 관찰된다. 그 반대의 경우를 변형률 약화strain weakening 현상이라고 한다.

응력-변형률 그래프에서 최대 응력값을 최대 세기ultimate strength라고 하고, 물질의 끊어질 때의 세기를 파단세기rupture strength라고 한다. 많은 고체들은 최대 세기와 파단세기가 같을 수 있다. 식품 분야에서는 최대 세기 값이 경도hardness, 단단함firmness 등의 의미로 자주 사용되고 있다.

일반적으로, 미소변형small deformation일 경우 선형 구간이며, 비선형 구간에서는 대변형large deformation이 일어난다. 우리가 식품을 가공하거나 섭취하는 때에는 대변형에 해당하지만, 미소변형에서 얻어진 결과는 재현성이 좋고 비파괴적인 장점이 있어 식품의 특성을 분석할 때 선형 구간에서의 변화도 흔히 관찰하고 있다.

그림 3-1의 선형 구간에서 보여 주는 바와 같이 비례 한계 내에서는 응력이 증가하면 이에 따라 변형률이 직선적으로 증가하며, 응력을 제거하면 변형률은 다시 0으로 돌아간다. 이와 같이 응력과 변형률이 원점을 지나는 직선적인 관계가 있을 때 후크의 법칙

Hooke's law을 따른다. 즉, 선형 구간에서 응력과 변형률의 관계는 직선적인 관계로 아래와 같이 나타낼 수 있다.

$$응력 = 기울기 \times 변형률$$

여기에서, 응력을 변형률로 나눈 값을 계수modulus라고 정의한다.

$$기울기 = 계수 = \frac{응력}{변형률}$$

후크의 법칙에서 기울기 값은 탄성계수elastic modulus를 의미하며 변형 형태에 따라서 영의 계수, 전단탄성계수, 체적탄성계수의 3가지로 구분될 수 있다.

3.2. 변형 형태에 따른 탄성계수

1) 영의 계수

물체를 잡아당기거나 압축했을 경우와 같이 축의 방향으로 변형 시 후크의 법칙을 다르면 응력=E×변형률의 수식으로 표현할 수 있다. 이때 기울기를 나타내는 E 값을 영의 계수Young's modulus라고 하는데 물체가 얼마나 늘어날 수 있는지 아니면 압축될 수 있는지를 나타내는 척도이다.

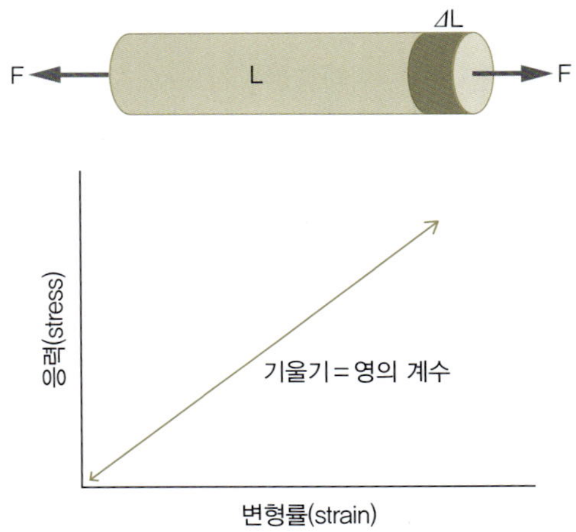

그림 3-2 영의 계수(Young's modulus)

$$E = \frac{\text{stress}}{\text{strain}} = \frac{\frac{F}{A}}{\frac{\Delta L}{L}}$$

F : 힘　A : 면적　ΔL : 변형된 길이　L : 물체의 처음 길이

표 3-1 여러 물질의 영의 계수

물질	E (N·m^{-2})	물질	E (N·m^{-2})
얼음	9.9×10^9	건조 스파게티	3×10^9
스테인리스강	195×10^9	사과	$0.6 \times 10^7 \sim 1.4 \times 10^7$
알루미늄	72×10^9	젤라틴(젤)	2×10^5
고무	8×10^9	바나나	$0.8 \times 10^6 \sim 3 \times 10^6$

문제 새로 개발된 쫄면(길이 50 mm, 반지름 2mm)을 잡아당길 경우 1 N의 힘이 가해지면 끊어진다. 이 쫄면을 얼마나 잡아 늘일 수 있을까? (후크의 법칙을 따르고 쫄면의 영의 계수는 3×10^5 Pa라고 가정함)

풀이 응력 = E · 변형력

$E = 3 \times 10^5$ Pa　　응력 $= \frac{F}{A} = \frac{1}{(3.14 \times 0.002 \times 0.002)}$　　변형력 $= \frac{\Delta L}{0.05}$

$$\frac{1}{(3.14 \times 0.002 \times 0.002)} = \frac{(3 \times 10^5) \cdot \Delta L}{0.05}$$

$\Delta L = 0.01327 = 13.27$ mm

2) 전단탄성계수

물체가 전단응력을 받으면 구부러지거나 비틀리는 변형이 일어나는데, 이때 탄성 범위 내에서의 응력과 변형률의 선형 관계로부터 전단탄성계수shear modulus, G를 구할 수 있다.

$$G = \frac{\text{shear stress}}{\text{shear strain}} = \frac{\frac{F}{A}}{\frac{\delta}{h}} = \frac{\frac{F}{A}}{\tan\theta}$$

δ : 비틀린 길이　h : 물체의 초기 높이　θ : 변형각

전단탄성계수G는 가해진 전단응력에 대해서 물체가 얼마나 버틸 수 있는지를 나타내기 때문에 강성계수modulus of rigidity의 의미를 가진다.

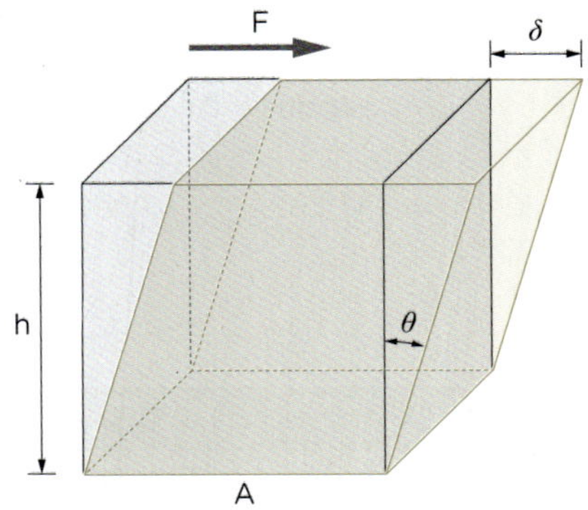

그림 3-3 전단응력에 따른 변형

문제 한 변의 길이가 50 mm인 정육면체 모양의 젤(gel) 표면에 2 N의 전단력이 가해질 때 비틀린 길이를 구하시오. (젤의 전단탄성률 = 2×10^4 Pa)

풀이 $G = 2\times10^4\ \text{Pa}$　　　응력 $= \dfrac{F}{A} = \dfrac{2}{(0.05\times0.05)} = 800$

$\delta = 800\times0.05/(2\times10^4)$

$= 0.002\ \text{m} = 2\ \text{mm}$

3) 체적탄성계수

물체를 물에 담그면 어느 특정한 방향이 아니라 모든 방향에서 일정한 수압을 받게 된다. 이러한 정수압hydrostatic pressure 상태와 같이 물체가 모든 방향에서 똑같은 압력을 받으면 이에 따라 물체가 압축되어 부피가 변하는 변형이 일어나는데 이를 체적 압축volume

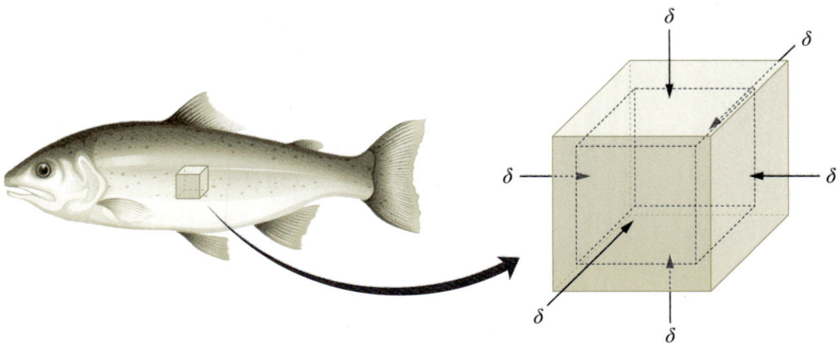

그림 3-4 정수압에 따른 물체의 변형

compressibility이라고 한다. 반대로, 물체가 저압에 노출되면 체적 팽창volume dilatation이 일어난다.

탄성적 압축 범위에서는 물질 내부의 분자들 간의 거리가 감소하여 부피 감소가 일어나며, 가해진 압력이 없어지면 분자들이 원래 거리로 돌아오면서 처음 부피로 복원된다. 따라서, 응력과 변형률의 선형 관계로부터 체적탄성계수bulk modulus, K를 구할 수 있다.

$$K = \frac{\text{stress}}{\text{strain}} = \frac{\text{hydrostatic pressure}}{\text{volume strain}} = \frac{\Delta P}{\frac{\Delta V}{V}}$$

압력은 단위면적당 힘으로서 응력과 같은 Pa(N/m^2)의 단위를 가지고 있다.

체적탄성계수는 부피탄성계수volume modulus라고도 하는데 압력에 얼마나 잘 견디는지를 나타내며, 체적탄성계수가 크면 압축이 잘 안 되고, 작으면 압축이 잘 된다는 의미이다. 따라서, 체적탄성계수는 비압축성incompressibility를 나타내며, 체적탄성계수의 역수는 압축성compressibility을 나타낸다고 할 수 있다.

표 3-2 여러 물질의 체적탄성계수

물질	K(N·m^{-2})
얼음	10×10^9
스테인리스강	170×10^9
밀가루반죽	1.4×10^6
고무	1.9×10^7
유리	3.8×10^9

문제 밀가루 반죽(체적 500 cm^3)을 고압 처리 시 반죽의 체적 변화를 구하시오. 고압실의 압력은 대기압보다 2×10^5 Pa 높고, 밀가루 반죽의 체적탄성계수는 1×10^6 Pa이다. (고압실의 압력은 모든 방향에서 일정하고, 등방성(isotropic) 체적 변화, 즉 모든 방향에서 동일한 체적 변화를 가정함)

풀이 $K = 1 \times 10^6$ Pa $\quad \Delta P = 2 \times 10^5$ Pa

$$\Delta V = \frac{\Delta P \cdot V}{K} = \frac{(2 \times 10^5) \times 500}{(1 \times 10^6)} = 100 \text{ cm}^3$$

4) 푸아송비

물체를 세로축 방향axial으로 잡아당길 경우, 이에 수직인 가로축 방향lateral으로는 수축이 일어난다. 반대로, 세로축 방향으로 압축하면 가로축 방향으로는 팽창이 일어난다. 여기에서 가로축 방향 변형률lateral strain과 세로축 방향 변형률axial strain의 비를 푸아송비 Poisson's ratio, μ라고 한다.

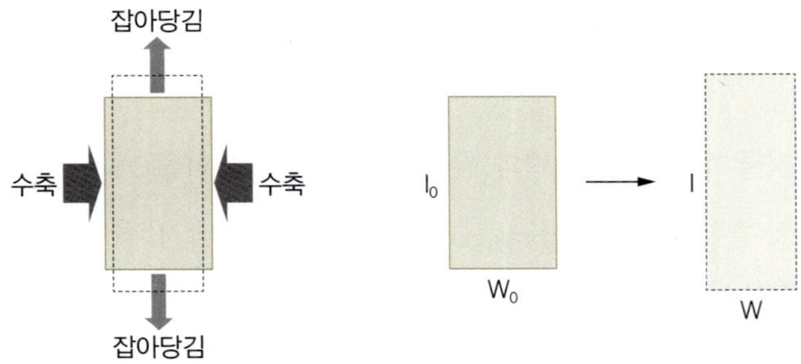

그림 3-5 가로 및 세로 방향으로의 변형

$$\mu = \frac{\text{lateral stress}}{\text{axial strain}} = \frac{\frac{\Delta w}{w_0}}{\frac{\Delta l}{l_0}} = \frac{\frac{w_0 - w}{w_0}}{\frac{l - l_0}{l_0}}$$

푸아송비는 물체의 압축성을 나타내는데 이론적으로는 -1과 0.5 사이의 값을 가진다. 하지만, 실제의 경우 대부분 0(완전 압축성)과 0.5(비압축성) 사이의 값을 가지고 있다. 스폰지처럼 압축이 쉽게 잘 되는 물체는 세로축 방향 변형이 일어날 경우 가로축 방향 변형 없이 그대로 압축되어 푸아송비는 0이 된다. 반면, 비압축성일 경우 변형에 따른 부피 변화가 없으므로 아래와 같이 구할 수 있다.

$$V = Al, \quad dV = Adl + ldA = 0 \text{ (부피 변화가 없으므로 } dV = 0)$$

$$Adl = -ldA, \quad \frac{dA}{A} = -\frac{dl}{l}$$

$$A = w^2, \quad dA = 2wdw$$

$$\frac{dA}{A} = \frac{2wdw}{A} = \frac{2wdw}{w^2} = \frac{2dw}{w} = -\frac{dl}{l}$$

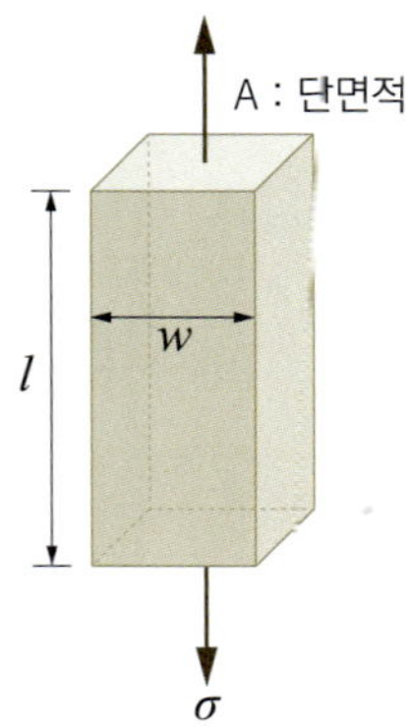

$$\mu = \frac{\text{lateral stress}}{\text{axial strain}} = \frac{\frac{\Delta w}{w}}{\frac{\Delta l}{l}} = -\frac{\frac{dw}{w}}{\frac{dl}{l}} = \frac{\frac{dw}{w}}{\frac{2dw}{w}} = 0.5$$

V : 물체의 부피　A : 물체의 단면적　l : 높이　w : 폭

따라서, 완전한 비압축성 물체일 경우 0.5 값을 가지게 된다. 식품의 경우 물은 비압축성이기 때문에, 다량의 물을 함유한 식품일 경우 많은 기체가 포함되어 있지 않다면 푸아송비가 0.5 값에 가까워지는 경향이 있다. 또한, 갓 구운 빵과 같이 압축이 잘되는 식품의 경우 낮은 푸아송비를 가진다. 표 3-3은 다양한 물질의 푸아송비를 보여 주고 있는데, 고무의 경우 거의 0.5에 가까운 값을 가지고 있어 비압축성 물질에 가까운 반면, 코르크cork의 경우 푸아송비는 0으로 압축이 잘되어 옆으로 퍼지지 않기 때문에 병 입구에 넣기 용이하여 병마개로서 사용될 수 있다.

표 3-3 여러 물질의 푸아송비

물질	μ	물질	μ
고무	0.49	구리	0.33
얼음(-4℃)	0.33	강철	0.30
사과	0.21～0.34	유리	0.24
곡류 낟알	0.25～0.4	코르크	0

3.3. 탄성계수들의 연관성

영의 계수, 전단탄성계수, 체적탄성계수는 응력-변형률 도표의 기울기로부터 구할 수 있다. 그림 3-6을 보면 기울기 값이 다른 두 개의 식품이 있다. 만약 같은 응력이 주어졌을 때 A 식품보다는 B 식품이 더 큰 변형률 값을 갖게 된다. 즉, 탄성계수(기울기) 값이 크면 응력에 대한 저항력이 크기 때문에 변형률이 작아 변형이 잘 일어나지 않고 반대로, 탄성계수가 작으면 같은 응력을 받아도 변형이 잘 일어난다는 의미이다.

영의 계수, 전단탄성계수, 체적탄성계수, 푸아송비는 아래 식에서 보여 주는 바와 같이 서로 연관되어 있다. 따라서, 최소한 2개의 상수 값을 알고 있다면 모든 값을 계산할 수 있다.

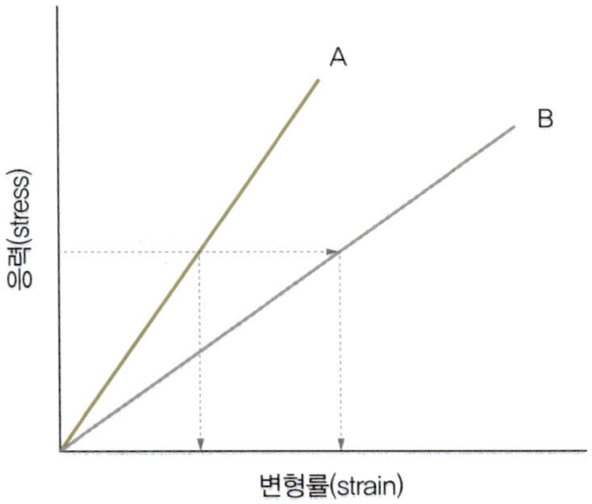

그림 3-6 탄성계수에 따른 변형률

$$G = \frac{3EK}{9K - E}$$

$$K = \frac{E}{3(1-2\mu)} = \frac{EG}{9K - 3E}$$

$$E = \frac{9GK}{3K + G} = 2G(1+\mu)$$

$$\mu = \frac{(E-2G)}{2G}$$

영의 계수, 전단탄성계수, 체적탄성계수, 푸아송비는 측정하는 시료의 크기, 모양 및 측정장치에 따라 영향을 받지 않고, 각 물질마다 고유한 값을 가지고 있는 물질상수material constant이다. 하지만, 식품은 매우 복잡한 성분으로 되어 있으며, 측정하는 상황에 따라 그 상태가 지속적으로 변하게 되어(예로 수분 건조 등) 각 식품마다의 대표 물질상수를 측

문제 푸아송비가 0과 0.5일 때 탄성계수 값들을 구하시오.

풀이

A	B
$\mu = 0.5$	$\mu = 0$
$G = \frac{E}{2(1+\mu)} = \frac{E}{3}$	$G = \frac{E}{2}$
$K = \frac{E}{3(1-2\mu)} = \infty$	$K = \frac{E}{3(1-2\mu)} = \frac{E}{3}$
$E = 3 \cdot \mathrm{G}$	$E = 3 \cdot K$

정하는 데에는 어려움이 있다. 일반적으로 식품 물성학 분야에서는 영의 계수, 전단탄성계수를 주로 사용하고 있고 체적탄성계수는 거의 사용하지 않는데, 이는 측정하는 장치가 인장/압축 방식, 전단방식에 주로 초점을 맞추고 있기 때문이다.

문제 우동 면을 잡아당겼을 때 늘어난 길이를 측정하여 다음과 같은 응력-변형률 곡선을 얻었다. 아래 질문에 답하시오.

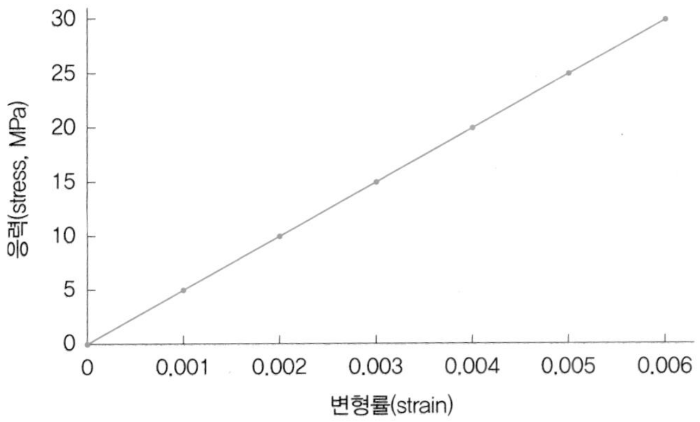

1) 영의 계수를 구하시오
2) 만일 위의 우동 면(지름 1.65 mm)이 15 MPa의 응력하에서 지름이 2.43×10^{-3} mm만큼 변했을 때 푸아송비는 얼마인가?

풀이 1) $E = \frac{5}{0.001} = 5000$ MPa

2) 주어진 응력-변형률 그래프에서 응력이 15 MPa일 때 축 방향 변형률은 0.03이다.

$$\mu = \frac{\text{옆 방향 변형률(lateral stress)}}{\text{축 방향 변형률(axial strain)}} = \frac{\frac{0.00243}{1.65}}{0.003} = 0.491$$

단원정리

- 고체에 응력이 가해질 때 변형률이 비례적으로 증가하는 선형 관계를 보이는 구간의 끝을 비례 한계proportional limit 또는 탄성 한계elastic limit라고 한다. 이후, 작용한 응력을 제거하여도 원상태도 돌아오지 않게 되는 지점을 항복점yield point이라고 한다.
- 후크의 법칙Hooke's law은 응력과 변형률이 원점을 지나는 직선적인 관계를 나타내며, 그 직선의 기울기는 탄성계수를 의미한다.
- 영의 계수Young's modulus는 물체를 잡아당기거나 압축하여 변형시킬 때 후크의 법칙에서 기울기 값을 나타내며, 물체가 얼마나 늘어날 수 있는지, 압축될 수 있는지를 나타내는 척도이다.
- 전단계수shear modulus는 물체에 전단응력이 작용할 때 탄성 범위 내에서 응력과 변형률의 선형 비로서 전단응력에 대해서 물체가 얼마나 버틸 수 있는지를 나타내는 강성계수modulus of rigidity의 의미를 가지고 있다.
- 체적탄성계수bulk modulus는 물체에 작용하는 압력과 체적 변형률의 선형 관계로부터 얻어지는 탄성계수로서 체적탄성계수가 크면 압축이 잘 안 되고, 작으면 압축이 잘된다는 의미이다.
- 푸아송비Poisson's ratio는 가로 방향 변형률과 세로 방향 변형률의 비를 나타내며 대부분 0과 0.5 사이의 값을 가지고 있는데 압축성 물체에 가까울수록 0, 비압축성 물체에 가까울수록 0.5에 가까운 값을 가진다.

4 액체 식품의 물성

4 액체 식품의 물성

4.1. 점도의 정의

액체 식품은 외부에서 힘(응력)을 받으면 흐름flow이 발생하게 된다. 이러한 흐름 특성 즉, 유동 특성을 나타내기 위하여 흔히 점도viscosity라는 용어를 사용하고 있다. 잘 흐르는 액체는 점도가 낮고, 잘 흐르지 않는 액체는 점도가 높다고 표현한다. 따라서, 이러한 점도는 흐름을 일으키는 외부 힘에 대한 유체의 저항력이며 내부 마찰력의 척도라고 할 수 있다. 예로, 물과 케첩의 흐르는 유동 특성을 비교하면 확연히 다른 점을 쉽게 관찰할 수 있다. 케첩은 물보다 훨씬 느린 흐름 특성을 보여 주는데, 이것은 케첩이 물보다 흐름을 일으키는 힘에 대한 저항력이 큰 것을 의미한다.

유체가 흐를 때에는 두 가지 형태의 흐름이 있다. 그림 4-1과 같이 유속이 낮을 경우 유체는 섞이지 않고 평행한 층layer이 미끄러지듯이 흘러가는 반면, 유속이 일정한 속도에

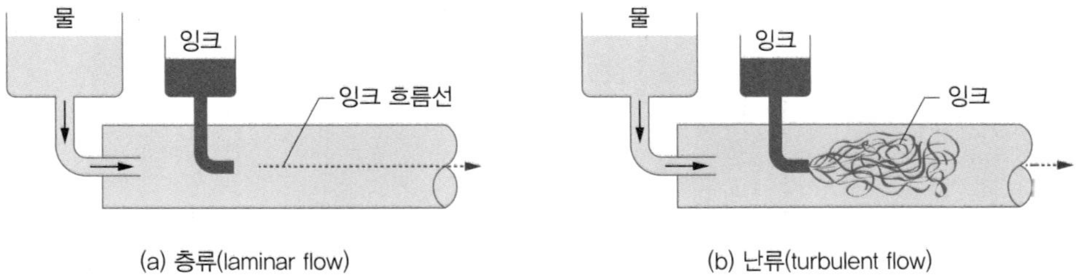

(a) 층류(laminar flow)　　(b) 난류(turbulent flow)

그림 4-1 난류 및 층류

이르면 유체는 서로 섞여 소용돌이치면서 흘러가게 된다. 전자를 층류laminar flow, 후자를 난류turbulent flow라고 정의하고 있다. 일반적으로 유체의 점도를 측정할 경우 유체의 흐름이 층류 상태일 때 측정하는 것을 전제로 한다.

점도를 정량적으로 설명하기 위하여 그림 4-2와 같이 평행한 두 평판 사이에 층류 상태로 흐르는 유체를 생각해 보자. 일정한 거리(y)에 있는 두 평판 중 하나를 일정한 힘(F)으로 z축 방향으로 잡아당기면 움직이는 평판에 접한 유체는 평판과 같은 속도로 움직이지만, 평판에서 멀어질수록 속도는 느려져 y축 방향으로는 유체의 속도 차이가 발생하여 속도 기울기velocity gradient가 생기게 된다.

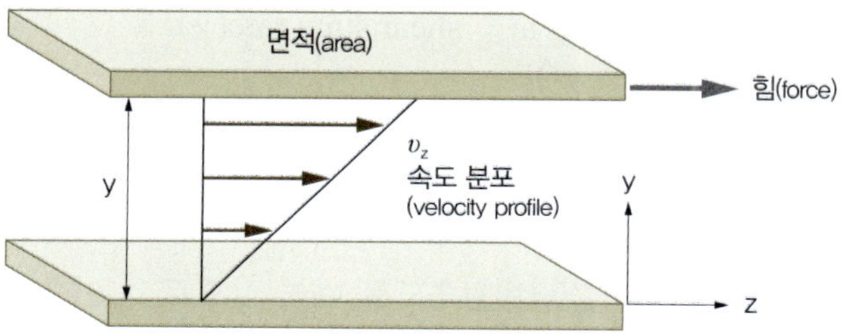

그림 4-2 평행한 평판 사이에 위치한 층류의 속도 분포

실험에 의하면, 잡아당기는 힘(F)이 커질수록 판 사이의 속도 차(Δv_z)가 커지고, 전달 면적(A)이 클수록 많은 힘이 전달된다. 반면 거리(Δy)가 멀어질수록 전달되는 힘은 작아진다. 따라서, 힘은 속도 차 및 면적에 비례하고 거리에는 반비례한다.

$$F \propto A, \quad \Delta v_z, \quad \frac{1}{\Delta y}$$

이를 비례상수 η를 사용하여 수식으로 나타내면 아래와 같다.

$$F = (-)\eta \cdot A \cdot \Delta v_z \cdot \frac{1}{\Delta y}$$

이를 정리하면 다음과 같이 나타낼 수 있다.

$$\frac{F}{A} = -\eta \frac{\Delta v_z}{\Delta y}$$

여기에서

$$\frac{F}{A}=\frac{[N]}{[m^2]}=\text{shear stress}$$

$$-\frac{\Delta \upsilon_z}{\Delta y}=\frac{\left[\frac{m}{s}\right]}{m}=\left[\frac{1}{s}\right]=\text{shear stain rate}$$

를 의미한다.

따라서, η에 대하여 식을 정리하면, 아래와 같이 나타낼 수 있다.

$$\eta=\frac{\frac{F}{A}}{-\frac{\Delta \upsilon_z}{\Delta y}}=\frac{\text{shear stress}(\sigma)}{\text{shear stain rate}(\dot{\gamma})}$$

따라서, 전단응력shear stress = η · 전단변형속도shear strain rate로 정리될 수 있는데, 이 식을 뉴턴의 점도법칙Newton's law of viscosity이라고 한다.

즉, 비례상수 η는 전단응력을 전단변형속도로 나눈 값으로서, 이를 점도라고 정의하고 있다. 특히, 전단변형속도의 경우 흔히 전단속도shear rate로 줄여 부른다.

점도는 SI 단위체계에서 Pa·s(=N·s/m^2)를 사용한다. Cgs 단위체계로는 poise 단위로 나타내는데 주로 centipoise(cp) 형태로 나타낸다.

$$1\ \text{cp}=0.01\ \text{poise}=1\ \text{mPa}\cdot\text{s}$$

예로, 물은 20°C에서 점도가 1 cp이다.

표 4-1 점도의 단위

단위계	전단응력	전단속도	점도
SI	N/m^2	s^{-1}	N·s/m^2(또는 Pa·s)
cgs	dyn/cm^2	s^{-1}	dyn·s/cm^2(또는 pcise, P)

4.2. 점도의 종류

1) 절대점도

절대점도absolute viscosity, η는 역학점도dynamic viscosity라고도 불리는데 뉴턴의 점도법칙에 의하여 전단응력을 전단속도로 나누어 얻은 값으로, 일반적으로 식품 분야에서 점도를 말할 때에는 절대점도를 일컫는다.

$$\eta = \frac{\text{shear stress}}{\text{shear rate}} = \frac{\sigma}{\dot{\gamma}}$$

2) 유동도

유동도fluidity, ϕ는 절대점도의 역수를 가리킨다. 점도가 높으면 잘 흐르지 않고, 점도가 낮으면 잘 흐른다. 즉, 의미상으로 보면 점도 값과 유동 특성과는 반대적 의미를 가지고 있다고 할 수 있다. 따라서, 점도의 역수를 나타내는 유동도는 그 값이 크면 빠르게 흐르고, 그 값이 작으면 느리게 흐른다는 의미를 내포하고 있다.

$$\phi = \frac{1}{\eta}$$

점도 ↑ : 유동도 ↓, 흐름 특성 ↓　　　점도 ↓ : 유동도 ↑, 흐름 특성 ↑

3) 동점도

점도가 같은 두 종류의 유체를 위에서 아래로 떨어뜨리면 무거운, 즉 밀도가 큰 유체가 먼저 떨어진다. 이와 같이 밀도가 유체의 흐름에 영향을 미칠 수 있는데 동점도kinematic viscosity, ν는 절대점도를 유체의 밀도로 나눈 값으로, 중력에 대한 유체의 저항 흐름을 나타내는 척도라고 할 수 있다. 주로 모세관 점도계capillary viscometer를 사용하여 측정한다.

$$\nu = \frac{\text{absolute viscosity}}{\text{density}} = \frac{\eta}{\rho}$$

4) 겉보기 점도

겉보기 점도apparent viscosity, η_a는 비뉴턴 유체non-Newtonian fluid의 점도를 나타낼 때 흔히 사

용된다. 유체의 전단응력과 전단속도가 직선적 관계가 아니지만 뉴턴의 점도식에 의해서 전단응력을 전단속도로 나누어 계산된 점도를 의미한다. 겉보기 점도는 '4.3. 유체의 점도 특성'에서 다시 설명하기로 한다.

5) 상대점도

상대점도relative viscosity, η_{rel}는 용액의 점도를 용매의 점도로 나눈 값으로서 점도비viscosity ratio라고도 한다. 예로, 설탕 용액의 경우 설탕 용액의 점도를 물의 점도로 나눈 값이다. 이 상대 점도는 시료 용액의 점도가 순수한 용매 점도에 비해 몇 배 높아졌는지 나타내는 값이다.

$$\eta_{\mathrm{rel}} = \frac{\text{용액점도}}{\text{용매점도}} = \frac{\eta}{\eta_s}$$

6) 비점도

용질이 없는 순수한 용매의 경우 상대점도가 1이지만, 용질이 들어가는 순간 점도가 증가하여 상대점도는 1보다 커지게 된다. 비점도specific viscosity, η_{sp}는 상대점도에서 1을 뺀 값으로 용액에 있는 용질에 의한 점도의 증가분fractional increase을 의미한다.

$$\eta_{sp} = \eta_{\mathrm{rel}} - 1 = \frac{\eta}{\eta_s} - 1 = \frac{\eta - \eta_s}{\eta_s}$$

7) 환원점도

환원점도reduced viscosity, η_{red}는 비점도 값을 용액의 농도concentration, c로 나눈 값을 의미하는데, 점도수viscosity number라고도 한다.

$$\eta_{\mathrm{red}} = \frac{\eta_{sp}}{c}$$

8) 고유점도

고유점도intrinsic viscosity, $[\eta]$는 환원점도에서 농도가 무한히 낮아져 0이 되었을 때의 점도 값을 나타낸다. 즉, 농도가 낮아지면 용질의 수가 적어지게 되어, 마침내 용질 사이의 상

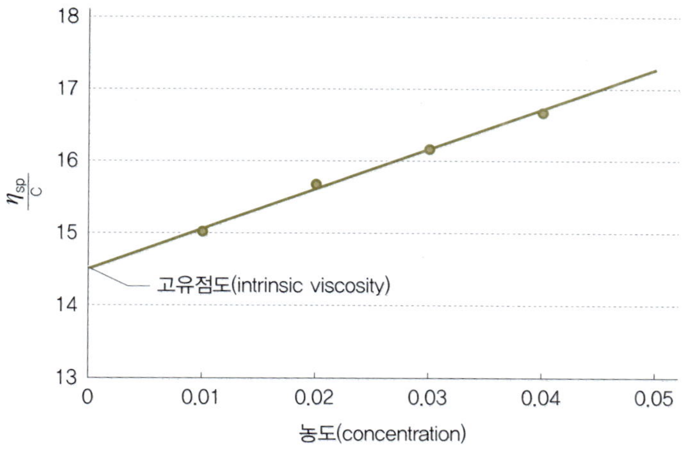

그림 4-3 **고유점도의 측정 방법**

호작용이 없어졌을 때의 점도를 의미한다.

$$[\eta] = \lim_{c \to 0} \eta_{red} = \lim_{c \to 0} \left(\frac{\eta_{sp}}{c} \right)$$

예로, 설탕 용액을 무한히 묽게 만들어 설탕 분자 상호간의 작용을 무시할 수 있는 조건이 되었을 때의 점도를 가리킨다. 점도는 용질 분자의 유체역학적 부피hydrodynamic volume(고분자가 용액에 있을 때의 부피)와 용질 사이의 상호작용에 의해서 영향을 받게 되는데, 용액이 희석될수록 용질 사이의 상호작용이 약해서 점도는 유체역학적 부피에 의해 좌우되게 된다. 실험적으로는 여러 단계로 용액을 희석하여 점도-농도 그래프를 구하고 농도가 0으로 수렴할 때의 점도를 구하여 고유점도를 결정한다.

그림 4-3과 같이 얻어진 고유점도($[\eta]$)는 용질 분자의 분자량(M)과 아래와 같은 상관관계가 존재한다고 알려져 있는데, '4.5. 점도에 영향을 미치는 요인'에서 좀 더 자세히 설명하고자 한다.

$$[\eta] = KM^a$$

4.3. 유체의 점도 특성

1) 뉴턴 유체

유체는 전단응력과 전단속도의 관계에 따라 분류할 수 있는데, 뉴턴의 점도법칙에 따라 전단응력과 전단속도가 직선적인 관계를 가진 유체를 뉴턴 유체Newtonian fluid라고 한다.

$$\eta = \frac{\text{shear stress}}{\text{shear rate}} = \frac{\sigma}{\dot{\gamma}} = \text{constant}$$

$$\sigma = \eta \cdot \dot{\gamma}$$

즉, 전단응력과 전단속도가 원점을 지나는 직선적인 비례관계를 가지며, 이에 따라 기울기는 일정한 값을 가진다. 기울기는 점도를 의미하기 때문에 전단속도의 크기에 관계없이 점도가 항상 일정한 값을 가지게 되는데 이러한 유체를 뉴턴 유체라고 한다.

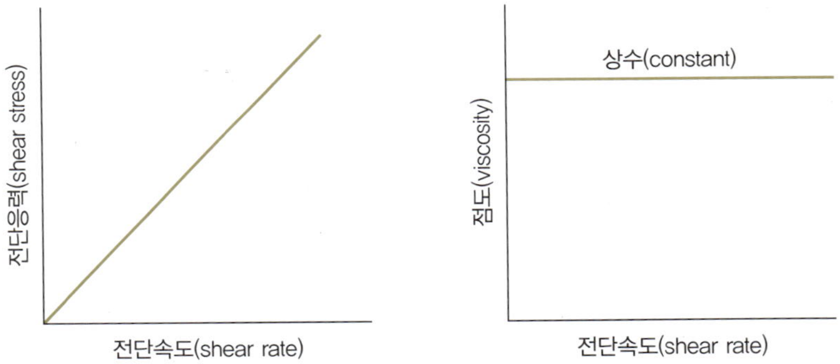

그림 4-4 뉴턴 유체의 유동 특성

따라서, 뉴턴 유체의 점도를 측정 시 점도가 전단속도에 영향을 받지 않기 때문에 온도 등의 다른 조건이 같다면 일정한 전단속도에서 구한 점도 값이 그 유체의 대표 점도가 될 수 있다. 물, 차, 커피, 맥주, 탄산음료, 식용유 등이 뉴턴 유체에 포함된다.

표 4-2 여러 뉴턴 유체의 점도(20°C)

	점도(Pa·s)		점도(Pa·s)
꿀	11.0	유채씨유	0.163
올리브유	0.084	면실유	0.070
우유	0.002	물	0.001

문제 아래 표를 보고 유체의 유동 특성을 설명하시오.

전단응력(N/m²)	전단속도(1/s)
0.5	1
1	2
1.5	3
2	4

풀이

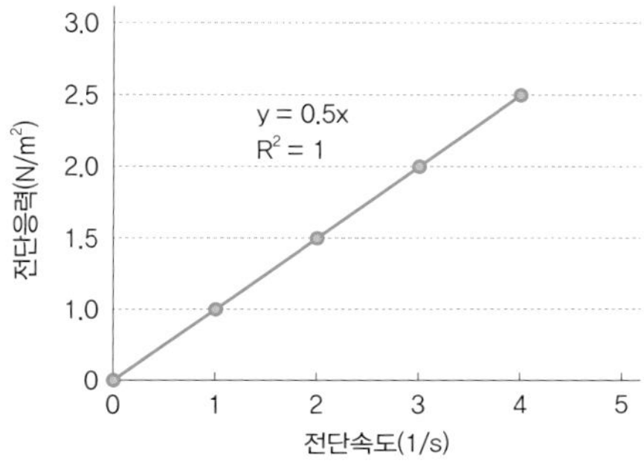

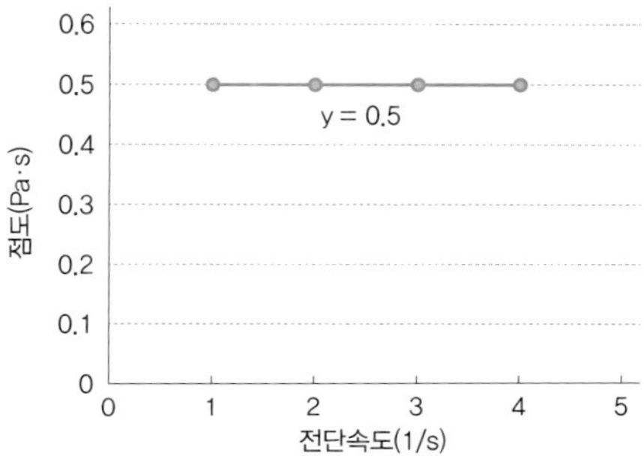

주어진 조건에서 전단응력-전단속도 그래프를 그려 보면 전단응력과 전단속도가 원점을 지나는 직선이고, 점도와 전단속도 그래프를 보면 전단속도에 상관없이 점도가 0.5 Pa·s로 일정한 값을 가지므로 뉴턴 유체에 속한다.

2) 비뉴턴 유체

뉴턴 유체의 경우 전단응력과 전단속도가 원점을 지나는 직선적인 선형관계를 가지고 있지만 이와는 다른 패턴을 보여 주는 유체들도 많이 존재한다. 전단응력이 전단속도와 같은 비율로 변하지 않아 전단응력-전단속도 그래프가 직선적 선형관계가 아닐 수도 있으며, 또는 원점을 지나지 않을 수도 있다. 이와 같이 뉴턴의 점도법칙을 따르지 않는 유체들을 비뉴턴 유체non-Newtonian fluids라고 하는데 우리 주변에서 흔히 관찰할 수 있다.

그림 4-5에서 보여 주는 바와 같이 비뉴턴 유체는 전단응력-전단속도가 직선적 관계를 가지고 있지 않기 때문에 점도가 일정하지 않고 전단속도에 따라 점도가 변하게 된다. 그림 4-6에서와 같이 뉴턴 유체의 경우 다른 전단속도 (a), (b)에서의 점도 값이 일정하지만 비뉴턴 유체의 경우 낮은 전단속도인 (a)에서는 B 유체의 점도가 크지만 높은 전단속도인 (b)에서는 A 유체의 점도가 크게 나타날 수 있다. 따라서, 뉴턴 유체와는 달리 비뉴턴 유체에서는 하나의 전단속도에서 측정된 값이 그 유체의 대표 점도가 될 수 없다. 따라서, 비

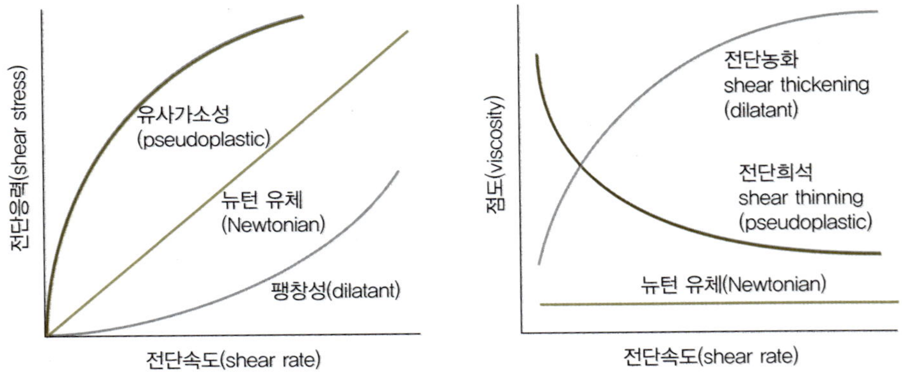

그림 4-5 **비뉴턴 유체**

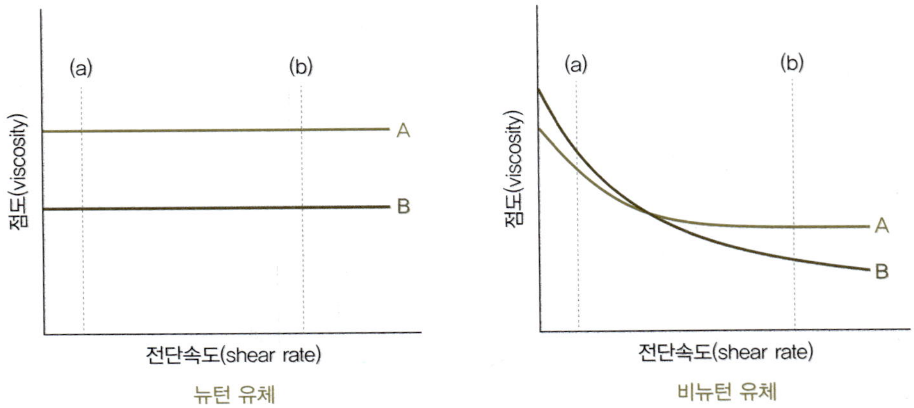

그림 4-6 **뉴턴 및 비뉴턴 유체의 전단속도에 따른 점도 차이**

뉴턴 유체의 점도를 언급할 경우 측정된 전단속도 값을 같이 명시해 주어야 한다.

비뉴턴 유체의 경우 전단응력-전단속도가 직선적 관계를 가지고 있지는 않아 뉴턴의 점도법칙을 따르지 않는다. 하지만, 그 점도를 계산할 경우 뉴턴 유체처럼 전단응력을 전단속도로 나누어 점도를 계산하고 있다. 따라서, 전단응력과 전단속도가 직선적 비례관계는 아니지만 뉴턴 유체와 같이 전단응력을 전단속도로 나누어 점도를 계산하기 때문에 뉴턴 유체의 점도와 구별하기 위하여 비뉴턴 유체의 점도를 겉보기 점도라고 부르며 η_a라고 표시한다. 비뉴턴 유체는 전단속도에 따라 점도가 변하는 패턴에 따라서 전단희석shear thinning, 전단농화shear thickening, 가소성plastic 유체 등으로 구분할 수 있다.

(1) 전단희석 유체

전단속도가 증가함에 따라 전단응력이 증가하는 속도가 점점 감소하는 유체를 전단희석 또는 전단박화shear thinning 또는 유사가소성pseudoplastic 유체라고 한다. 이 경우 전단응력-전단속도 곡선은 원점에서 출발하여 전단속도가 증가함에 따라 전단응력의 증가 속도가 감소하여 볼록한 형태이며, 그림 4-7에서 보여 주는 바와 같이 그 곡선의 기울기 즉, 점도가 전단속도가 증가함에 따라 감소하는 패턴을 보여 주게 된다.

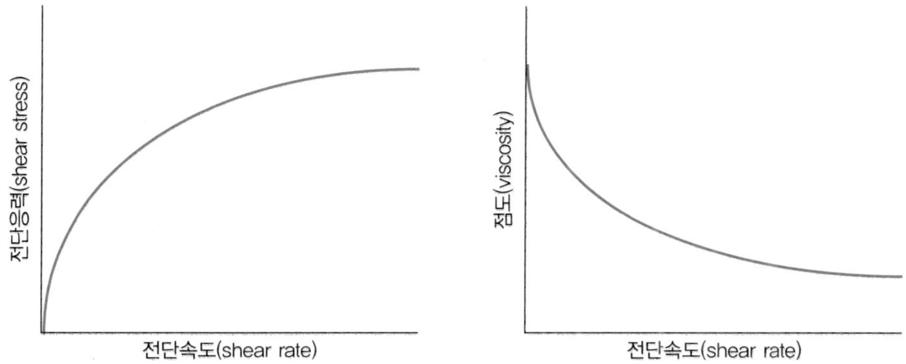

그림 4-7 전단희석 유체의 유동 특성

Shear thinning에서 'thin'은 사전적 의미로 '묽다, 점도가 낮다'라는 뜻으로 '전단응력을 가하면 점도가 감소하여 묽어진다thin'라는 의미에서 전단희석shear thinning이라고 한다. 그림 4-8은 전단희석이 일어나는 이유를 설명하고 있는데, 전단응력이 가해지면 입자들이 일정한 흐름 방향으로 정렬orientation하거나 유체 입자 사이의 상호작용이 감소하여 구조가 풀리거나unfolding, 입자가 분해disintegration되기도 하며, 아울러 구형의 입자가 타원형으로 변형shape deformation되어 전단희석 특성에 기여하게 된다. 전단희석 현상은 다양한 식품에서 흔히 관찰되는데 샐러드 드레싱, 케첩, 튀김 반죽 등이 여기에 속한다. 뉴턴 유체와 비교하여 전단희석 현상은 일반적으로 입자 형태를 포함하고 있는 유체에서 흔히 관찰될 수 있다.

이와 같은 전단희석 현상을 이용하여 '1.1. 식품 물성학의 정의'에서 언급하였던 페인트와 물의 유동 특성을 설명할 수 있다. 즉, 페인트는 전단희석 유체에 속하는데 페인트

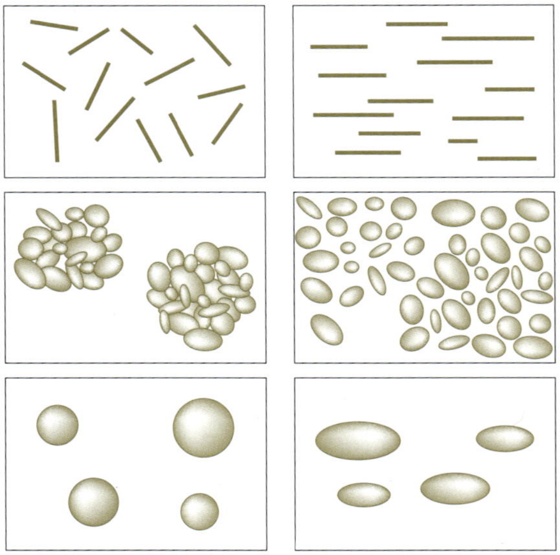

그림 4-8 다양한 식품 시스템에서의 전단희석 현상

붓을 이용하여 칠을 할 경우 전단응력이 작용하여 페인트의 점도가 낮아서 손쉽게 칠할 수가 있지만, 페인트 칠을 멈추면 점도가 높아져 흐르는 특성이 감소하여 벽에 잘 붙어 있게 된다. 아울러, 우리가 흔히 사용하는 볼펜의 잉크도 마찬가지로 전단희석 현상을 이용한 사례이다. 볼펜을 사용하지 않을 경우 잉크의 점도가 높아 흘러나오지 않지만, 볼펜을 사용할 때는 볼펜 끝에 있는 구슬이 돌면서 전단응력을 가하게 되어 잉크의 점도가 낮아지게 된다. 따라서, 점도가 낮아진 잉크는 흐름 특성이 높아져 잘 흘러나오게 되어 글씨가 써진다. 따라서, 사용한 지 오래된 볼펜의 경우 처음에는 잉크가 나오지 않다가 계속 볼펜 끝을 종이에 비비면 나오기 시작하는 것도 이러한 전단희석의 대표적인 예라고 할 수 있다.

(2) 전단농화 유체

전단희석 유체와는 반대로 전단속도가 증가함에 따라 전단응력이 증가하는 속도가 점점 커지는 유체를 전단농화shear thickening, 팽창성dilatant 유체라고 한다. 이 경우 전단응력-전단속도 곡선은 원점에서 출발하여 전단속도가 증가함에 따라 전단응력 증가 속도가 증가하여 오목한 형태가 된다. 그림 4-9에서 보여 주는 바와 같이 곡선의 기울기 값, 즉

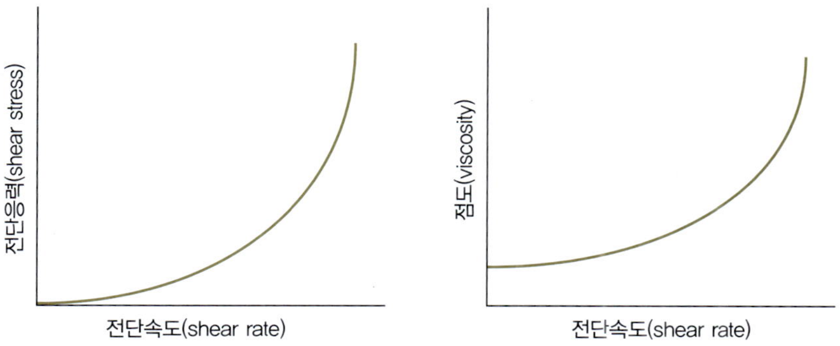

그림 4-9 전단농화 유체의 유동 특성

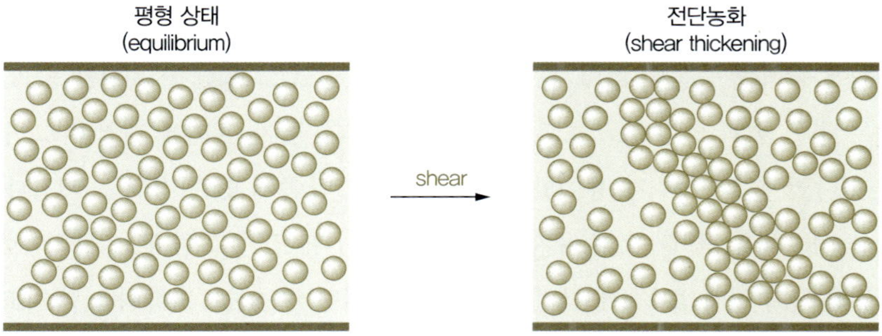

그림 4-10 전단농화 유체에서의 입자 움직임

점도가 전단속도가 증가함에 따라 증가하게 된다. 'Thicken'은 사전적 의미로 '걸쭉해지다, 점도가 증가하다'라는 뜻으로 'shear를 가하면 점도가 증가하여 걸쭉해진다.'라는 의미에서 전단농화shear thickening라고 한다.

이러한 전단농화 현상은 전단속도가 증가하면서 입자간 결합이 일어나거나 또는 고체 입자가 액체를 흡수하여 커진 입자 간의 마찰이 증가함으로써 점도가 증가한다고 알려져 있다(그림 4-10). 이때 부피 증가를 초래할 수 있어 팽창성 유체라고도 한다. 일반적으로 식품에서 전단희석 유체는 손쉽게 관찰되지만 전단농화 현상은 흔하게 일어나지 않는다. 고농도(60% 이상)의 전분 현탁액, 모래와 물의 혼합물 등에서 전단농화 현상이 일어날 수 있다고 알려져 있다.

(3) 가소성 유체

그림 4-11은 감자튀김에 케첩을 바른 경우를 보여 주고 있는데, 왼쪽 사진은 케첩이 감

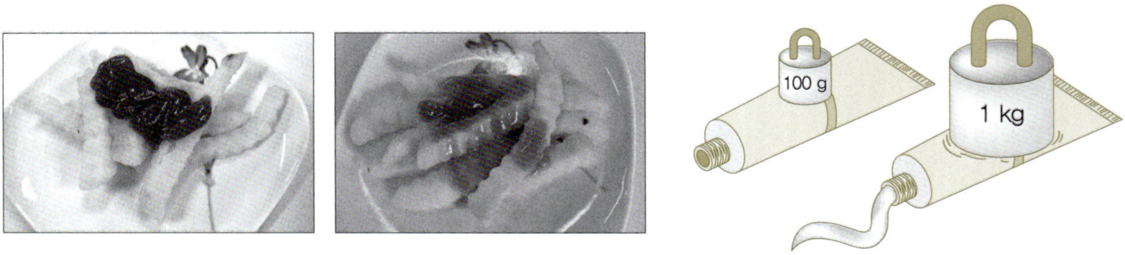

그림 4-11 **항복응력의 예**

자튀김 위에 그 형태를 잘 유지하고 있지만, 오른쪽의 경우 케첩이 감자튀김 안으로 흘러 들어간 것을 보여 주고 있다. 이것은 아마도 일반적인 상황에서는 중력이라는 힘이 작용하기 때문에 중력을 충분히 버틸 수 있다면 흐르지 않고 그 형태를 유지할 수 있지만, 그렇지 않은 경우 중력 방향으로 흐르게 되기 때문이다. 감자 표면에 케첩이 그 형태를 유지할 수 있다면 좀 더 섭취가 용이할 것이며 아울러, 안쪽에 있는 감자는 케첩과 닿지 않아 바삭한 텍스처를 좀 더 오래 유지할 수 있을 것이다. 또한, 그림 4-11은 치약에 무게추를 올려놓은 경우인데 100 g에 대해서는 충분히 버틸 수 있는 저항력을 가지고 있지만, 1 kg짜리 무게추를 올려놓으면 치약이 눌리면서 입구로 치약이 나오게 된다. 이럴 경우 일반적인 보관 상태에서 치약은 튜브 밖으로 흘러나오지 않고, 손으로 눌러 힘을 가할 경우에만 치약이 나오게 할 수 있다. 이와 같이, 어떤 유체는 외부에서 작용하는 힘에 대하여 어느 정도까지 버틸 수 있는 저항력을 가지고 있어 힘이 가해져도 흐르지 않지만, 그 이상의 힘이 가해지면 흐르기 시작하는 특성을 가지고 있다.

지금까지 언급되었던 뉴턴, 전단희석, 전단농화 유체에서 전단응력-전단속도 곡선은 모두 원점을 지나게 된다. 이러한 유체는 전단응력이 작용하지 않으면(shear stress = 0) 흐르지 않다가, 전단응력이 0보다 커지면 그에 상응하는 유체의 흐름이 발생하게 된다. 하지만, 어떤 유체의 경우 전단응력이 작용하면 흐름이 무조건 일어나는 것이 아니라, 흐름을 일으키기 위한 최소한의 응력을 가해 주어야 한다. 그림 4-12에서와 같이 뉴턴 유체의 경우 원점을 지나기 때문에 0보다 큰 전단응력을 가하면 그에 따라 전단속도가 증가하게 된다. 하지만, 다른 유체의 경우 전단응력이 3일 때부터 시작하는데 그 의미는 1 또는 2 만큼의 전단응력이 작용하면 전단속도는 0으로 유체가 흐르지 않는 상태이다. 하지만, 3을 초과하는 전단응력이 가해지면 그때서야 전단속도가 증가하여 유체의 흐름이 발생하

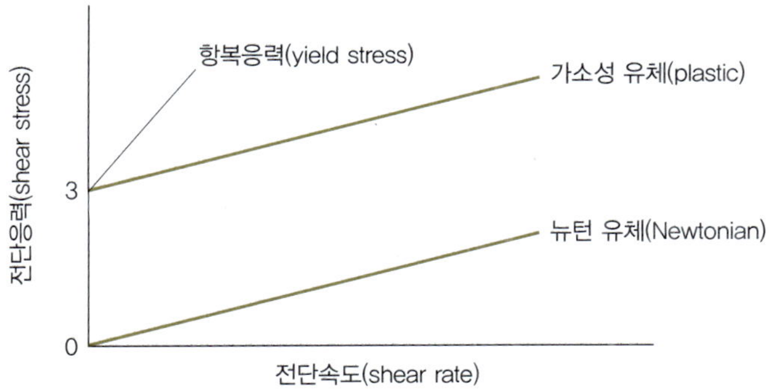

그림 4-12 **가소성 유체의 유동 특성**

게 된다.

이와 같이 유체의 흐름을 일으키기 위해 필요한 최소의 응력을 항복응력yield stress이라고 하는데 즉, 전단속도 값이 0일 때의 전단응력 값을 가리킨다. 이러한 항복응력을 가진 유체를 가소성 유체plastic fluid라고 하며, 가소성 유체의 특성을 규명한 물성학자의 이름을 따라 빙햄Bingham 유체라고도 한다. '3.1. 응력과 변형률의 관계'에서 언급한 것처럼 고체의 경우 항복응력을 넘게 되면 영구적으로 변형이 일어나게 되는데, 액체에서도 항복응력을 넘으면 흐름이 일어나 원래 상태로 돌아오지 않는다고 생각하면 된다.

토마토 케첩, 마요네즈, 휘핑크림, 마가린, 고추장 등은 이러한 항복응력을 가진 가소성 유체인데, 그림 4-13에서 보여 주는 바와 같이 식품의 표면을 코팅하던가, 핫도그 표면에 케첩을 바를 경우, 당근을 마요네즈에 찍어 먹을 경우 충분한 항복응력을 가지고 있어야만 흘러내리지 않고 그 형태를 유지할 수 있다.

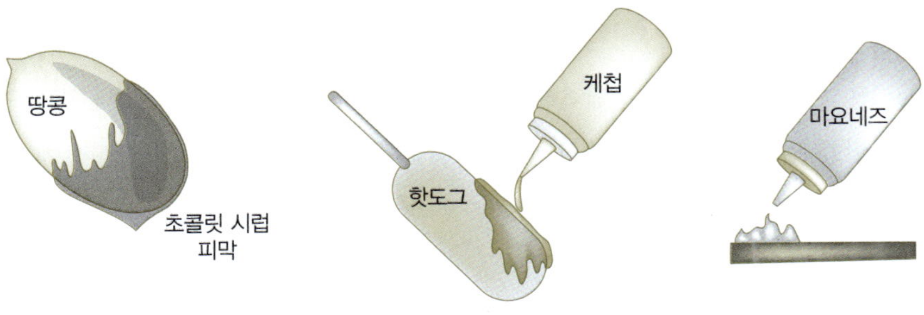

그림 4-13 **식품에서 항복응력의 이용**

문제 시리얼 바를 녹은 초콜릿에 넣어 코팅하고자 한다. 시리얼 바의 초콜릿이 더 이상 흐르지 않아 고정되는 초콜릿 코팅의 두께는 얼마인가? (녹은 초콜릿의 항복응력은 30 Pa이고 밀도는 1,300 kg/m^3)

풀이 초콜릿 코팅 무게로 인해 작용하는 힘=항복응력

$$F = m \cdot g = \rho \cdot A \cdot d \cdot g \quad (\rho = \frac{m}{V}, V = A \cdot d)$$

$$\text{항복응력} = \frac{F}{A} = \frac{\rho \cdot A \cdot d \cdot g}{A} = \rho \cdot d \cdot g$$

$$d = \frac{30}{1300 \cdot 9.8} = 2.35 \text{ mm}$$

초콜릿의 밀도(ρ) 초콜릿 코팅 두께(d) 코팅되는 면적(A)

3) 시간 의존적 유체

이제까지 유체의 특성을 전단응력과 전단속도 또는 점도와 전단속도의 관계로서 설명하였지만, 이러한 관계에 시간이라는 변수를 고려하지 않았다. 이제부터는 시간의 개념을 포함하여 전단응력-전단속도 또는 점도-전단속도와의 관계를 살펴보자. 이를 위해 동일한 시료의 점도를 같은 조건에서 시간 차이를 두고 반복 측정하여 그 점도 결과를 비교해 보자. 그림 4-14와 같이 시간 간격을 두고 반복 측정한 점도 결과가 모두 일치한 경우를 가정해 보자. 시간을 달리하여 측정하여도 그 유체의 점도는 일정하기 때문에 시간 비의존적time independent 또는 시간 독립적 특성을 가졌다고 할 수 있다. 즉, 시간에 따라서 점도가 바뀌는 것이 아니라 항상 일정한 점도를 가지고 있다는 의미이다. 하지만, 시간 비의존적 유체와는 다르게 시간을 달리하여 측정할 경우 점도가 일정하지 않고 계속 변하는 유체가 있다. 이러한 유체를 시간 의존적time dependent 유체라고 하며 틱소트로픽thixotropic, 레오펙틱rheopectic 유체가 여기에 해당한다.

(1) 틱소트로픽 유체

그림 4-15에서와 같이 점도-전단속도 곡선이 측정 시간에 따라 점점 아래 방향으로 이동하는데, 이를 일정한 전단속도에서 시간에 따른 점도 변화로 나타내면 시간에 따라 점도가 감소하는 것을 알 수 있다. 즉, 일정한 전단속도를 가하였을 경우 시간에 따라 점도가 감소하는 유체를 thixotropic(틱소트로픽, 요변성) 유체라고 한다. 전단희석 유체에서 설명하였듯이 시간에 따라서 점도가 감소하여 묽어진다는 의미가 담겨 있어 틱소트로픽

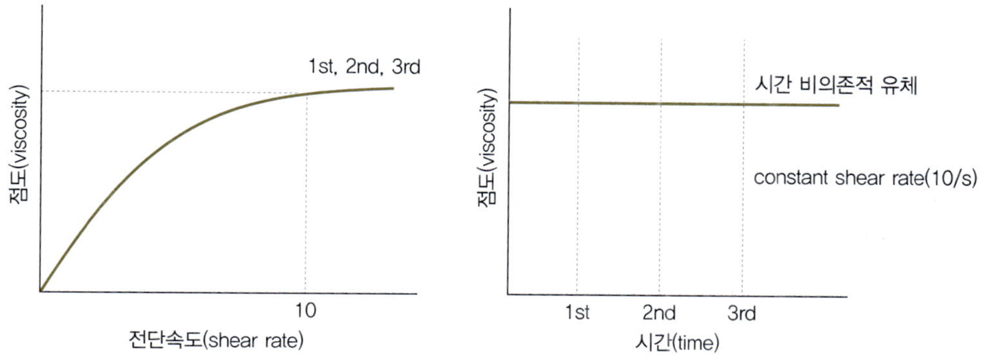

그림 4-14 **시간 비의존적 유체의 점도 특성**

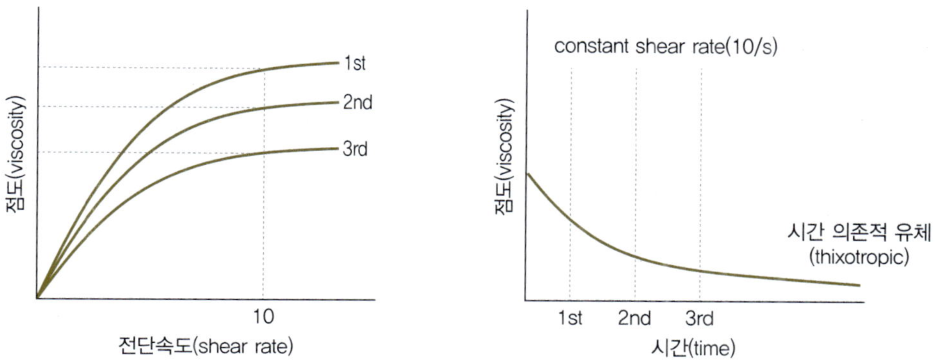

그림 4-15 **유체 점도의 틱소트로픽 특성**

유체를 time thinning 유체라고도 한다.

전분으로 점증 효과를 낸 유아식이나 요구르트를 먹을 때 스푼으로 지속적으로 휘저어 전단응력을 가하면 처음에는 점도가 높아 휘젓는 데 힘을 좀 주어야 하지만 시간이 지남에 따라 점도가 감소하여 저어 주는 힘이 적게 든다. 이것은 시간이 지남에 따라 그 유체의 구조가 파괴되어 점도가 감소되는 틱소트로픽 현상 때문이다.

(2) 레오펙틱 유체

틱소트로픽 유체와는 반대로 그림 4-16은 점도-전단속도 곡선이 측정 시간에 따라 위 방향으로 이동하는 경우를 보여 주고 있다. 이를 일정한 전단속도에서 시간에 따른 점도 변화 곡선으로 나타내면 시간에 따라 점도가 증가하는 것을 알 수 있다. 이와 같이, 일정한 전단속도를 가하였을 경우 시간에 따라 점도가 증가하는 유체를 레오펙틱rheopectic 유

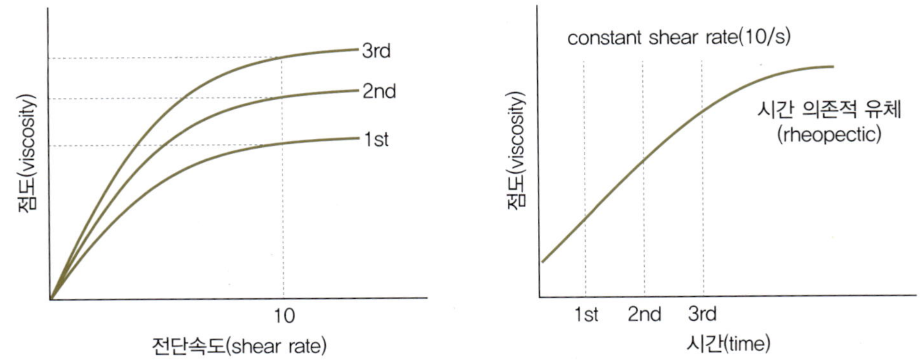

그림 4-16 **유체 점도의 레오펙틱 특성**

표 4-3 전단 및 시간에 따른 유체의 점도 특성

	시간 비의존성(time independent)	시간 의존성(time dependent)
점도 감소(thinning)	유사가소성(pseudoplastic)	틱소트로픽(thixotropic)
점도 증가(thickening)	팽창성(dilatant)	레오펙틱(rheopectic)

체라고 한다. '시간에 따라서 점도가 증가하여 걸쭉해진다.'라는 의미가 담겨 있어 레오펙틱 유체를 time thickening 유체라고도 한다. 이것은 지속적인 전단응력을 가해 주면 내부 구조가 강화되거나 분자간 마찰이 증가되기 때문으로 보고되고 있지만 식품에서는 쉽게 관찰되지 않는다.

(3) 이력 루프

시간 의존성 유체에서 전단속도를 0에서 일정하게 증가시킨 후 반대로 0으로 감소시켜 점도를 측정하는 경우를 생각해 보자. 전단응력-전단속도 곡선을 살펴보면 시간에 따라 점도가 변하지 않는 유체의 경우 전단속도 증가 후 감소 곡선이 서로 일치하게 된다. 하지만, 시간에 따라 점도가 변하는 경우 전단속도를 증가시킬 때 곡선과 감소시킬 때 곡선이 서로 일치하지 않아 타원형 형태의 고리가 생기는데 이를 이력 루프hysteresis loop라고 한다(그림 4-17). 시간 비의존성 유체의 경우 점도가 시간에 따라 변하지 않아 이러한 이력 루프가 없지만 시간 의존성 유체에서는 이력 루프를 관찰할 수 있다.

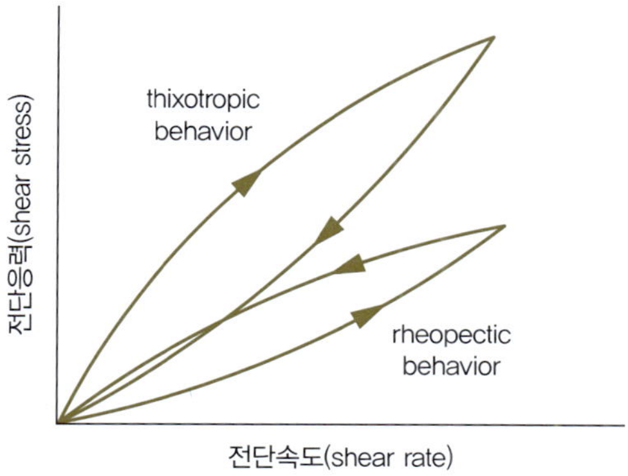

그림 4-17 유체 점도의 이력 루프

4.4. 유체 점도의 구성 방정식

지금까지 유체의 다양한 유동 특성을 전단응력-전단속도 또는 점도-전단속도 관계 곡선을 통하여 설명하였다. 유체의 유동 특성을 그래프 형식이 아닌 함수 형태의 수식을 통하여 나타낼 수 있다면 보다 쉽고 효율적인 설명과 응용이 가능할 것이다. 이와 같이 유체의 유동 특성을 나타내는 전단응력(또는 점도)과 전단속도와의 관계식을 유체 점도의 구성 방정식constitutive equation이라고 한다. 구성 방정식은 수많은 다양한 모델식을 사용하여 나타낼 수 있는데, 여기에서는 식품 분야에서 흔히 사용되는 점도 모델식에 대하여 다루고자 한다.

1) 유체 점도 일반식

전단응력과 전단속도의 관계가 a, b, c 의 변수를 가진 아래의 함수로 되어 있을 때

$$\sigma = a(\dot{\gamma})^b + c$$

σ: 전단응력 $\dot{\gamma}$: 전단속도

a, b, c 값에 따라서 어떠한 형태의 그래프가 나타나는지 살펴보자.

(1) a > 0, b = 1, c = 0 경우

만약에 a 값이 0보다 큰 1이라고 가정하면,

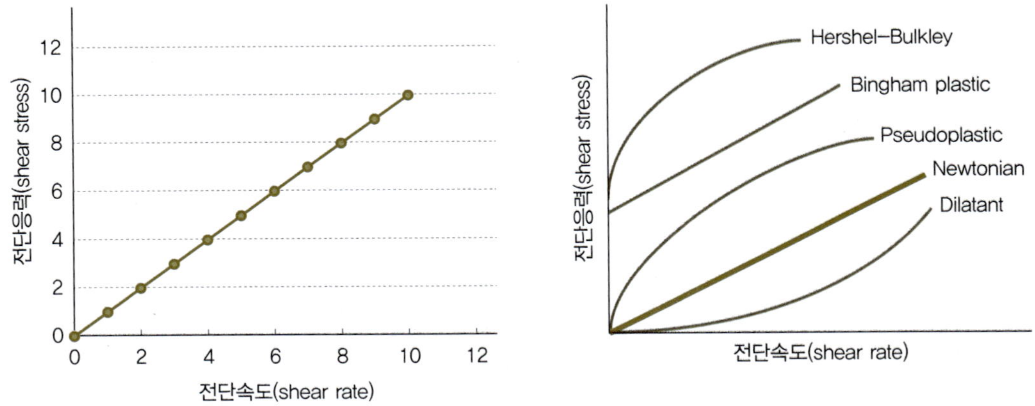

그림 4-18 **뉴턴 유체의 유동 특성 그래프**

$$\sigma = a(\dot{\gamma})^b + c = (\dot{\gamma})$$

로 되어 전단응력과 전단속도와의 관계는 그림 4-18과 같다.

따라서, 이 그래프는 전단응력과 전단속도가 원점을 지나는 직선적 선형관계를 가지고 있어 뉴턴 유체와 그 형태가 유사하다.

(2) a > 0, 0 < b < 1, c = 0 경우

이를 만족하는 조건(예로, a = 1, b = 0.5, c = 0)을 고려한다면,

$$\sigma = a(\dot{\gamma})^b + c = (\dot{\gamma})^{0.5}$$

으로 되어 전단응력과 전단속도와의 관계는 그림 4-19와 같다.

따라서, 이 그래프는 전단응력과 전단속도 곡선이 위로 볼록한 전단희석 유체와 그 형태가 유사하다.

(3) a > 0, 1 < b, c = 0 경우

이를 만족하는 조건(예, a = 1, b = 2.5, c = 0)을 고려한다면,

$$\sigma = a(\dot{\gamma})^b + c = (\dot{\gamma})^{2.5}$$

으로 되어 전단응력과 전단속도와의 관계는 그림 4-20과 같다.

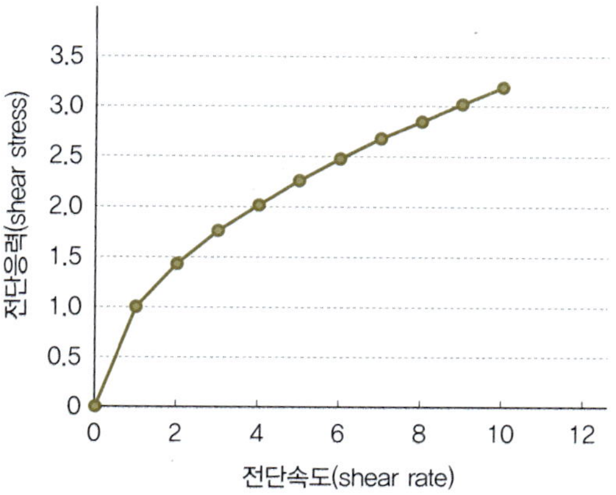

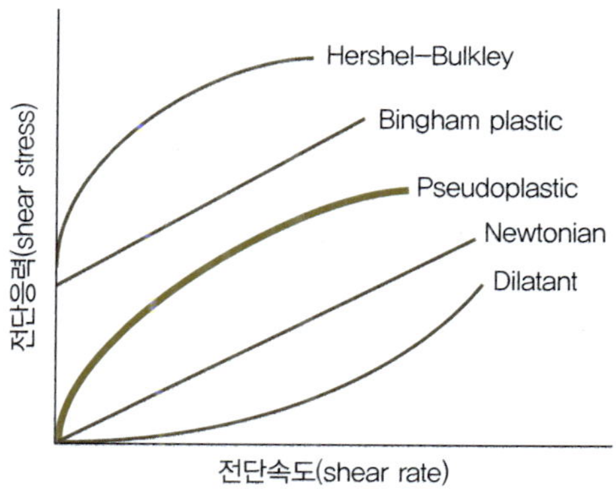

그림 4-19 **전단희석(유사가소성) 유체의 유동 특성 그래프**

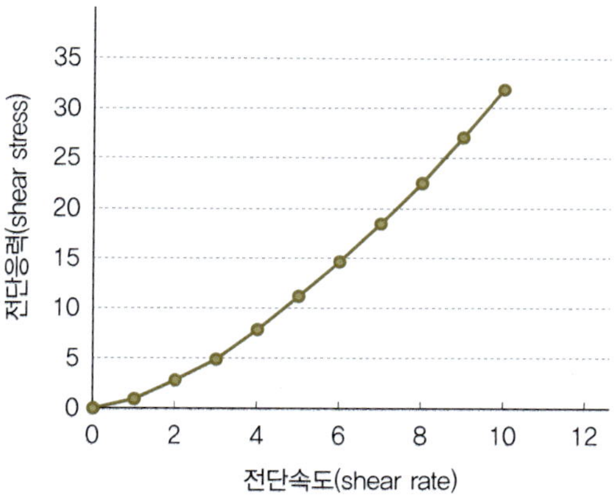

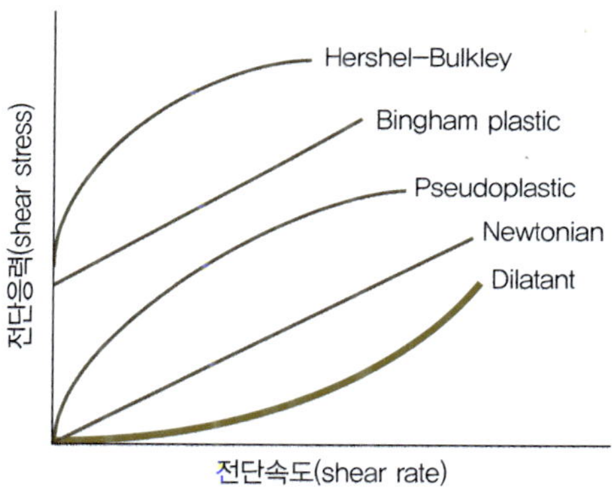

그림 4-20 **전단농화(팽창성) 유체의 유동 특성 그래프**

따라서, 이 그래프는 전단응력과 전단속도 곡선이 아래로 오목한 전단농화 유체와 그 형태가 유사하다.

(4) a > 0, b = 1, 0 < c 경우

이를 만족하는 조건(예, a = 1, b = 1, c = 10)을 고려한다면,

$$\sigma = a(\dot{\gamma})^b + c = (\dot{\gamma}) + 10$$

으로 되어 전단응력과 전단속도와의 관계는 그림 4-21과 같다.

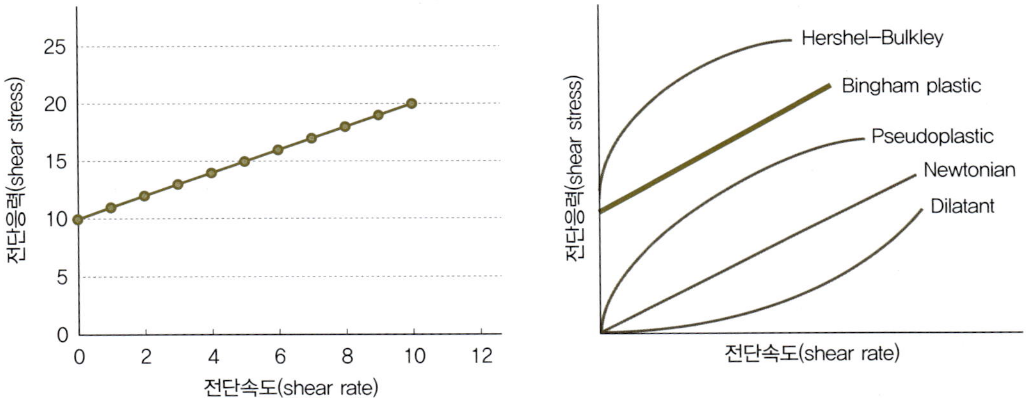

그림 4-21 **빙햄-가소성 유체의 유동 특성 그래프**

따라서, 이 그래프는 Y절편이 0이 아니기 때문에 원점을 지나지 않아, 항복응력을 가진 빙햄-가소성 유체와 그 형태가 유사하다.

(5) a > 0, 0 < b < 1, 0 < c 경우

이를 만족하는 조건(예, a = 1, b = 0.5, c = 10)을 고려하면,

$$\sigma = a(\dot{\gamma})^{b} + c = (\dot{\gamma})^{0.5} + 10$$

으로 되어 전단응력과 전단속도와의 관계는 그림 4-22와 같다.

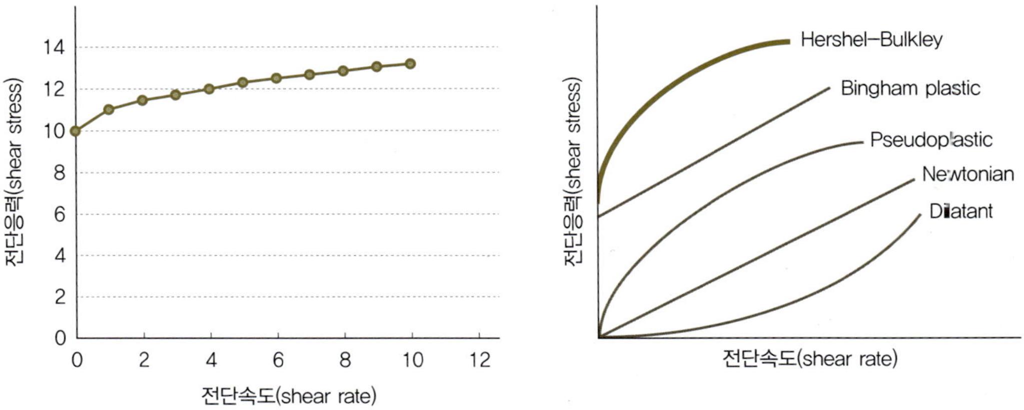

그림 4-22 **허쉘-벌클리 유체의 유동 특성 그래프**

따라서, 이 그래프는 허쉘-벌클리Herschel-Bulkley 유체와 그 형태가 유사하다.

이와 같이 (1)~(5)의 경우를 종합해 보면 a, b, c 값에 따라서 지금까지 언급되었던 다양한 형태의 유체 유동 특성을 나타낼 수가 있다.

2) 유체 점도 모델식

(1) 허쉘-벌클리 모델식

물성학 분야에서는 '4.4. 유체 점도의 구성 방정식 중 1) 유체 점도 일반식'에서 언급하였던 유체 점도 일반식의 a, b, c 값 대신에 각각 K, n, σ_0의 기호를 사용하여 다음과 같은 구성 방정식으로 나타내고 있다.

$$\sigma = a(\dot{\gamma})^b + c$$
$$\rightarrow \sigma = K(\dot{\gamma})^n + \sigma_0$$

이 식을 허쉘-벌클리 모델식이라고 하며, K는 점조도 지수consistency index, n은 유동 지수flow behavior index라고 하며 σ_0는 항복응력을 나타낸다.

따라서, 표 4-4는 유체의 다양한 유동 특성에 따른 K, n, σ_0 값의 범위를 나타내고 있다.

표 4-4 유체의 유동 특성에 따른 허쉘-벌클리 모델 변수 값의 범위

유체의 종류	K	N	σ_0
뉴턴 유체(Newtonian)	>0	1	0
전단희석 유체(Shear thinning)	>0	0<n<1	0
전단농화 유체(Shear thickening)	>0	1<n	0
빙햄 가소성 유체(Bingham plastic)	>0	1	>0
허쉘-벌클리 유체(Hershel Bulkley)	>0	0<n<1	>0

이 식을 다음과 같이 점도(η)에 대한 식으로 나타내면 아래와 같다.

$$\sigma = K(\dot{\gamma})^n + \sigma_0$$
$$\rightarrow \frac{\sigma}{\dot{\gamma}} = K(\dot{\gamma})^{n-1} + \frac{\sigma_0}{\dot{\gamma}}$$
$$\rightarrow \eta = K(\dot{\gamma})^{n-1} + \eta_0$$

(2) 멱수 법칙 모델식

허쉘-벌클리 모델식에서 항복응력이 0일 때, 즉 $\sigma_0 = 0$인 경우 허쉘-벌클리 모델식을 아래와 같이 단순화시킬 수 있다.

$$\sigma = K(\dot{\gamma})^n + \sigma_0 \quad (\sigma_0 = 0)$$
$$\rightarrow \sigma = K(\dot{\gamma})^n$$
$$\rightarrow \frac{\sigma}{\dot{\gamma}} = K(\dot{\gamma})^{n-1}$$
$$\rightarrow \eta = K(\dot{\gamma})^{n-1}$$

이 식을 멱수법칙power law 또는 오스트발트 드 웰레Ostwald de Waele 모델식이라고 한다.

멱수법칙 모델식에서 전단속도가 1/s일 경우,

$$\eta = K(\dot{\gamma})^{n-1}$$
$$\rightarrow \quad \eta = K$$

가 된다. 따라서, 멱수법칙 모델식에서 점조도 지수(K) 값은 전단속도가 1/s일 때의 점도를 나타낸다.

아울러, 표 4-4에서 설명했듯이 유동 지수(n)는 그 값의 범위에 따라서 점도 변화에 영향을 미치는데,

- n=1 : 점도 값은 전단속도에 관계없이 일정함 (뉴턴 유체)
- 0<n<1 : 전단속도가 증가함에 따라 점도 값이 감소함 (전단희석 유체)
- n>1 : 전단속도가 증가함에 따라 점도값이 증가함 (전단농화 유체)

따라서, 유동 지수 n 값은 유체의 유동 특성을 나타내는 지표라고 할 수 있다.

실제 실험을 통하여 유체의 점조도 지수(K)와 유동 지수(n)를 구하는 방법에 대하여 알아보면, 아래와 같다.

$$\sigma = K(\dot{\gamma})^n + \sigma_0$$
$$\sigma - \sigma_0 = K(\dot{\gamma})^n$$
$$\log(\sigma - \sigma_0) = \log K + n \log(\dot{\gamma}) \quad \text{: 허쉘-벌클리 모델}$$
$$\log \sigma = \log K + n \log(\dot{\gamma}) \quad \text{: 멱수법칙 모델}$$

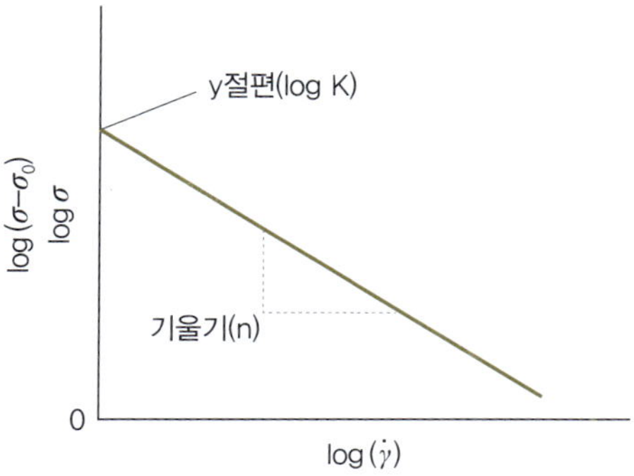

그림 4-23 허쉘-벌클리 그래프에서 유동 지수 및 점조도 지수

따라서, $\log \sigma$ 또는 $\log (\sigma-\sigma_0)$를 Y축, $\log (\dot{\gamma})$를 X축에 놓고 그래프를 그리면 y 절편과 기울기로부터 K, n 값을 구할 수 있다.

지금까지 유체의 유동 특성은 전단응력-전단속도 또는 점도-전단변형속도 형태의 그래프로 나타내었지만, 이와 같이 점조도 지수(K)와 유동 지수(n) 값을 알 수 있다면 함수 형태의 수식으로 나타낼 수 있다. 표 4-5는 다양한 식품의 점도도 지수와 유동 지수를 보여 주고 있는데, 이들을 토대로 우리가 관심 있는 공정에서의 전단속도 값(제2장 표 2-1)을 대입함으로써 그 공정에서의 유체 점도를 손쉽게 계산하여 예측할 수가 있다.

표 4-5 다양한 유체 식품에 대한 멱수법칙 지수 값 예시

식품	유동 지수(n)	점조도 지수(K)
버터	0.074	333
크림치즈	0.061	776
케첩	0.107	79.4
마가린	0.0043	549
땅콩버터	0.168	316

문제 입안에서 혀에 의해서 느껴지는 전단속도는 50/s으로 보고되고 있다. 이를 토대로 하여 크림치즈를 먹을 때 입안에서 느껴지는 점도는 얼마인지 예측하시오. (표 4-5를 참조하고, 온도 영향은 배제)

풀이 $\eta = K(\dot{\gamma})^{n-1} = 776 \times 50^{(0.061-1)} = 19.7$

따라서, 입안에서 느껴지는 점도는 19.7 Pa·s이다.

문제 새로 개발된 음료의 유동 특성을 분석하여 전단응력과 전단속도 값을 측정한 결과가 아래 표와 같다. 다음 질문에 답하시오. (단, 구해진 데이터는 멱수법칙 모델을 따름)

전단응력 (Pa)	32	50	61	80	105	140
전단속도 (1/s)	100	300	500	1000	2000	4000

(1) 음료의 점조도 지수, 유동 지수를 구하여 그 유동 특성을 설명하시오.
(2) 이 음료를 교반 시 점도 범위(Pa·s)를 구하시오. (사용되는 음료 교반장치의 전단속도 범위는 10～1000/s로 가정)

풀이 (1)

전단응력	전단속도	Log(전단속도)	Log(전단응력)
32	100	2	1.51
50	300	2.48	1.70
61	500	2.70	1.79
80	1000	3	1.90
105	2000	3.30	2.02
140	4000	3.60	2.15

멱수법칙 모델식

$$\sigma = K(\dot{\gamma})^n$$

$$\rightarrow \log \sigma = \log K + n \log(\dot{\gamma})$$

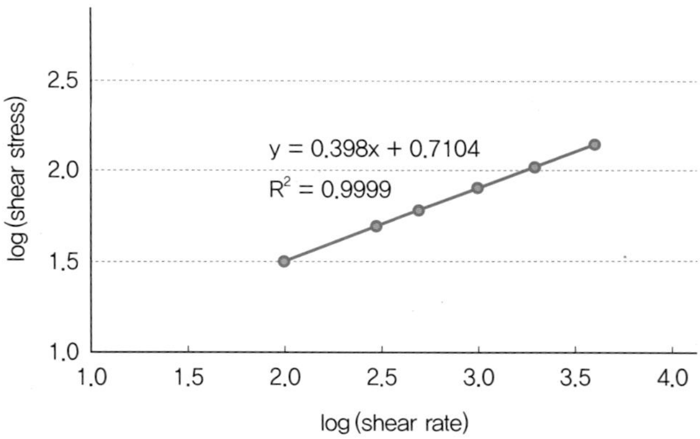

log (shear stress) = 0.398 log (shear rate) + 0.7104
n = 0.398
$\log K = 0.7104, \quad K = 5.13$

따라서, n 값이 1보다 작기 때문에 전단희석 유체이다.

(2) 이 식의 구성 방정식은 아래와 같이 나타낼 수 있다.

$$\sigma = K(\dot{\gamma})^n = 5.13(\dot{\gamma})^{0.398}$$

따라서, 혼합 공정 시 전단속도 범위 10~1000/s에서의 점도를 구하면
전단속도 10/s에서의 전단응력=12.83 Pa, 점도=12.83/10=1.28 Pa·s
전단속도 1000/s에서의 전단응력=80.189 Pa, 점도=80.189/1000=0.08 Pa·s
따라서, 0.08~1.28 Pa·s의 점도 범위를 갖는다.

(3) 카슨 모델식

$$\sqrt{\sigma} = \sqrt{\eta_a \cdot \dot{\gamma}} + \sqrt{\sigma_0}$$

σ_0 : Casson yield stress　　η_a : Casson viscosity

1959년 카슨Casson에 의해 프린트용 잉크의 유동 특성을 분석하기 위해서 개발된 모델식이다. 식품 분야에서는 녹은 초콜릿의 유동 특성에 효과적으로 적용할 수 있어서 초콜릿의 점도를 측정하는 국제적 표준 모델식으로 사용되고 있다. 특히, 입안에서 녹은 상태를 가정하고 있어 녹은 초콜릿의 점도를 40도에서 측정한다.

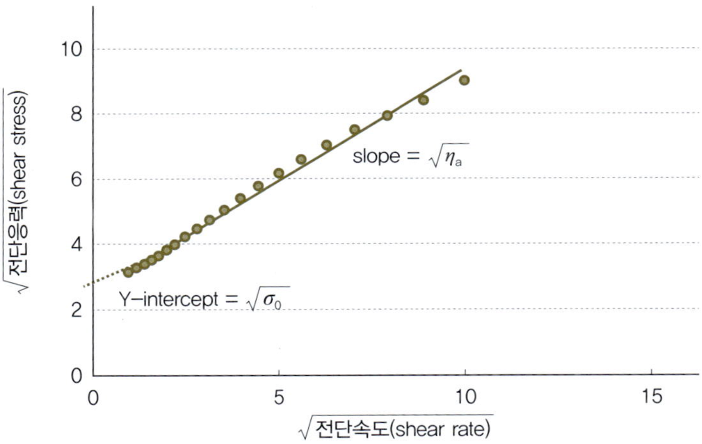

그림 4-24 녹은 초콜릿(40°C)의 유동 특성

(4) 크로스 및 카로 모델식

- 크로스Cross 모델식

$$\eta_a = \eta_\infty + \frac{\eta_0 - \eta_\infty}{1 + (\lambda \dot{\gamma}^n)}$$

● 카로Carreau 모델식

$$\eta_a = \eta_\infty + \frac{\eta_0 - \eta_\infty}{[1+(\lambda\dot{\gamma})^2]^n}$$

η_a : apparent viscosity η_∞ : infinite shear rate viscosity η_0 : zero shear rate viscosity
λ : structural relaxation time constant n : dimensionless power law index

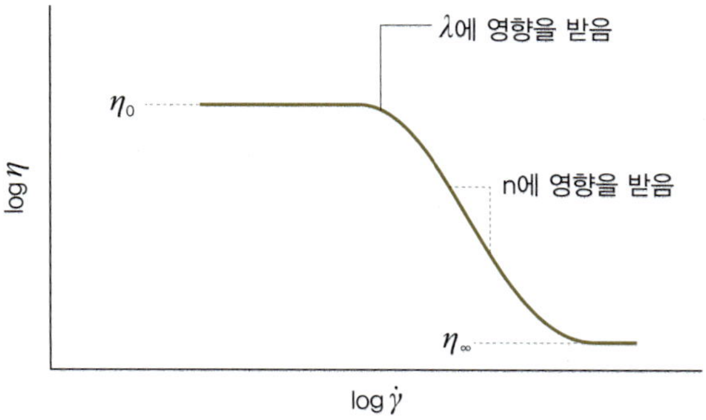

그림 4-25 **크로스 및 카로 모델식**

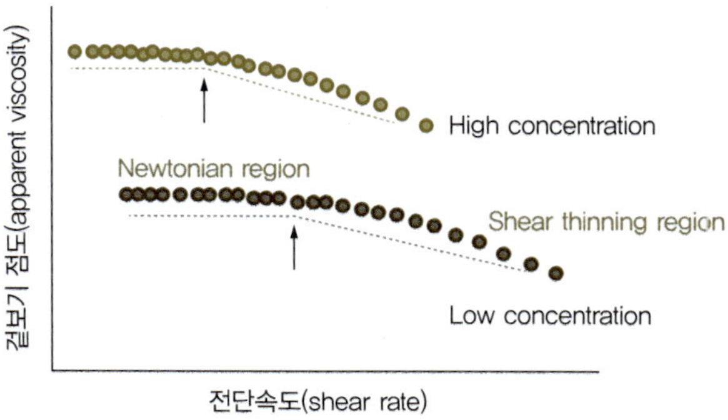

그림 4-26 **크로스 및 카로 모델식에서 농도의 영향**

크로스 및 카로 모델식은 전단희석 유체, 특히 폴리머polymer 현탁액 등 고분자 유치의 유동 특성을 분석할 때 흔히 사용되고 있다. η_0는 전단속도가 0일 때의 점도를 나타내며, η_∞는 전단속도가 무한대일 때의 점도를 나타낸다. 많은 경우 η_∞는 무시되어 0 값으로 가정하기도 한다. 고분자 현탁액의 경우 뉴턴과 전단희석 현상이 공존하게 되는데, 이때 농도가 증가할수록 뉴턴과 전단희석의 경계 부분이 낮은 전단속도 쪽으로 이동하게 되며, λ는 이러한 뉴턴에서 전단희석으로 전환되는 현상을 설명하는 변수로서 시료의 농도가 높아질수록 증가하게 된다. n 값은 멱수법칙 모델에서 설명했듯이 전단희석 현상의 정도를 나타낸다고 할 수 있다.

(5) 빙햄 모델식

빙햄 모델식은 허쉘-벌클리, 카손 모델식과 더불어 항복응력이 있는 유체에 적용될 수 있다(그림 4-27).

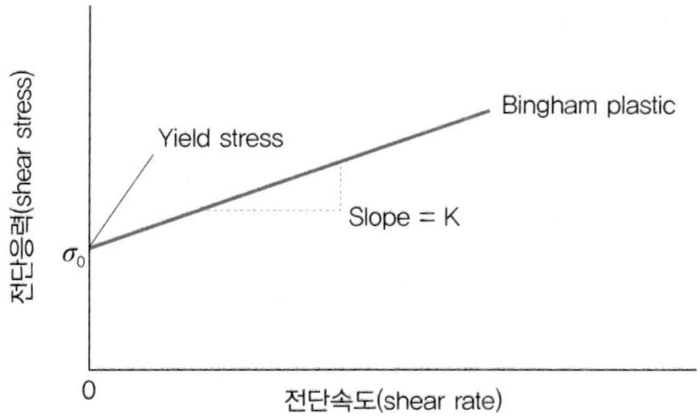

그림 4-27 빙햄 모델식

(6) 엘리스 및 시스코 모델식

- **엘리스Ellis 모델식**

$$\eta = \eta_0 + K(\dot{\gamma})^{n-1}$$

- **시스코Sisko 모델식**

$$\eta = \eta_\infty + K(\dot{\gamma})^{n-1}$$

엘리스 모델식은 뉴턴 모델식에서 η_0을 포함하고 있어 낮은 전단속도에서 점도를 예측할 때 적합하며 반면, 시스코 모델식은 뉴턴 모델식에 η_∞을 포함한 식으로서 높은 전단속도 영역의 점도 곡선에 이용될 수 있다.

그림 4-28은 유체의 점도 곡선 형태에 따라 지금까지 언급된 구성 방정식이 어떻게 적용될 수 있는지 대략적인 가이드라인을 보여 준다.

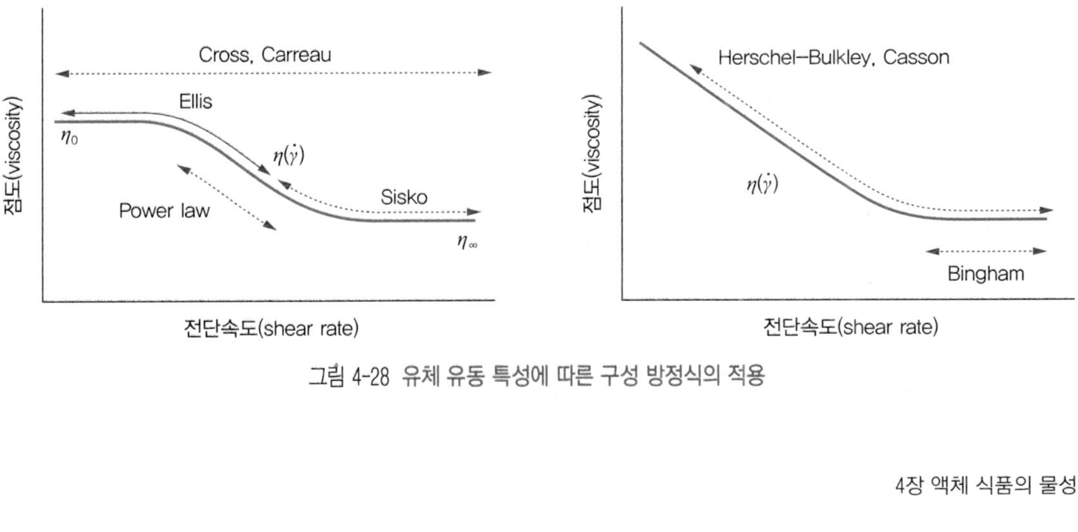

그림 4-28 유체 유동 특성에 따른 구성 방정식의 적용

4.5. 점도에 영향을 미치는 요인

1) 온도

온도는 점도에 영향을 미치는 가장 큰 요인 중 하나이다. 일반적으로 온도가 올라갈수록 입자들의 움직임이 빨라지고, 유동성이 증가하는데 그림 4-29에서 보여 주는 바와 같이 온도가 올라갈수록 물질의 점도는 감소한다. 반면, 온도가 내려갈수록 점도는 증가하는 경향을 보인다. 기체에서는 온도가 올라갈수록 입자들끼리 충돌을 일으켜 점도가 높아질 수 있다고 알려져 있다. 따라서, 물질의 점도를 측정할 경우 온도를 정확히 제어하는 것이 매우 중요하다.

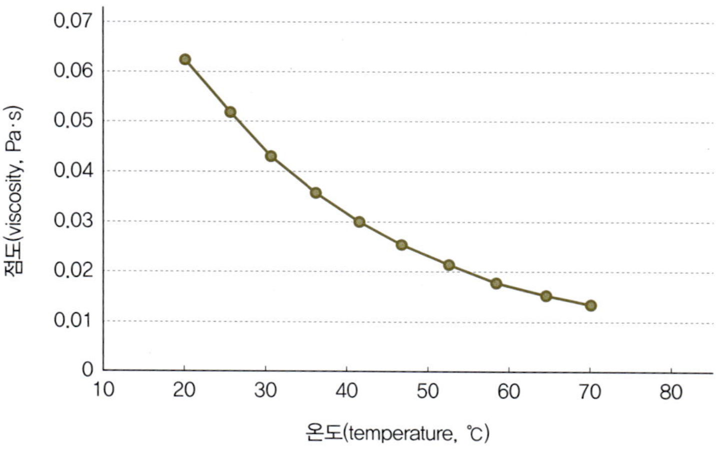

그림 4-29 온도에 따른 식용유지의 점도 변화

뉴턴 유체의 경우 점도의 온도 의존성은 아레니우스식Arrhenius equation을 적용하여 설명할 수 있다.

$$\eta = A \cdot EXP\left(\frac{E_a}{RT}\right)$$

η : viscosity(Pa·s) A : pre-exponential factor(Pa·s) E_a : activation energy(J/mol), R : gas constant(8314.34 J/mol·K) T : temperature(K)

위의 아레니우스식은 다음과 같이 정리될 수 있다.

$$\eta = A \cdot EXP\left(\frac{E_a}{RT}\right)$$

$$\ln \eta = \ln A + \frac{E_a}{R}\frac{1}{T}$$

따라서, 그림 4-30에서와 같이 ln η를 y축, 1/T을 x축으로 하는 그래프를 그리면 직선 형태의 식을 얻을 수 있고, 그 직선의 기울기로부터 활성화 에너지activation energy, E_a를 계산할 수 있다.

그림 4-31에서 보여 주는 바와 같이 활성화 에너지 값(E_a)이 높을수록 직선의 기울기가 가파르고, 낮을수록 기울기가 완만한 것을 알 수 있다. 그 의미는 활성화 에너지 값이 높을수록 온도 변화가 일어났을 때 점도 변화가 크게 일어나 점도의 온도 의존성이 크다는 것을 의미한다. 반대로 활성화 에너지 값이 낮은 경우 온도 변화가 일어났을 때 점도 변화가 작아 온도 의존성이 낮다는 것을 의미한다.

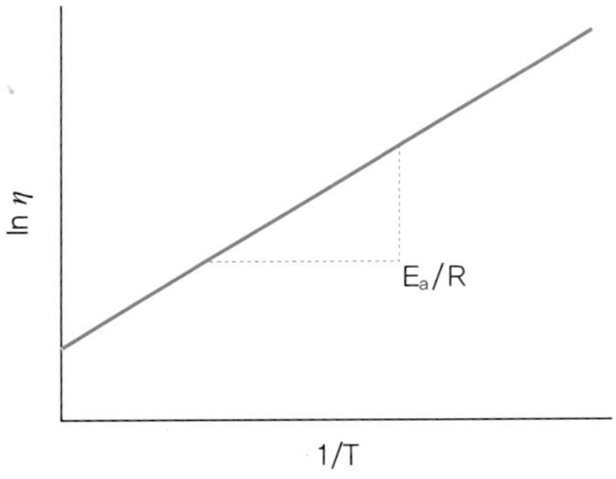

그림 4-30 아레니우스식에서의 E_a

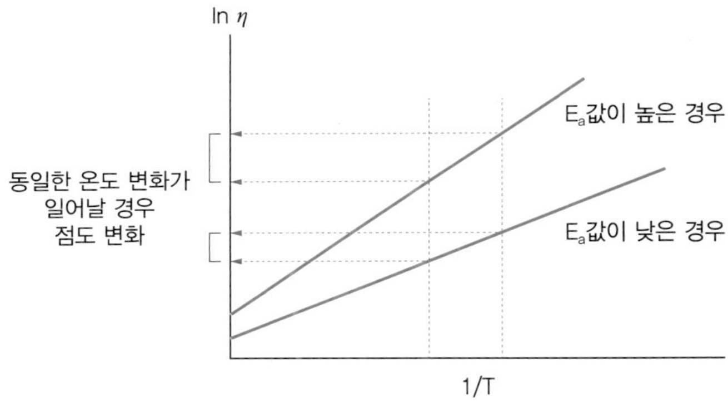

그림 4-31 활성화 에너지(E_a)에 따른 점도 변화

일반적으로 액체의 점도는 온도에 영향을 받기 때문에 점도 측정 시 온도를 일정하게 제어하는 것이 매우 중요하다. 하지만, 실제로 액체의 점도를 측정하는 장치에서 제어 가능한 온도 범위는 상온에서 100°C 이하가 일반적이기 때문에 그 외 온도 범위에서의 실제 점도를 측정하는 것은 어려움이 많다. 예로, 튀김에 사용되는 식용유지의 경우 튀김 온도인 150°C 이상에서의 점도를 실제 기기 장치를 통하여 측정하기에는 제약이 많다. 이럴 경우 측정 가능한 온도 범위에서 점도를 측정하고 이를 토대로 해당 시료에 대한 아레니우스식을 구할 수 있다면 원하는 온도 값을 대입함으로써 유체의 점도를 예측할

수 있다. 즉, 온도가 T_1에서 T_2로 변할 때 아래와 같은 관계식으로부터 점도 변화를 예측할 수 있다.

- 온도 T_1일 때 : $\ln \eta_1 = \ln A + \frac{E_a}{R}\frac{1}{T_1}$
- 온도 T_2일 때 : $\ln \eta_2 = \ln A + \frac{E_a}{R}\frac{1}{T_2}$

$$\ln \eta_1 - \ln \eta_2 = \ln \frac{\eta_1}{\eta_2} = \frac{E_a}{R}\left(\frac{1}{T_1} - \frac{1}{T_2}\right)$$
$$\ln \eta_2 = \ln \eta_1 - \frac{E_a}{R}\left(\frac{1}{T_1} - \frac{1}{T_2}\right)$$

문제 식용유지의 점도를 온도에 따라 측정하였다. 활성화 에너지 값을 구하시오.

온도(°C)	측정된 점도(Pa·s)
25	69.1
30	67.8
35	66.5
50	63

풀이

$$\ln \eta = \ln A + \frac{E_a}{R}\frac{1}{T}$$
$$\ln A = 3.0387, \quad A = 21$$
$$\frac{E_a}{R} = 356.76, \quad E_a = 2.97 \times 10^6$$

활성화 에너지 값은 2.97×10^6 J/mol이다.

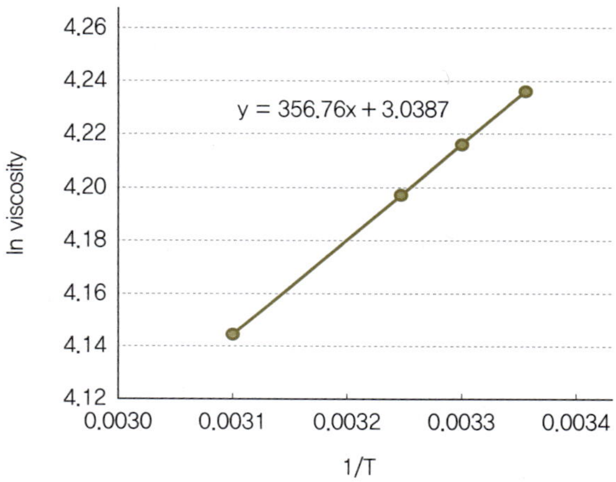

문제 30°C에서 식용유지의 점도가 58 mPa·s일 때 18°C에서의 점도를 구하시오. ($E_a/R = 3551.1$ K로 가정)

풀이

$$\ln\frac{\eta_1}{\eta_2} = \frac{E_a}{R}\left(\frac{1}{T_1} - \frac{1}{T_2}\right)$$

$$\ln\frac{\eta_1}{58} = 3551.1\times\left(\frac{1}{18+273} - \frac{1}{30+273}\right)$$

$$\eta_1 = 94.04\ \text{mPa}\cdot\text{s}$$

2) 농도

농도는 용매에 들어 있는 용질의 양을 나타낸다. 농도가 증가할수록 일정한 부피에 존재하는 용질의 양이 많아진다는 것을 의미하기 때문에 (온도가 일정하다는 전제하에서) 일반적으로 점도가 증가하게 된다.

온도와 점도의 관계처럼 농도와 점도는 직선적인 비례관계를 보여 주지 않는데, 일반적으로 농도가 증가할수록 점도는 지수적으로 증가한다고 알려져 있다.

$$\eta = K \cdot EXP(A \cdot C)$$

η : 점도　　K 및 A : 상수　　C : 농도

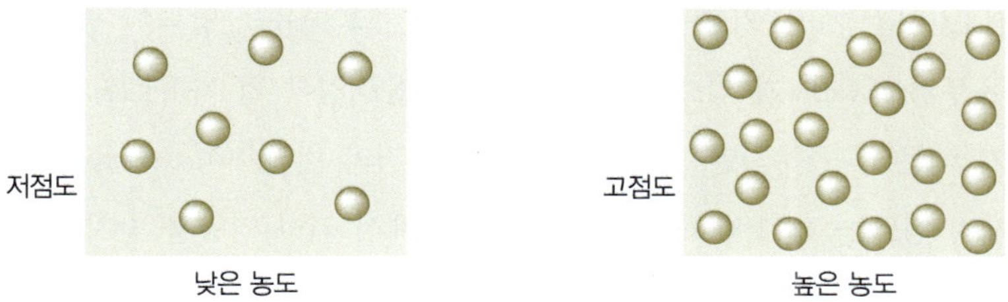

그림 4-32 **농도와 점도의 관계**

3) 분자량

분자량과 점도에 대한 관계를 설명하기 위하여 마크-호윈크식Mark-Houwink equation이 흔히 사용된다.

$$[\eta] = KM^a$$

$[\eta]$: 고유점도(intrinsic viscosity)　　M : 분자량(molecular weight)　　K 및 a : 상수

이 마크-호윈크 관계식은 농도가 낮아 매우 묽은 상태의 용액에서 유효하며, 농도가 높을 경우 계산 값은 정확하지 않을 수 있다.

4) 전단속도

액체 식품의 물성('4.3. 유체의 점도 특성')에서 설명하였듯이 뉴턴 유체와는 달리 비뉴턴 유체의 경우 전단속도에 따라 점도 값이 변하게 된다. 앞서 표 2-1은 다양한 공정에서의 전단속도 범위를 보여 주고 있는데, 이와 같이 전단속도는 넓은 범위에 걸쳐 존재한다. 따라서, 넓은 전단속도 범위에서의 점도를 구하기 위해서는 다양한 점도 측정장치가 필요할 수 있기 때문에 모든 전단속도 범위에서의 점도를 측정하기보다는 관심 있는 영역에서의 전단속도로 한정하여 점도를 측정하는 방법이 흔히 사용되고 있다. 따라서, 실제 공정에서 점도 측정장치를 갖추고자 할 경우 해당 응용 분야에서의 전단속도를 미리 염두에 두어야 한다.

5) 압력

유체의 점도는 압력이 증가할수록 증가하게 된다. 그 이유는 압력이 증가할수록 유체 내부의 자유부피free volume가 감소하면서 입자들의 움직임이 덜 자유로워지고 내부 마찰도 증가하기 때문이다. 하지만, 물과 같은 액체는 거의 비압축성non-compressible 유체이기 때문에 액체의 점도는 0～100 atm 압력 범위 조건에서 거의 영향을 받지 않는다고 알려져 있다.

4.6. 점도 측정장치

1) 모세관 점도계

모세관 점도계는 일반적으로 U 자 형태의 유리관으로 되어 있어 'U 자관 점도계'라고도 하는데 오스트왈트Ostwald, 우벨로데Ubbelohde 등 다양한 형태의 모세관 점도계가 있다. 일정한 부피의 유체가 모세관의 정해진 거리를 흐르는 시간을 측정하는 장치로서 모세

관을 수월하게 흐를 수 있는 유체에 적합하기 때문에 뉴턴 유체의 점도 측정 시 흔히 사용되고 있다.

모세관 점도계의 측정 방법은 일정한 부피의 유체를 모세관 점도계에 넣은 후 그 점도계를 항온수조에 넣어 평형 온도 상태가 되도록 기다린다. 그림 4-33에서와 같이 점도계 한쪽 끝(B)에서 흡입하여 유체가 1 지점 이상으로 올라오게 한다. 그 후, 흡입을 제거하면 유체는 모세관을 따라 흐르게 되고, 1 지점과 2 지점 사이를 지나는 데 걸리는 시간을 측정한다.

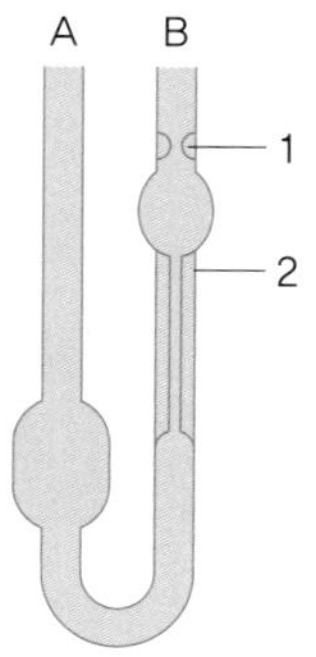

그림 4-33 모세관 점도계

유체가 모세관을 흐르는 시간(t)은 유체의 점도(η)에 비례하고, 밀도(ρ)에 반비례하게 된다.

$$\text{흐르는 시간(t)} \propto \text{점도}(\eta),\quad 1/\text{밀도}(\rho)$$

따라서, 점도(η_s) 및 밀도(ρ_s)를 알고 있는 표준 유체(s)를 똑같은 조건에서 모세관 점도계를 통과시켜 얻은 시간(t_s)을 비교하여 아래와 같은 관계식을 얻을 수 있고 이로부터 유체의 점도를 계산할 수 있다.

$$\frac{\eta}{\eta_s} = \frac{\rho t}{\rho_s t_s}$$

문제 해바라기유의 점도를 모세관 점도계를 사용하여 측정하려고 한다. 해바라기유의 밀도는 916 kg/m^{3}이고 흐르는 시간은 521 s이다. 표준 유체로서 사용한 설탕 용액(밀도 1227.3 kg/m^3, 점도 0.0126 Pa·s)의 흐르는 시간이 100 s일 때, 해바라기유의 점도를 계산하시오.

풀이

$$\frac{\eta}{\eta_s} = \frac{\rho t}{\rho_s t_s}$$

$$\frac{\eta}{0.0126} = \frac{916 \times 521}{1227.3 \times 100}$$

$$\eta = 0.049\ \text{Pa} \cdot \text{s}$$

2) 튜브 점도계

튜브 점도계tube viscometer는 파이프 점도계pipe viscometer, 관형 점도계라고도 하는데, 일반적으로 길이가 0.5 m 이상이고 일정한 단면적을 가진 수평형 관(지름 6～30 mm)으로 구

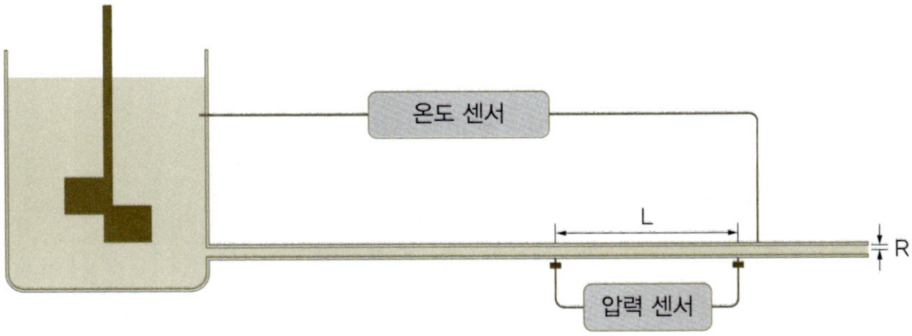

그림 4-34 튜브 점도계

성되어 있다. 그리고, 관에는 두 개의 압력 측정장치를 설치하고 그 사이를 흐르는 유체의 압력을 측정하여 강하된 압력pressure drop으로부터 점도를 계산할 수 있다.

$$\eta = \frac{\pi \Delta p R^4}{8LQ}$$

η : 점도　ΔP : 압력 강하　R : 관의 반지름　Q : 부피유량　L : 압력계 사이의 거리

문제 녹은 초콜릿의 점도를 관형 점도계를 사용하여 측정하고자 한다. 관형 점도계의 지름이 5 cm이고, 길이가 50 cm이다. 초콜릿이 1.25 cm^3/s로 흐를 때 10 Pa의 압력 강하가 측정되었다. 이때 초콜릿의 점도를 구하시오.

풀이

$$\eta = \frac{\pi \Delta p R^4}{8LQ} = \frac{\pi \times 10 \times 2.5^4}{8 \times 50 \times 1.25} = 2.453 \text{ Pa} \cdot \text{s}$$

3) 오리피스 점도계

오리피스 점도계orifice viscometer는 아주 짧은 모세관 형태의 점도계라 생각할 수 있는데, 컵cup 점도계 또는 잔 점도계zahn viscometer가 식품 산업에서 가장 널리 사용되고 있다. 잔 점도계는 시료를 담을 수 있는 용기 아래 부분에 작은 구멍orifice이 있는 점도계로서, 일정한 부피의 시료가 오리피스를 통해서 흘러 나갈 때까지 걸린 시간을 측정한다. 즉, 그림 4-35는 잔 점도계를 보여 주고 있는데 유체를 컵에 가득 채우고 바닥의 구멍을 통하여 유체가 모두 빠져나갈 때까지의 시간을 측정하여 점도를 구하는 방식이다. 따라서, 시료의 점도가 높을수록 시간이 오래 걸리고, 점도가 낮을수록 시간이 줄어든다. 이 점도

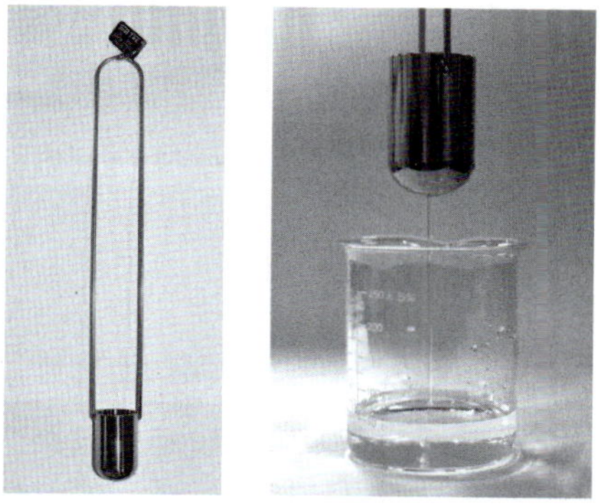

그림 4-35 오리피스(잔) 점도계

계는 뉴턴 유체 또는 뉴턴 유체에 가까운 시료 측정에 적합하며, 간단하고 경제적이며 빠른 측정이 가능하여 특히 유지 산업에서 널리 이용되고 있다.

4) 낙구 점도계

유체 속에 들어 있는 고체 입자의 경우 3가지 힘〔중력(F_g), 부력(F_b), 마찰항력(F_d)〕이 작용하게 된다. 입자가 가라앉는 방향으로 중력gravity이 작용하고, 입자를 뜨게 하는 부력buoyant force과 입자와 유체 사이의 마찰에 의한 항력drag force은 중력의 반대 방향으로 작용한다. 따라서, 입자가 내려가는 속도는 이 3가지 힘이 복합적으로 작용하여 즉, 중력에서 부력과 마찰항력을 뺀 힘에 의해서 결정된다.

$$F_n = F_g - F_b - F_d = m\frac{d\upsilon}{dt}$$

$$F_g = m \cdot g, \qquad F_b = \frac{m \cdot \rho_f \cdot g}{\rho_p} = V_p \cdot \rho_f \cdot g$$

$$F_d = C_d \cdot \frac{\upsilon^2}{2} \cdot \rho_f \cdot A$$

ρ_f : 유체의 밀도 ρ_p : 입자의 밀도 V_p : 입자의 부피

C_d : 항력계수 υ : 침강속도

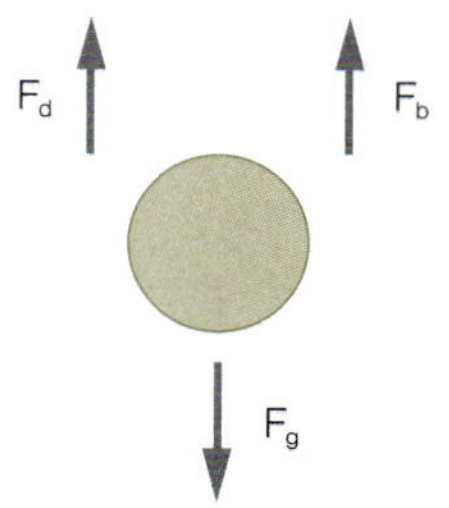

그림 4-36 유체 내부의 입자에 작용하는 힘

입자가 일정하게 내려간다면 $d\upsilon/dt=0$이 되어 이를 정리하면, 아래와 같은 스토크스의 법칙Stokes' law이 얻어진다.

$$\upsilon = \sqrt{\frac{4D_\rho \cdot g \cdot (\rho_p - \rho_f)}{3C_d \cdot \rho_f}}$$

$$C_d = \frac{24}{N_{\text{Re}}} = \frac{24\eta}{D_\rho \upsilon \rho_f} \quad \left(N_{\text{Re}} = \frac{D_\rho \upsilon \rho_f}{\eta} \right)$$

$$\upsilon = \frac{{D_\rho}^2 \cdot g \cdot (\rho_p - \rho_f)}{18\eta}$$

이를 점도에 대하여 정리하면 아래와 같은 식을 얻을 수 있다.

$$\eta = \frac{D^2(\rho_p - \rho_f)g}{18\upsilon}$$

η : 점도　　D : 고체 입자의 지름　　υ : 고체 입자가 떨어지는 속도　　g : 중력 가속도

이와 같은 관계를 이용한 낙구 점도계falling ball viscometer는 유체에 볼ball을 떨어뜨려 일정한 거리(일반적으로 10 cm)를 지나는 시간을 측정하고 이로부터 점도를 구한다. 낙구 점도계는 측정하기 쉽고, 측정 중 용매의 증발에 대한 염려는 없으나, 측정하려는 유체가 투

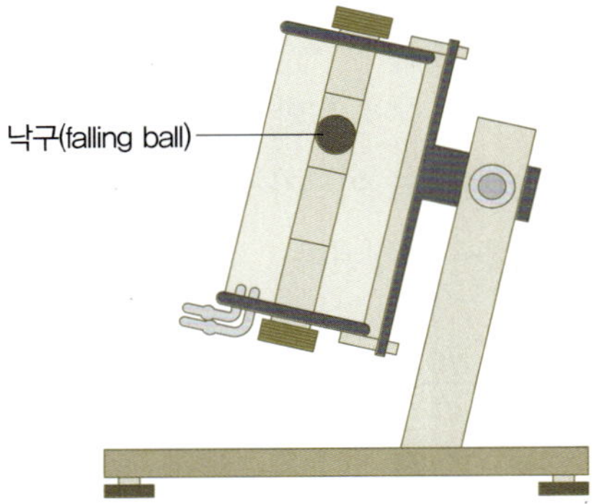

그림 4-37 낙구 점도계

문제 콩기름(밀도 921 kg/m³)의 점도를 낙구 점도계를 사용하여 구하고자 한다. 점도계의 길이는 10 cm이고, 볼(밀도 2,420 kg/m³)의 지름은 0.68 mm이다. 낙구 점도계에서 볼이 떨어지는 시간이 44.5 s일 때 콩기름의 점도를 구하시오.

풀이

$$\eta = \frac{D^2(\rho_p - \rho_f)g}{18\upsilon} = \frac{(0.68 \times 10^{-3})^2 (2420 - 921) \times 9.8}{18 \times \left(\frac{0.1}{44.5}\right)}$$

$$= 0.168 \text{ Pa} \cdot \text{s}$$

명해야 한다.

5) 보스트윅 점도계

보스트윅 점도계Bostwick consistometer는 스테인리스 강으로 만들어진 점도계로서 두 개의 칸으로 나뉘어져 그 중간에는 스프링으로 작동하는 문이 위치해 있다. 첫 번째 칸에 일정량의 시료를 넣은 후 레버를 누르면 스프링 문이 열려 시료가 두 번째 칸으로 흘러 나가게 된다. 이때 스프링 문이 열린 후 일정 시간 동안 시료가 흐른 거리를 측정한다. 두 번째 칸 바닥에는 눈금이 새겨져 있어 그 눈금을 읽음으로써 시료가 흐른 거리를 측정하게 된다. 보스트윅 점도계는 케첩, 잼, 액상 반죽 등과 같이 점도가 높은 식품에 적합하며 사용 방법이 간단하고 빠른 측정이 가능하여 식품 산업에서 널리 사용되고 있다.

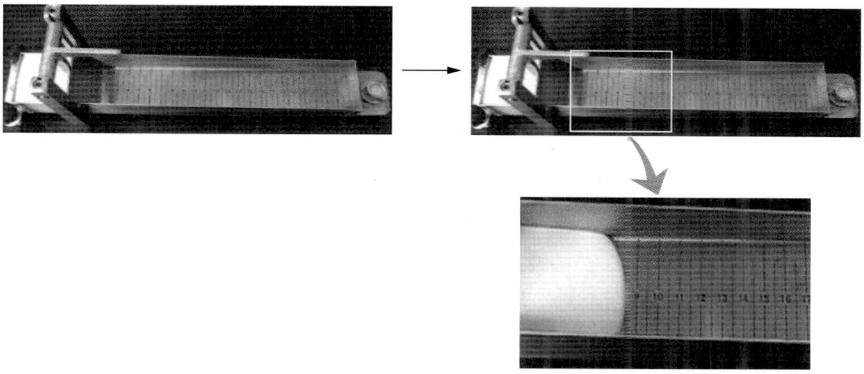

그림 4-38 보스트윅 점도계

6) 회전형 점도계

회전형 점도계rotational viscometer는 회전 운동하는 기기를 사용하여 시료에 전단력이 가해지도록 시료를 회전시키고 그동안 얻은 토크torque 값으로부터 점도를 측정하는 장치이다. 측정하고자 하는 전단응력, 전단속도를 정확하게 제어할 수 있어 유체 시료의 점도를 가장 정확하게 측정할 수 있는 장치이다. 이때 회전시키는 장치에 따라서 평판형parallel plate, 원추-평판형cone and plate, 원통형concentric cylinder, 스핀들spindle 형태로 크게 분류할 수 있는데, 일반적으로 하나의 회전형 점도계에 이들을 서로 바꾸어 사용할 수 있다.

(1) 평판형 점도계

일정한 거리gap를 가진 두 개의 원형 평판 사이에 시료를 넣고 한쪽 평판은 고정시키고 다른 평판을 회전시켜 점도를 측정한다. 원추-평판형에 비하여 큰 입자를 가진 액체 시료에 사용할 수 있고, 간격을 조절하여 측정 시료의 두께를 변화시킬 수 있으며 측정 후 청소가 용이하다. 하지만, 측정 중 시료의 증발에 대한 염려가 있어 공기와 노출된 부분은 미네랄오일mineral oil 등을 발라 준다. 아울러, 유지 등을 함유한 시료의 경우 미끄러짐wall slippage 현상이 발생할 수 있어, 평판 표면을 거칠게 만들거나 홈을 만든 평판을 사용하기도 한다.

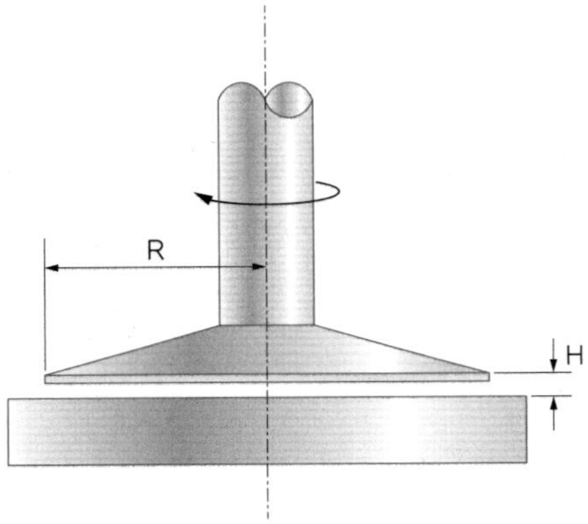

그림 4-39 평판형 점도계

평판형 점도계에서 점도는 아래와 같이 계산된다.

$$M = r \cdot F, \quad \tau = \frac{F}{A}$$

M : 토크　F : 힘　A : 면적　r : 반지름　τ : 전단응력

$$M = \int r \cdot \tau \cdot dA = \int_0^R r \cdot \tau \cdot 2 \cdot \pi \cdot r \cdot dr = \int_0^R 2 \cdot \pi \cdot r^2 \cdot \tau \cdot dr$$

여기에서 거리(반지름)에 따라서 전단속도가 변하는 것을 고려해야 한다.

$$\dot{\gamma} = \frac{\upsilon}{H} = \frac{\omega \cdot r}{H} \quad (\upsilon = \omega \cdot r)$$

υ : 선속도　ω : 각속도　H : 평판 사이의 거리

$$\tau = \eta \cdot \dot{\gamma} = \eta \cdot \frac{\omega \cdot r}{H}$$

$$M = \int_0^R 2 \cdot \pi \cdot r^2 \cdot \tau \cdot dr = \int_0^R 2 \cdot \pi \cdot r^2 \cdot \eta \cdot \frac{\omega \cdot r}{H} \cdot dr = 2 \cdot \pi \cdot \eta \cdot \frac{\Omega}{H} \int_0^R r^3 dr = \frac{\pi \cdot \eta \cdot \omega}{2H} R^4$$

$$M = \frac{\pi \cdot \eta \cdot \omega}{2H} R^4 = \frac{\pi}{2} \cdot \eta \cdot \frac{\omega \cdot R}{H} \cdot R^3 = \frac{\pi}{2} \cdot \tau \cdot R^3$$

$$\tau = \frac{2 \cdot M}{\pi \cdot R^3}$$

$$\text{전단응력}(\tau) = \frac{2M}{\pi \cdot R^3}$$

$$\text{전단속도}(\dot{\gamma}) = \frac{\upsilon}{H} = \frac{\omega \cdot R}{H}$$

$$\text{점도} = \frac{\text{전단응력}}{\text{전단속도}} = \frac{2M \cdot H}{\pi R^4 \cdot \omega}$$

문제 반지름이 25 mm인 평판형 점도계를 사용하여 점도를 측정하고자 한다. 측정된 토크 값이 10 mN·m일 때 전단응력을 구하시오.

풀이 $\text{전단응력} = \frac{2M}{\pi R^3} = \frac{2 \times 0.01}{\pi \times 0.025^3}$

$= 407.6$ Pa

문제 반지름이 25 mm인 평판형 점도계를 사용하여 점도를 측정하고자 한다. 측정 시 평판 사이의 간격이 0.5 mm이고 28.7 revolution/min으로 돌렸을 경우 전단속도를 구하시오.

풀이 $\omega = 2\pi N$로서 N은 단위시간당 회전 수(revolution/s)를 나타낸다.

$\text{전단속도} = \frac{\omega \times R}{H} = 2\pi \times N \times \frac{R}{H} = 2\pi \times 28.7 \times \frac{0.025}{0.0005 \times 60}$

$= 150.2$/s

(2) 원추-평판형 점도계

밑면은 평면plate, 위에는 원뿔cone 형태로 되어 있고 그 사이에 시료를 넣어 평판 또는 원뿔을 회전시켜 점도를 측정한다. 원추와 평판 사이의 간격이 작기 때문에, 시료 양이 적게 필요하지만 큰 입자를 가진 액체 시료에는 적합하지 않다. 전단속도가 일정하여 측정 시 시료 전체에 대하여 균일한 전단력을 가할 수 있으며 평판형 점도계와 마찬가지로 측정 후 청소가 용이한 장점을 가지고 있다. 평판형 점도계와 같이 측정 중 시료의 증발에 대한 염려가 있어, 공기와 노출된 부분은 미네랄오일 등을 발라 준다.

원추-평판형 점도계에서 점도는 아래와 같이 계산된다.

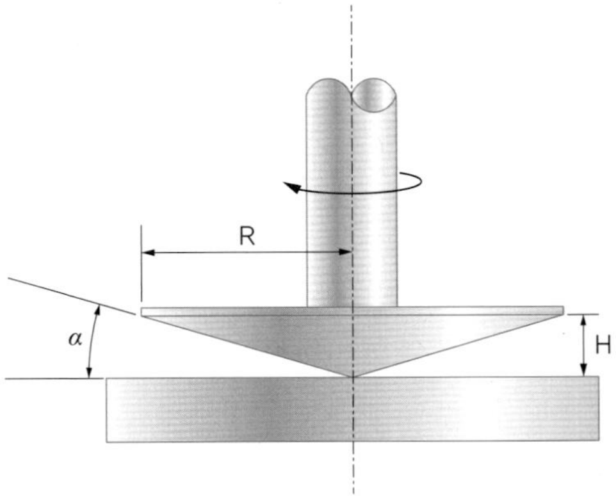

그림 4-40 원추-평판형 점도계

$$M = r \cdot F, \quad \tau = \frac{F}{A}$$

$$M = \int r \cdot \tau \cdot dA = \int_0^R r \cdot \tau \cdot 2 \cdot \pi \cdot r \cdot dr = \int_0^R 2 \cdot \pi \cdot r^2 \cdot \tau \cdot dr$$

$$M = \frac{2\pi}{3} \cdot \tau \cdot R^3$$

$$\tau = \frac{3 \cdot M}{2\pi \cdot R^3}$$

$$\text{전단응력} = \frac{3M}{2\pi R^3}$$

$$\text{전단속도} = \frac{\upsilon}{H} = \frac{\omega \cdot R}{R \cdot \tan\alpha} = \frac{\omega}{\tan\alpha} \approx \frac{\omega}{\alpha} \quad \left(\tan\alpha = \frac{H}{R}\right)$$

$$\text{점도} = \frac{\text{전단응력}}{\text{전단속도}} = \frac{3M \cdot \alpha}{2\pi R^3 \cdot \omega}$$

여기에서 중요한 것은 원추-평판형 점도계의 전단속도의 경우 R 즉, 반지름 값을 포함하고 있지 않다. 즉, 앞서 언급되었듯이 점도 측정 시 전단속도가 모든 부분에 걸쳐 일정하기 때문에 평판형이나 원통형 점도계와는 달리 전단응력에 따른 평균값을 사용하지 않아도 된다.

문제 원추-평판형 점도계(cone angle 1°)를 100 revolution/s으로 돌려 유체의 점도를 측정하고 있다. 만약에 똑같은 조건에 cone angle이 2°인 원추를 사용 시 전단속도는 어떻게 변하는지 설명하시오.

풀이 전단속도 = $\frac{\omega}{\alpha} = \frac{2\pi N}{\alpha}$

Cone angle이 1°일 때 : $\frac{2\pi\times100}{1} = 200\pi$

Cone angle이 2°일 때 : $\frac{2\pi\times100}{2} = 100\pi$

따라서, 전단속도는 1/2로 줄어든다.

(3) 원통형 점도계

원통형 점도계의 경우 동축 점도계coaxial viscometer, 쿠에트 점도계coquette viscometer로도 불리는데 내부에 위치한 실린더bob, 밖의 용기cup 사이에 시료를 넣고 실린더 또는 용기를 회전시켜 점도를 측정한다. 시료와 접촉하는 표면적이 넓기 때문에 점도가 낮은 액체에 적합하지만 고점도 시료는 실린더와 용기 사이로 넣기 어려워 적합하지 않고, 간격 사이에 전단속도가 일정하지 않다. 측정 중 시료의 증발에 대한 염려는 적으나 측정 후 청소가 용이하지 않고, 시료를 용기에 담을 때 생기는 전단이력shear history의 영향을 받을 수 있다.

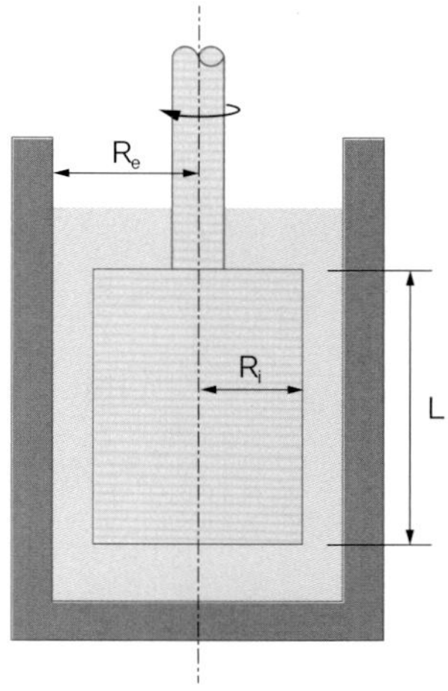

그림 4-41 원통형 점도계

원통형 점도계에서 점도는 아래와 같이 계산된다. 원통형 점도계에서 전단속도는 거리 즉, 반지름(r)에 의존한다.

$$\dot{\gamma} = -\frac{d\upsilon}{dr} = -\frac{d(\omega \cdot r)}{dr} = -\left(\omega + r\frac{d\omega}{dr}\right)$$

뉴턴 유체의 기본식을 이용하여 정상 상태에서 각속도(ω)는 일정한 값으로서 전단속도에 영향을 미치는 것은 $r\frac{d\omega}{dr}$이므로 아래와 같이 단순화할 수 있다.

$$\dot{\gamma} \approx -r \cdot \frac{d\omega}{dr}$$

$$\tau = \frac{F}{A} = \frac{\frac{M}{r}}{2\pi rL} = \frac{M}{2\pi r^2 L}$$

$$\tau = \eta \cdot \dot{\gamma} = -\eta \cdot r\frac{d\omega}{dr} = \frac{M}{2\pi r^2 L}$$

$$-d\omega = \frac{M}{2\pi r^2 L} \cdot \frac{1}{\eta \cdot r} \cdot dr = \frac{M}{2\pi L\eta} \cdot \frac{1}{r^3} \cdot dr$$

$$\int_{\omega}^{0} -d\omega = \int_{R_i}^{R_e} \frac{M}{2\pi L\eta} \cdot \frac{1}{r^3} \cdot dr$$

$$\omega = \frac{M}{4\pi L\eta}\cdot(\frac{1}{R_i^2}-\frac{1}{R_e^2}) = \frac{M}{4\pi L\eta}\cdot(\frac{R_e^2-R_i^2}{R_e^2\cdot R_i^2})$$

$$\eta = \frac{M}{4\pi L\omega}\cdot(\frac{R_e^2-R_i^2}{R_e^2\cdot R_i^2})$$

$$\dot{\gamma} = \frac{\tau}{\eta} = \frac{M}{2\pi r^2 L}\cdot\frac{4\pi L\omega}{M}\cdot\frac{R_e^2\cdot R_i^2}{R_e^2-R_i^2} = \frac{2\omega}{r^2}\cdot\frac{R_e^2\cdot R_i^2}{R_e^2-R_i^2}$$

$$전단응력 = \frac{M}{2\pi r^2 L}$$

$$전단변형속도 = \frac{2\omega}{r^2}\cdot\frac{R_e^2\cdot R_i^2}{R_e^2-R_i^2}$$

$$점도 = \frac{전단응력}{전단속도} = \frac{R_e^2-R_i^2}{4\pi\cdot L\cdot R_e^2\cdot R_i^2}\cdot\frac{M}{\omega}$$

그림 4-42에서 보여 주는 바와 같이 시료와의 접촉면적이 넓은 원통형 점도계의 경우 낮은 점도의 시료에 적합하며, 점도가 높아질수록 원추-평판형, 평판형 점도계 순으로 이용될 수 있다.

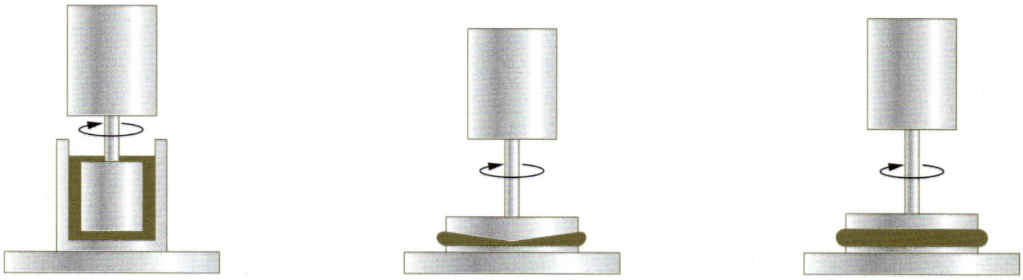

그림 4-42 점도에 따른 회전형 점도계의 선택

(4) 스핀들 점도계

이전까지 설명한 회전형 점도계의 경우 일정한 간격을 가진 특정 공간에 시료를 넣어 점도를 측정하는 형태이지만, 이와는 달리 시료를 일반 용기에 담고 그 안에 막대기 형태의 다양한 스핀들spindle을 넣어 회전시킴으로써 점도를 측정하기도 한다. 이 점도계는 하나의 스핀들을 액체 시료에 담가 회전시켜 점도를 측정하기 때문에 싱글 스핀들single-

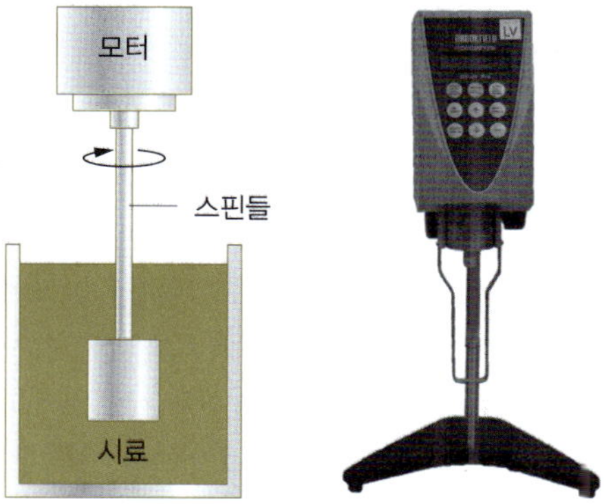

그림 4-43 **브룩필드 점도계**

spindle 점도계라고도 한다. 앞서 언급된 다른 형태의 회전형 점드계와는 달리 용기에 담겨 있는 시료에 스핀들을 바로 넣어 점도를 측정할 수 있기 때문에 매우 간편하고, 그 사용법도 간단하여 산업적으로 널리 이용되고 있다. 다양한 형태의 스핀들이 존재하여 점도가 낮은 시료일수록 표면적이 넓은 스핀들을 사용하는데 측정 결과의 재현성을 위하여 사용된 스핀들 번호, 회전 속도를 제시하여야 한다. 브룩필드Brookfield라는 회사에서 만든 스핀들 점도계를 보편적으로 많이 사용하고 있어 흔히 브룩필드 점도계라고도 한다(그림 4-43).

7) 점도 측정 시 유의 사항

점도계를 사용하여 시료의 점도를 정확하게 측정하기 위하서는 다음과 같은 조건이 충분히 만족되어야 한다.

- 점도 측정 시 시료는 층류laminar flow를 유지할 수 있는 전단속도 범위를 사용해야 한다.
- 원하는 조건의 전단력이 정확히 시료에 전달될 수 있도록 시료와 점도계가 접촉된 부분에서 미끄러짐slippage이 발생하면 안 된다.
- 시료는 균질해야 하며 측정 중 화학적/물리적 변화가 일어나지 않아야 한다(화학적/물리적 변화에 따른 점도 측정 시 예외).
- 점도는 온도에 영향을 받기 때문에 온도는 정확히 제어되어야 한다.

단원정리

- 점도viscosity는 흐름을 일으키는 외부 힘에 대한 유체의 저항력으로 유체의 내부 마찰력internal friction의 척도라고 할 수 있다.
- 뉴턴의 점도법칙Newton's law of viscosity은 전단응력shear stress과 전단속도shear rate의 직선적 선형관계를 나타내는데 이때 기울기 값이 점도이다. 즉, 점도는 전단응력을 전단속도로 나눈 값이다.
- 전단응력과 전단속도 그래프에서 원점을 지나는 직선적인 관계를 가진 유체(물, 차, 커피, 맥주 등)를 뉴턴 유체Newtonian fluid라고 하는데, 뉴턴 유체는 전단속도에 관계없이 항상 일정한 점도 값을 갖는다.
- 전단응력과 전단속도가 직선적 선형관계가 아니거나 원점을 지나지 않는 유체를 비뉴턴 유체non-Newtonian fluid라고 하며, 비뉴턴 유체의 점도를 겉보기 점도apparent viscosity라고 한다.
- 전단속도가 증가함에 따라 점도가 감소하는 유체를 전단희석shear thinning(전단박화) 또는 유사가소성pseudoplastic 유체라고 하며, 샐러드드레싱, 케첩, 액상 반죽 등이 여기에 속한다.
- 전단속도가 증가함에 따라 점도가 증가하는 유체를 전단농화shear thickening 또는 팽창성dilatant 유체라고 한다.
- 항복응력yield stress은 유체의 흐름flow을 일으키기 위해 필요한 최소 응력을 의미하며, 이러한 항복응력을 가진 유체를 가소성 유체plastic fluid라고 한다.
- 시간에 따라 점도가 변하는 유체를 시간 의존적time dependent 유체라고 하는데 시간에 따라 점도가 감소하는 틱소트로픽thixotropic 유체, 시간에 따라 점도가 증가하는 레오펙틱rheopectic 유체로 구분된다.
- 전단응력(또는 점도)과 전단속도와의 관계를 나타내기 위하여 허쉘-벌클리Herschel-Bulkley, 멱수법칙 모델식 등 다양한 유체 점도의 구성 방정식constitutive equation이 사용되고 있다. 특히, 이들 구성 방정식에서 유동지수flow behavior index가 1이면 뉴턴 유체, 0과 1 사이이면 전단희석shear thinning 유체, 1보다 크면 전단농화shear thickening 유체를 나타낸다.
- 유체가 흐르는 시간(또는 속도)으로부터 유체의 점도를 측정하는 장치로는 모세관 점도계, 오리피스 점도계, 낙구 점도계, 보스트윅 점도계 등이 있고 튜브 점도계는 압력 변화로부터 점도를 측정한다.
- 회전형 점도계는 액체 식품을 회전시키는 데 필요한 토크torque 값으로부터 점도를 측정하는 장치로서 평판형, 원추-평판형, 원통형, 스핀들 형태 등이 널리 사용되고 있다.

5 식품의 점탄성

5 식품의 점탄성

5.1. 점탄성 기초

1) 점탄성의 정의

물과 같은 액체를 용기에 담는다고 가정해 보자. 물을 용기에 따르는 즉시 물은 용기의 모양대로 채워지게 된다. 반면에 젤리와 같은 고체를 용기에 넣으면 용기 모양에 상관없이 젤리가 가진 모양을 그대로 유지한다. 만약에 튀김용 액상 반죽을 그릇에 담는다면,

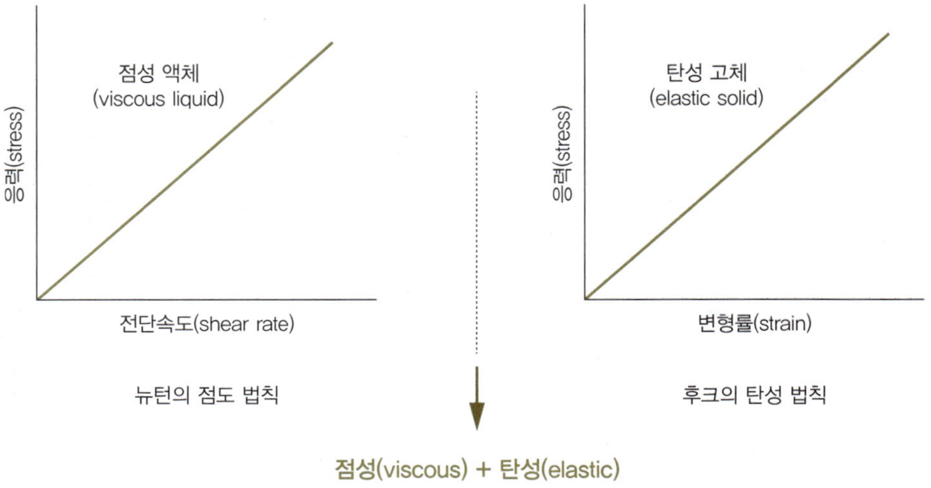

그림 5-1 점성 액체와 탄성 고체의 물성학적 특성

액상 반죽을 처음 넣을 때에는 위로 쌓이면서 본래의 형태를 유지하려고 하지만, 시간이 지나면 결국 용기의 모양대로 채워지게 된다. 그림 5-1에서 보여 주듯이 물의 경우 응력stress과 전단속도shear rate가 직선적인 관계를 가진 점성 액체viscous liquid이고, 젤리의 경우에는 응력과 변형률strain이 직선적 관계를 가진 후크의 법칙Hooke's law을 따르는 탄성 고체elastic solid이다. 따라서, 액상 반죽의 경우 물과 같은 점성 액체의 성질을 가지고 있지만 젤리와 같은 탄성 고체의 성질을 동시에 가지고 있다고 할 수 있다.

이와 같이 이상적인 액체ideal liquid가 가진 점성과 이상적인 고체ideal solid의 탄성을 동시에 가지고 있는 특성을 점탄성viscoelastic이라고 한다. 바이센베르크 효과Weissenberg effect, 다이부풀음die-swelling 현상, 되튐recoil 현상은 점탄성을 가진 물질에서 관찰될 수 있다.

2) 점탄성 현상

(1) 바이센베르크 효과

그림 5-2는 막대기를 회전시켜 용기에 담긴 두 개의 시료를 교반하는 그림을 보여 주고 있다. 가운데 그림은 교반 시 막대기가 위치한 중앙 부분이 아래로 내려가는 것을 보여 주는데 우리가 일반적으로 액체를 교반할 때 흔히 볼 수 있는 경우이다. 반면 오른쪽 그림은 그 반대로 중력을 거슬러 중앙 부분이 막대기를 따라서 올라간다. 유체를 교반 시 가해지는 전단응력shear stress의 방향과 직각인 방향으로 유체가 흐르는 현상을 바이센베르크Weissenberg 효과라고 하며, 아울러 교반하는 막대기를 따라 올라간다고 하여 막대기 오름rod-climbing 현상이라고도 한다.

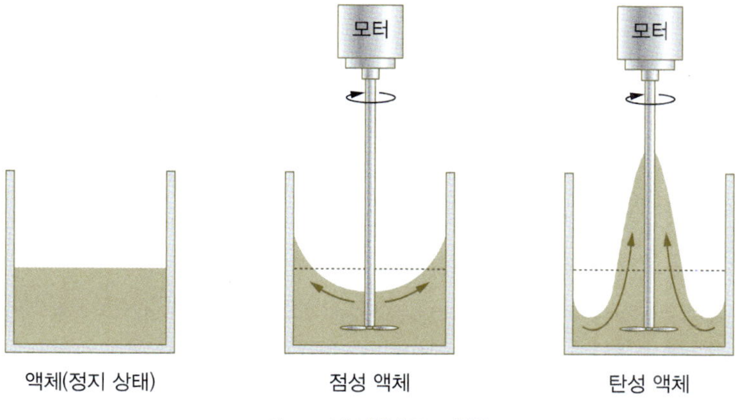

그림 5-2 바이센베르크 현상

유체를 막대기로 교반하면 바깥쪽 방향으로 힘이 작용하기 때문에 유체는 그 바깥쪽 방향으로 이동하게 되어 막대기가 위치한 유체의 중앙 부분은 낮아지게 된다. 하지만, 단약에 이 유체가 탄성의 성질을 가지고 있다면 어떻게 될까? 교반 시 작용하는 힘에 의해 바깥쪽 방향으로 흐름이 일어나게 되지만 탄성 즉, 원래 상태로 돌아오려는 성질을 가지고 있으면 안쪽 방향으로 이동하는 흐름이 생기게 된다. 따라서, 안쪽 방향으로 유체가 이동하면서 막대기와 만나게 되어 막대기를 타고 올라오는 현상을 볼 수 있게 된다. 이러한 현상은 케이크의 액상 반죽cake batter, 녹은 치즈melted cheese, 꿀 등에서 관찰될 수 있다.

(2) 다이 부풀음 현상

식품 분야에서 널리 사용되는 압출성형기extruder는 배럴barrel 안에 있는 스크류screw가 회전하면서 원료의 혼합, 이동, 가열 등의 다양한 공정을 동시에 수행할 뿐 아니라 다이die를 통하여 원하는 형태로 식품을 제조할 수 있으며 스낵, 파스타, 가래떡 등을 제조할 때 이용되고 있다. 이때 제조된 제품의 크기를 보면 다이의 구멍보다 큰 경우를 흔히 볼 수 있는데 이는 다이 부풀음die-swelling 현상에 기인한 것이다. 고압의 압출성형기 내부에서 밖으로 배출 시 상압 상태에 노출되면서 제품이 팽창하게 되며 더불어, 또 다른 이유는 시료가 다이를 통과하면서 눌려 있다가 밖으로 나오면서 원래 상태로 돌아가려는 탄성의 성질이 나타나기 때문이다(그림 5-3).

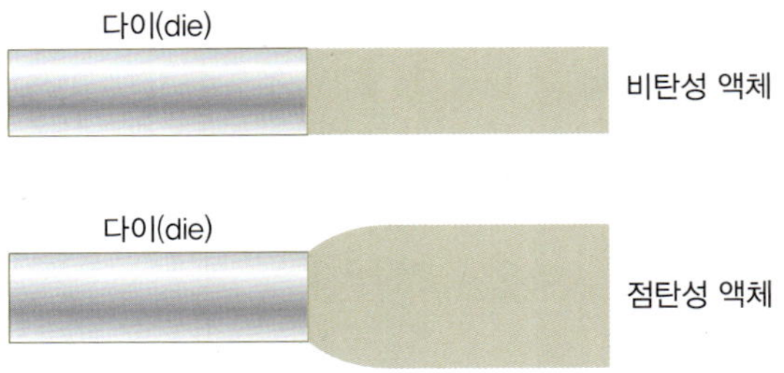

그림 5-3 다이 부풀음 현상

(3) 되튐 현상

점성만을 가진 유체viscous fluid가 관을 흐르다가 펌프를 멈추면 관성의 법칙에 의해서 좀 더 흐른 후에 멈추게 된다. 만약 그 유체가 탄성의 성질을 가지고 있다면 원래 위치로 돌아오려는 특성이 있기 때문에 관성에 의해서 앞으로 움직인 후 그 자리에서 멈추지 않고

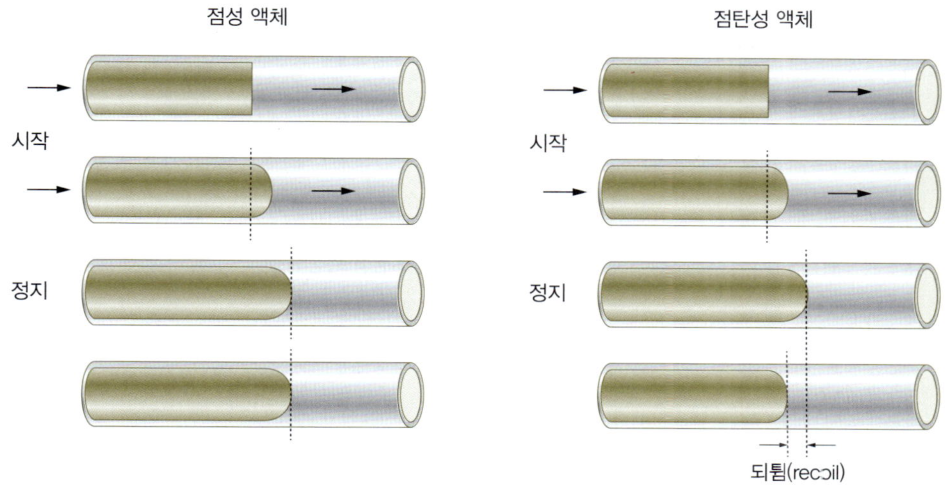

그림 5-4 되튐 현상

뒤로 다시 돌아오게 되는데 이를 되튐recoil 현상이라고 한다. 특히, 식품에서는 소스가 담긴 용기를 기울여 소스를 붓다가 용기를 들어올리면 되튐 현상에 의해서 소스가 용기 안으로 들어가는 특성을 부여할 수 있기 때문에 스냅백snap-back 현상이라고도 불린다.

3) 점탄성 변형의 특성

점탄성을 가진 물체의 특성을 보다 명확히 살펴보기 위해서 동일한 조건에서 탄성, 점도, 점탄성을 가진 물질들의 특성을 비교해 보자. 즉, 일정한 크기의 전단응력을 100초 동안 가한 후 제거하는 상황을 가정해 보자. 탄성을 가진 물질의 경우 일정한 응력이 작용하자마자 변형이 일어나고 그 응력이 유지되는 동안 그 변형된 상태를 그대로 유지한다. 그 후 응력이 제거되면 탄성에 의하여 원래 상태로 돌아오게 된다(그림 5-5). 예를 들어 탄력 있는 고무를 손으로 누르면 그 힘에 의해서 눌린 상태를 일정하게 유지하다가 누르는 손을 떼면 원래 상태로 돌아오는 것과 같다.

점성을 가진 물질의 경우 응력이 작용하면 변형 즉, 흐르게 되고 그 응력이 유지되는 동안에도 지속적으로 흐르므로 변형 정도가 커지게 된다. 그 후 응력이 제거되면 원래 상태로 돌아오려는 탄성이 없기 때문에 마지막으로 변형된 상태에서 멈추게 된다(그림 5-6). 즉, 물에 힘을 가하면 지속적으로 흐르고 그 힘을 멈추면 원래 상태로 돌아오는 것이 아니라 마지막 흐른 상태로 멈추어 그대로 유지하게 된다.

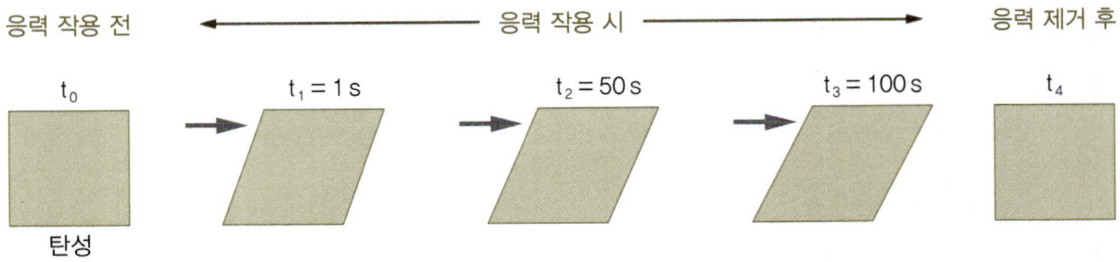

그림 5-5 응력에 따른 탄성 물질의 변형 특성(탄성)

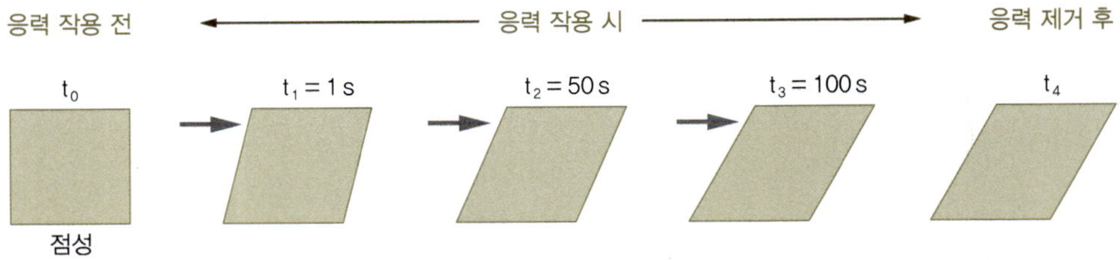

그림 5-6 응력에 따른 점성 물질의 변형 특성(점성)

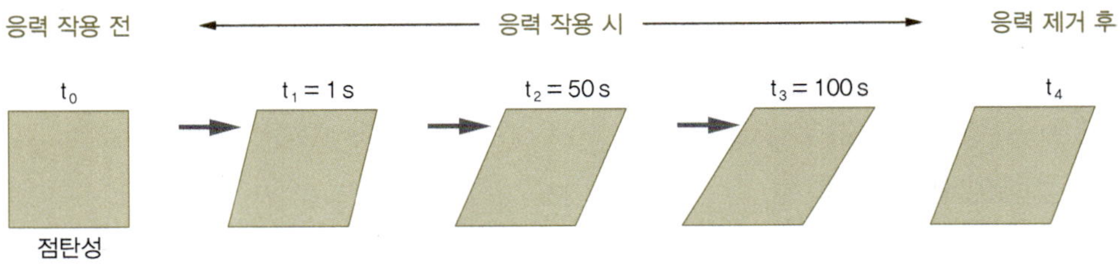

그림 5-7 응력에 따른 점탄성 물질의 변형 특성(점탄성)

점탄성을 가진 물질의 경우 응력이 작용하면 변형이 일어나는데 점성을 가지고 있어 그 응력이 유지되는 동안 지속적으로 변형이 일어나게 된다. 그 후 응력이 제거되면 탄성을 가지고 있어 원래 상태로 돌아오려 하지만 그와 동시에 점성도 가지고 있어 완벽하게 처음 상태로 돌아오지는 못한다(그림 5-7). 예를 들어 수제비 반죽을 손가락으로 누르면 푹 들어가고, 그 손가락을 떼면 눌렸던 부분이 어느 정도 다시 부풀지만 처음 상태로 돌아오지는 않는데 이와 같은 특성이 점탄성에 해당한다.

점탄성은 우리 주변에서 흔히 볼 수 있는데 젤gel, 치즈cheese, 반죽dough, batter, 고추장red pepper paste, 면noodle, 빵bread, 요구르트yogurt 이외에도 다양한 식품이 점탄성을 가지고 있다.

물체의 점탄성을 측정하기 위하여 다양한 방법이 사용되고 있는데 동적 점탄성 시험, 과도적 점탄성 시험의 두 가지로 나눌 수 있다.

5.2. 동적 점탄성

1) 동적 점탄성 시험의 원리

동적 점탄성 시험dynamic viscoelastic test은 사인파sine wave 형태의 일정한 변형률을 물체에 지속적으로 가한 후 얻어진 응력값(또는 응력을 가한 후 변형률)을 분석하여 점탄성을 측정하는 방법으로서 소진폭 진동 시험small amplitude oscillatory test이 널리 사용되고 있다.

그림 5-8은 소진폭 진동 시험의 원리를 보여 주고 있다. 용기 안에 측정하고자 하는 시료가 있고, 그 내부에 토크 막대torque bar가 있다고 가정해 보자. 토크 막대기를 회전시키면 시료가 전단변형shear strain되고, 그 반응은 시료를 통과하여 용기에 전달된다. 이때 토크 막대기를 한 방향으로 회전시키는 것이 아니라 좌우로 왔다 갔다 회전시키면 그림 5-8에서 보여 주는 바와 같이 사인파 형태의 전단응력을 줄 수 있다. 그 후 시료를 통하여 용기로 전달된 반응 곡선을 분석함으로써 점탄성을 측정하게 된다. 이때 일정한 폭으로 좌우 방향으로 번갈아 회전시키는데 시료가 파괴되지 않을 정도로 아주 작은 변형을 주기 때문에 소진폭 진동 시험이라고 불린다.

이와 같은 원리를 토대로 진동 시험에 의한 점탄성 측정은 회전형 레오미터rotational rheometer라는 기기('6.3. 식품 물성 측정장치' 참고)를 사용하여 측정하고 있다. 레오미터는

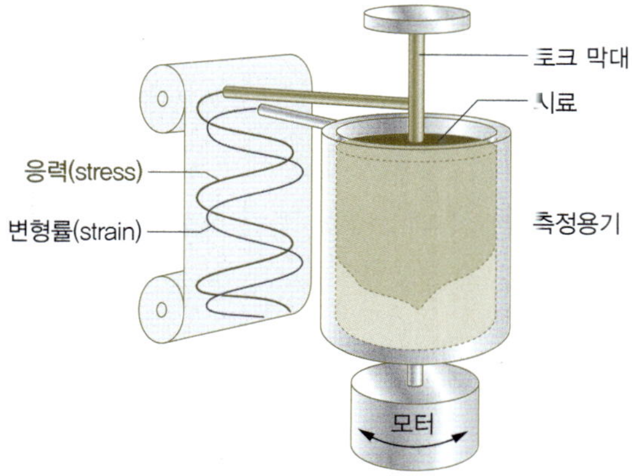

그림 5-8 점탄성 측정을 위한 동적 진동 시험

점도 측정 시 언급되었던 회전형 점도계와 같은 형태로서 점도 측정할 때 사용되는 평판형parallel plate, 원추-평판형cone and plate, 원통형concentric cylinder 등의 다양한 기하학적 형태geometry를 레오미터에 장착하여 점탄성을 측정한다. 평판형이 장착된 레오미터를 예로 들어 물체의 점탄성을 측정하는 방법을 보다 구체적으로 살펴보면 아래와 같다.

레오미터에 장착된 두 평판 사이에 시료를 넣고 하나의 평판은 고정시키고 다른 평판을 사인파 형태가 되도록 좌우 방향으로 번갈아 회전시킴으로써 시료를 변형시킨다(그림 5-9). 이렇게 한쪽 평판에서 발생된 변형은 시료를 통과하게 되고 이에 따른 전단응력이 반대편 평판에서 측정된다. 이와는 반대로 시료에 전단응력을 가하고 해당하는 변형률을 측정하는 방식도 사용된다.

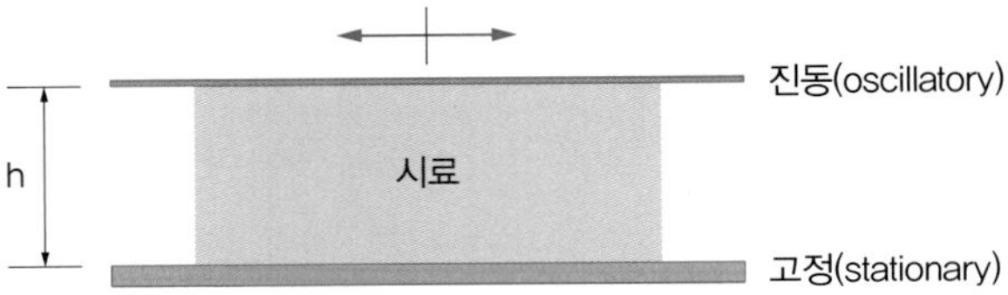

그림 5-9 평판형 회전 레오미터를 사용한 점탄성 측정

그림 5-9에서 시료에 변형을 가한 평판oscillating plate의 움직임과, 시료를 통과 후 그 움직임이 전달된 평판stationary plate의 사인 곡선을 비교해 보면 시료의 점탄성에 따라서 두 가지 특이점을 발견할 수 있다.

우선, 시료의 탄성이 많을수록 원래 위치로 돌아오려고 하는 전단응력이 크게 작용하고, 반대로 점성이 많을수록 원래 상태로 되돌아가려는 전단응력이 작아지게 된다. 따라서, 점탄성 특성에 따라 측정된 전단응력 사인 곡선의 진폭이 달라지게 된다(그림 5-10).

또한, 탄성이 많을 경우 변형이 일어나면 즉각적으로 원래 위치로 돌아오려는 경향이 있어 전단응력 빠르게 반응하여 두 평판이 움직이는 시간 차이가 적지만, 점성이 높을 경우 전단응력이 느리게 반응하여 두 평판의 시간 차이가 커진다. 이를 수식적으로 설명하면 아래와 같다.

제3장에서 언급하였듯이 후크의 법칙을 따르는 탄성체에서 전단응력(σ)은 변형률(γ)과 전단탄성계수(G)를 곱한 값이다.

$$\sigma = G\gamma$$

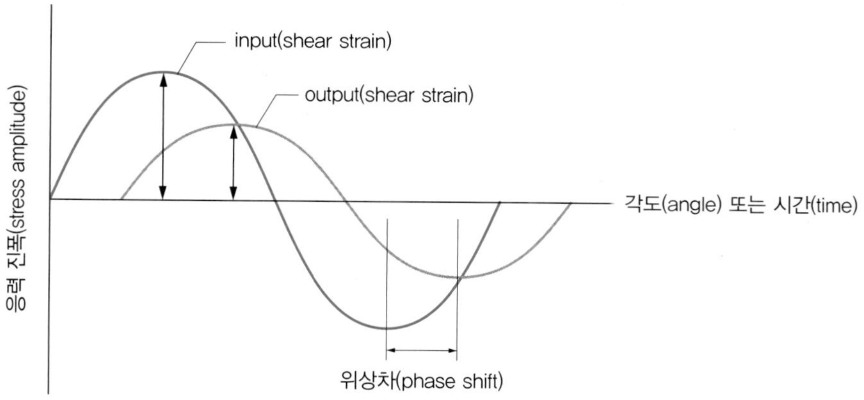

그림 5-10 점탄성에 따른 진폭 및 위상차

이때 사인파 형태의 변형을 가할 경우 얻어지는 전단응력은 변형률과 마찬가지로 사인파 형태를 가지게 된다.

$$\gamma = \gamma_0 \sin(\omega t)$$
$$\sigma = G\gamma_0 \sin(\omega t)$$

따라서, 탄성 시료의 경우 가해진 변형률과 전단응력은 모두 사인파 함수이기 때문에 두 곡선 사이의 시간 차이는 나지 않는다.

반면에, 완전점성체의 경우 뉴턴의 점도법칙Newton's law of viscosity에 의해서 전단응력은 점도(η)와 변형속도($\dot{\gamma}$)를 곱한 값이다.

$$\sigma = \eta\dot{\gamma}$$

변형속도의 경우 변형률(γ)을 시간(t)으로 미분하여 얻어지기 때문에 코사인cosine 곡선으로 바뀌게 된다. 따라서, 시료에 가해진 변형률과 전단응력의 곡선은 90도의 위상 차이가 생기게 된다.

$$\gamma = \gamma_0 \sin(\omega t), \qquad \dot{\gamma} = \gamma_0 \omega \cos(\omega t)$$
$$\sigma = \eta\gamma_0\omega\cos(\omega t)$$

따라서, 시료에 가한 변형률 사인 곡선과 이로부터 얻어진 전단응력 사인 곡선을 비교해 보면 점탄성 정도에 따라 시간 지연이 생기게 되어 두 곡선 사이의 간격이 생기게 되는 위상차phase shift가 발생한다. 이러한 위상차가 일어나는 정도는 위상 각도(ϕ)phase angle로 나타내며 점성이 커질수록 증가하게 된다.

이러한 위상 각도 관점에서 탄성, 점성, 점탄성을 가진 시료를 비교하면 그림 5-11과 같다. 탄성, 점성, 점탄성 시료에 일정한 변형을 가하고 이에 따른 전단응력 반응을 측정해 보면, 후크의 법칙을 따르는 완전탄성체completely elastic의 경우에는 두 곡선이 일치하기 때문에 위상 각도 값이 0도이지만, 뉴턴의 점도법칙을 따르는 완전점성체completely viscous의 경우에는 위상 각도가 90도이다. 따라서, 점성과 탄성을 모두 가지고 있는 점탄성 물질의 경우 0도와 90도 사이의 위상 각도 범위를 가지게 되는데 탄성이 클수록 0도에, 점성이 클수록 90도에 가까워지게 된다.

제3장과 제4장에서 언급하였듯이 탄성을 가진 고체 물질의 경우 물성학적 특성을 표시하는 지표로서 계수modulus=stress/strain, 즉 탄성계수라는 개념을 사용했고, 점성을 지닌

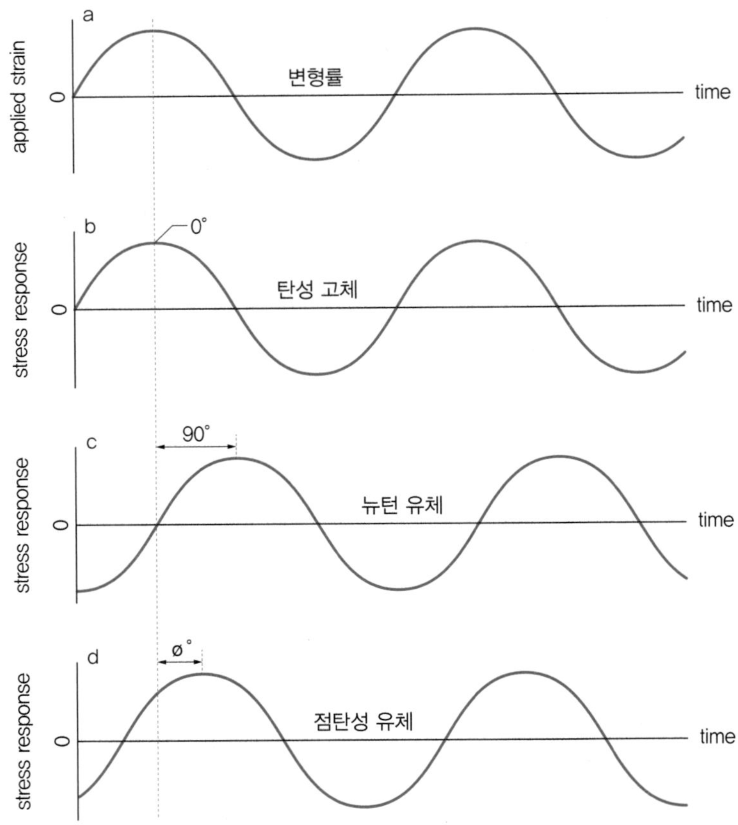

그림 5-11 탄성, 점성, 점탄성 물질의 위상 각도 비교

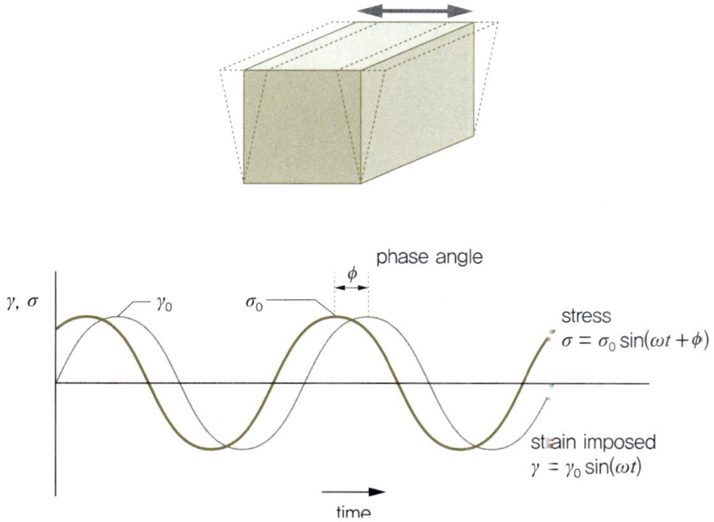

그림 5-12 **점탄성 측정 시 전단변형률 및 전단응력 관계식**

액체 물질의 경우 점도viscosity=stress/strain rate를 사용하여 물성을 나타내고 있다. 마찬가지로, 점탄성을 가진 물체의 물성적 특성을 설명하기 위한 지표가 정의되어 있는데, 동적 점탄성 시험에서는 저장계수(G′)storage modulus, 손실계수(G″)loss modulus가 사용되고 있고, 이를 좀 더 자세히 설명하면 아래와 같다.

회전형 레오미터를 사용하여 측정하고자 하는 시료에 전단변형률을 가하고, 이로부터 얻은 전단응력을 분석하여 점탄성을 측정하는 경우를 생각하 보자. 물론 앞서 언급했듯이 그 반대로 전단응력을 시료에 가한 후 얻어지는 전단변형률을 분석하여 점탄성을 측정할 수도 있다. 시료에 일정한 전단변형률을 가하면 시료의 점탄성 정도에 따라서 위상차가 발생하여 위상 각도(ϕ)가 생기게 된다. 이때, 아래와 같은 수식을 적용할 수 있다.

- 시료에 가해진 전단변형률 : $\gamma = \gamma_0 \sin(\omega t)$
- 시료 통과 후 측정된 전단응력 : $\sigma = \sigma_0 \sin(\omega t + \phi)$

여기서 $\boldsymbol{\omega}$는 각진동수angular frequency, γ_0는 진폭amplitude을 나타낸다.

위상차(ϕ)가 발생하여 얻어진 전단응력은 아래와 같이 정리할 수 있다.

$$\sigma = \sigma_0 \sin(\omega t + \phi) = \gamma_0 \cdot \frac{\sigma_0}{\gamma_0}[\sin(\omega t)\cos\phi + \cos(\omega t)\sin\phi]$$

$$= \gamma_0 \cdot \left[\frac{\sigma_0}{\gamma_0} \cdot \cos\phi \sin(\omega t) + \frac{\sigma_0}{\gamma_0} \cdot \sin\phi \cos(\omega t) \right]$$

$$\left(G' = \frac{\sigma_0}{\gamma_0} \cos\phi, \quad G'' = \frac{\sigma_0}{\gamma_0} \sin\phi \right)$$

$$= \gamma_0 \left[G' \sin(\omega t) + G'' \cos(\omega t) \right]$$

시료에 가해진 전단변형률(γ)과 이로부터 얻어진 전단응력(σ)의 관계식을 요약하여 비교하면 아래와 같다.

$$\gamma = \gamma_0 \sin(\omega t)$$
$$\sigma = \gamma_0 \left[G' \sin(\omega t) + G'' \cos(\omega t) \right]$$

이와 같이 전단변형률의 경우 사인 함수로 되어 있고, 시료를 통과한 후 얻어진 전단응력의 경우 사인 및 코사인 함수의 조합으로 되어 있다. 만약에 G′ 값이 커지고 G″ 값이 작아져 0에 가까워지면, 전단응력 곡선은 코사인 부분은 약해지면서 사인 형태의 함수에 가까워진다. 따라서, 전단변형률, 전단응력 두 곡선은 모두 사인 형태의 파형을 갖게 되어 서로 가까워져 일치하려는 경향in phase이 높아진다. 반면, G′ 값이 작아져 0에 가까워지고 G″ 값이 커지면 전단응력 곡선에서 사인 함수 부분은 약해지고, 코사인 함수 부분의 비중이 커진다. 따라서, 전단변형률 곡선은 사인 형태, 전단응력 곡선은 코사인 형태가 되어 서로 겹치지 않고 멀어지는 경향out of phase이 높아져 위상차가 증가하게 된다(그림 5-13).

전단변형률 및 전단응력 두 곡선이 서로 겹쳐 위상이 일치하게 될 경우에는, 시료에 가해진 에너지가 시료를 통과 시 손실되지 않고 잘 전달되어 원래 상태의 에너지가 잘 저장된다는 의미를 가지고 있어 고체의 탄성 특성과 관련이 있다. 반면, 위상이 일치하지 않

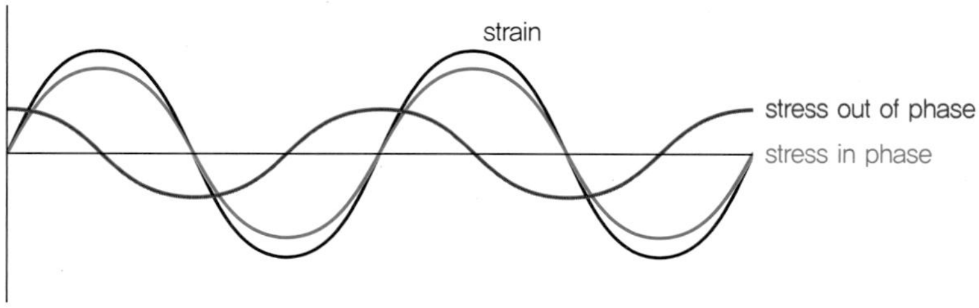

그림 5-13 점탄성 측정 시 위상 일치 및 불일치 상태

는 상태는 시료에 가해진 에너지가 시료를 통과 시 손실된다는 의미를 나타내어 액체의 점도 특성과 관련이 있다. 따라서, 측정된 전단응력 곡선식에 존재하는 사인 및 코사인 함수에서 사인 함수 부분이 강해질수록(코사인 부분이 약해질수록) 위상이 일치하는 상태에 가까워지는 반면, 코사인 함수가 강해질수록(사인 함수 부분이 약해질수록) 위상이 일치하지 않는 상태로 된다.

전단응력 곡선 관계식을 아래와 같이 다시 정리할 수 있다.

$$\sigma = \gamma_0 \left[G' \sin(\omega t) + G'' \cos(\omega t) \right]$$

$$\gamma = \gamma_0 \sin(\omega t), \qquad \dot{\gamma} = \gamma_0 \omega \cos(\omega t)$$

$$= G'\gamma + \frac{G''}{\omega}\dot{\gamma}$$

후크의 법칙 뉴턴의 점도법칙

전단응력은 후크의 법칙과 뉴턴의 점도법칙의 합으로 나타낼 수 있다. 즉, G′은 후크의 법칙에서 탄성을 나타내는 계수이고, G″은 뉴턴의 점도법칙에서 점도를 나타내는 계수가 될 수 있다. 따라서, 전단응력 곡선 식에서 사인 함수의 계수인 G′은 위상이 일치하는 상태와 관련이 있어 저장계수라고 하며 탄성의 의미를 내포하고 있다. 아울러, 위상이 일치하지 않는 상태와 관련 있는 코사인 함수의 계수인 G″를 손실계수라고 하며 점성을 나타내는 지표로 사용한다. 따라서, 동적 진동 시험에서는 물체의 점탄성을 저장계수(G′), 손실계수(G″)라는 물성학적 지표를 사용하여 나타내고 있으며 실제 식품 분야에서도 점탄성 측정 시 보편적으로 널리 이용하고 있다.

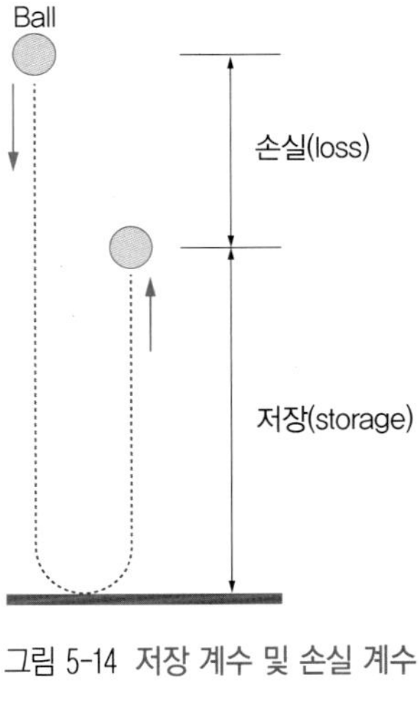

그림 5-14 저장 계수 및 손실 계수

이와 같이 저장계수(G′)는 탄성, 손실계수(G″)는 점성을 나타내는 물성 지표라고 했는데, 그렇다고 이 두 지표를 서로 반대의 개념으로 생각해서는 안 된다. 즉, '저장계수가 높아지면 손실계수가 작아진다거나, 손실계수가 높아지면 저장계수가 작아진다'라는 개념이 아니다. 예로, 튀김용 밀가루 액상 반죽에 밀가루를 더 첨가한다고 생각해 보자. 이 경우에 고형분 함량이 많아지기 때문에 점도가 증가하고 동시에 액상 반죽이 고체 형태의 빵 반죽과 같은 상태가 되기 때문에 탄성도 증가하게 된다. 즉, 점도를 나타내는 손실계수 및 탄성을 나타내는 저장계수 값이 둘 다 높아진다. 반대로, 물을 더 넣으면 점도는 감소하여 손실계수가 감소하며, 액체 상태로 됨에 따라 탄성을 잃어버려 저장계수도 동시에 감소하게 된다. 이와 같이 저장계수와 손실계수는 일반적으로 같은 경향으로 변하는 경우가 많다. 하지만, 중요한 것은 이 두 변수가 똑같은 정도로 증가 또는 감소하는 것이 아니라 변하는 정도는 상황에 따라서 달라질 수 있다는 것이다. 즉, A라는 시료는 G′이 1만큼 증가하고 G″이 2만큼 증가하지만, B라는 시료는 G′이 1만큼 증가할 때 G″이 4만큼 증가할 수 있다. 따라서, 이러한 개념을 설명하기 위하여 점탄성을 나타낼 때 저장계수(G′), 손실계수(G″) 이외에 또 다른 지표가 사용되고 있는데 손실계수를 저장계수로 나눈 탄젠트tan(ϕ)가 사용되고 있다.

$$G' = \frac{\sigma_0}{\gamma_0}\cos(\phi), \quad G'' = \frac{\sigma_0}{\gamma_0}\sin(\phi)$$

$$\frac{G''}{G'} = \frac{\frac{\sigma_0}{\gamma_0}\sin(\phi)}{\frac{\sigma_0}{\gamma_0}\cos(\phi)} = \frac{\sin(\phi)}{\cos(\phi)} = \tan(\phi)$$

탄젠트(ϕ) 값은 점탄성을 가진 물체의 물성학적 특성에서 점성과 탄성이 상대적으로 얼마만큼 기여하고 있는지를 나타낸다. 즉, 탄젠트(ϕ) 값이 커진다는 것은 저장계수보다는 손실계수 값이 더 커진다는 것을 의미하기 때문에 전체 점탄성에서 점성이 기여하는 부분이 많이 증가한다는 의미이고, 그 반대로 탄젠트(ϕ) 값이 작아질수록 손실계수보다는 저장계수 값이 커지기 때문에 탄성이 차지하는 부분이 더 증가한다는 의미이다.

저장계수 및 손실계수와 연관 지어 아래와 같이 복소계수complex modulus, 복소 점도complex viscosity라는 개념을 사용하기도 한다.

$$G^*(\text{complex modulus}) = \frac{\sigma_0}{\gamma_0} = \sqrt{(G')^2 + (G'')^2}$$

$$\eta^*(\text{complex viscosity}) = \frac{G^*}{\omega} = \sqrt{(\eta')^2 + (\eta'')^2}$$

$$\eta' = \frac{G''}{\omega}, \quad \eta'' = \frac{G'}{\omega}$$

특히, 폴리머polymer 시료의 경우 복소 점도와 겉보기 점도apparent viscosity를 비교 시 일정한 범위에서 서로 같은 값을 가져 두 곡선이 중복되는 현상을 볼 수 있는데 이를 칵스-머즈Cox-Merz 법칙이라고 한다.

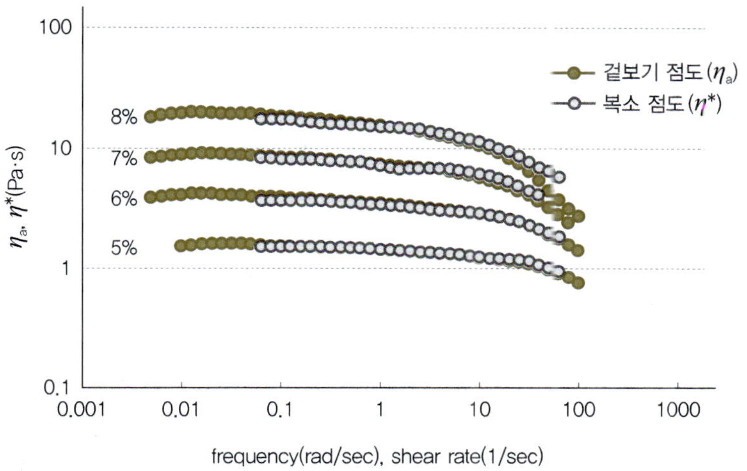

그림 5-15 **칵스-머즈 법칙**
자료 : Cereal Chem. 82(6):717-720

위상차에 따른 저장계수와 손실계수 값의 변화를 살펴보면, 후크의 법칙을 따르는 완전탄성체의 경우, 위상이 일치하는 상태로 위상 각도가 0 값을 가지게 된다. 이때 저장계수와 손실계수를 계산하면 저장계수는 일정한 상수 값을 가지게 되지만, 손실계수 값은 0이 된다.

$$G' = \frac{\sigma_0}{\gamma_0}\cos(\phi) = \frac{\sigma_0}{\gamma_0}\cos(0) = \frac{\sigma_0}{\gamma_0}$$

$$G'' = \frac{\sigma_0}{\gamma_0}\sin(\phi) = \frac{\sigma_0}{\gamma_0}\sin(0) = 0$$

뉴턴의 점도법칙을 따르는 완전점성체의 경우는, 위상차가 발생하여 위상 각도 값이 90도인 상태가 된다. 따라서, 탄성을 나타내는 G′ 값이 0이 된다.

$$G' = \frac{\sigma_0}{\gamma_0}\cos(\phi) = \frac{\sigma_0}{\gamma_0}\cos(90) = 0$$

$$G'' = \frac{\sigma_0}{\gamma_0}\sin(\phi) = \frac{\sigma_0}{\gamma_0}\sin(90) = \infty$$

이러한 결과는 이미 그림 5-11에서 설명하고 있는데, 점탄성의 경우 위상 각도 값이 0과 90도 사이의 값을 가지게 된다. 특히, 위상 각도가 45도보다 큰 값을 가질 때 액체 점탄성viscoelastic liquid, 45보다 작은 값을 가질 경우 고체 점탄성viscoelastic solid이라고 좀 더 세

분화하여 점탄성을 구분하고 있다. 표 5-1은 점탄성 특성에 따른 위상차 값을 보여 주고 있다.

$$0 < \phi < 90, \quad \text{viscoelastic}\left[\tan(\phi) = \frac{G''}{G'} = 1, \quad \phi = 45\right]$$

$$\tan(\phi) = \frac{G''}{G'} > 1 \quad (\phi > 45), \text{ 액체 점탄성}$$

$$\tan(\phi) = \frac{G''}{G'} < 1 \quad (\phi < 45), \text{ 고체 점탄성}$$

표 5-1 점탄성 특성에 따른 위상차 범위

이상 점도 유동	액체 점탄성	점탄성 (점성 : 탄성 = 50 : 50)	고체 점탄성	이상 탄성 변형
$\delta = 90°$	$90° > \delta > 45°$	$\delta = 45°$	$45° > \delta > 0°$	$\delta = 0°$
$\tan\delta \rightarrow \infty$	$\tan\delta > 1$	$\tan\delta = 1$	$\tan\delta < 1$	$\tan\delta \rightarrow 0$
$(G' \rightarrow 0)$	$G'' > G'$	$G' = G''$	$G' > G''$	$(G'' \rightarrow 0)$

2) 동적 진동 시험

동적 진동 시험을 통한 시료의 점탄성을 측정 시 회전형 레오미터가 보편적으로 널리 사용되고 있다. 레오미터를 사용하여 변형률 변화 시험strain sweep test, 진동수 변화 시험frequency sweep test, 온도 변화 시험temperature sweep test, 시간 변화 시험time sweep test 등 다양한 방법을 토대로 시료의 점탄성을 측정할 수 있다. 레오미터를 사용하여 시료의 점탄성을 측정하는 일반적인 절차는 다음과 같다.

(1) 측정 준비

점탄성을 정확하고 일관되게 측정하기 위해서는 측정하고자 하는 시료를 레오미터에 올바르게 올려놓는 것loading이 매우 중요하다. 먼저, 시료를 레오미터 평판 위에 올려놓고 일정한 두께(일반적으로 1 mm)가 되도록 위의 판plate을 내려 준다. 특히, 시료가 판과 접하는 면적이 일정해야 하기 때문에 약간 과량의 시료를 올려놓은 후 불필요한 부분을 제거trimming해 주어야 한다. 아울러 공기에 노출된 시료 주위를 미네랄오일 등으로 얇게 발라 주거나 시료 주위를 덮어 감싸주는 장치solvent trap를 사용한다. 그 이유는 점탄성을 측정하는 동안 공기에 노출된 부분의 수분이 증발되어 농도가 변해 점탄성에 영향을 줄 수

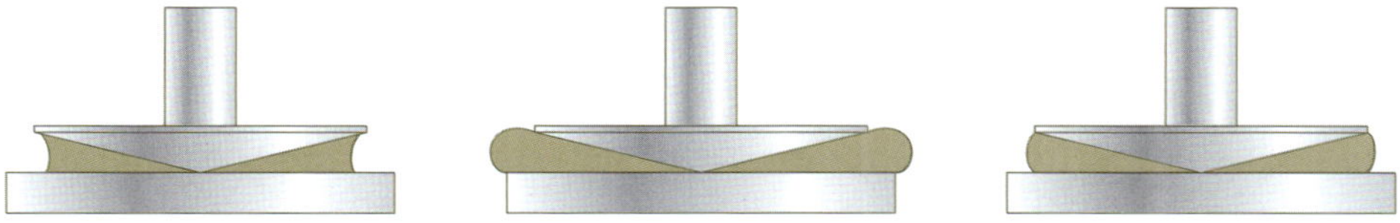

그림 5-16 점탄성 측정 시 시료 로딩(loading) 방법

있어 이에 대한 오차를 줄이기 위함이다.

(2) 변형률(또는 응력) 변화 시험

시료를 레오미터에 올려놓은 후 제일 먼저 변형률 변화 시험strain sweep test 또는 응력 변화 시험stress sweep test을 실시한다. 이를 위해 진동수frequency를 일정한 값으로 고정하고 변형률(또는 전단응력) 값을 작은 값에서 큰 값으로 증가시키면서 점탄성을 측정한다. 즉, 그림 5-17에서 보여 주는 바와 같이 원판을 좌우로 돌려 주는 폭을 점점 크게 하면서 점탄성을 측정한다. 이를 통하여 변형률(또는 전단응력)을 변화시키면서 점탄성을 측정함으로써 점탄성 값들이 일정한 선형 점탄성linear viscoelastic, LVE 구간을 얻을 수 있다.

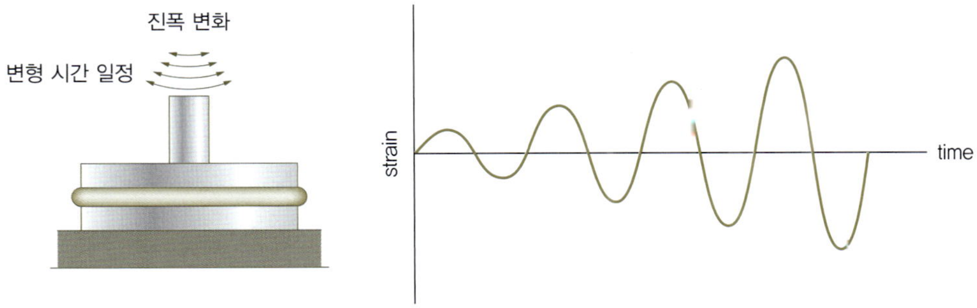

그림 5-17 변형률 변화 시험

그림 5-18은 변형률(또는 응력) 변화 시험을 통하여 얻어진 결과를 보여 주고 있는데, 0.5% 변형률 이내에서는 G′ 값이 일정한 LVE 구간이지만, 0.5% 이상에서는 G′ 값이 급격히 감소하는 것을 볼 수가 있다. 점탄성 측정은 일종의 비파괴 측정으로서 시료의 구조에 영향을 미치지 않는 LVE 구간에서 측정이 이루어져야 하기 때문에 변형률(또는 응력) 변화 시험을 통하여 LVE 구간에 속하는 변형률(또는 전단응력) 영역을 결정한다. 이후 진동수 변

화 시험 등 다른 점탄성 측정 방법을 수행할 경우 LVE 구간에 있는 변형률(또는 전단응력) 값을 사용하게 된다. 일반적으로 선형 구간을 선택하는 기준은 처음 G′ 값의 5% 정도 변화되는 구간을 찾는데 온도 및 진동수에 따라서 변할 수 있기 때문에 되도록이면 선형 구간을 보수적으로 엄격하게 적용하는 것이 좋다. 아울러, 그림 5-19에서와 같이 시료가 고체일수록 선형 구간이 짧아지고, 액체일수록 선형 구간이 늘어나는 경향이 있다.

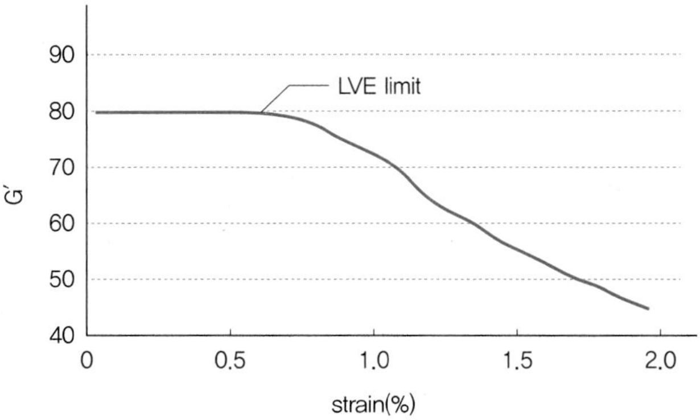

그림 5-18 선형 점탄성 구간

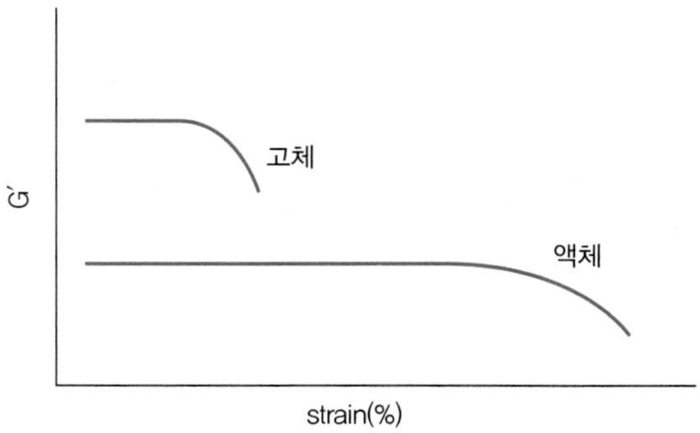

그림 5-19 농도에 따른 선형 구간 변화

그림 5-20은 변형률 변화 시험을 수행 시 변수 설정을 보여 주고 있다. 일반적으로 진동수를 1 Hz로 고정시키고, 변형률 값을 원하는 범위(일반적으로 0.01~10% 정도)로 설정하여 LVE 구간을 측정한다.

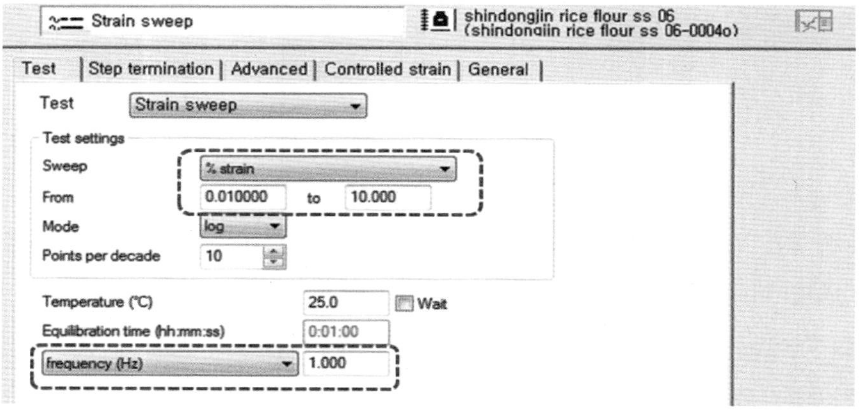

그림 5-20 변형률 변화 시험 변수 설정

(3) 진동수 변화 시험

진동수 변화 시험frequency sweep test에서는 시료에 변형률을 가하는 시간을 달리했을 때 점탄성 변화를 측정한다. 즉, 변화률(또는 응력) 변화 테스트를 통하여 얻어진 LVE 구간에 있는 변형률 값만큼 시료를 변형시키는데 진동수를 작은 값에서 큰 값으로 증가시키면서 변형률을 가해 주는 시간을 점차적으로 빠르게 변화시킨다. 진동수 값이 작은 경우 변형이 천천히 일어나고 진동수 값이 커질수록 변형이 빠르게 일어나는 것을 의미한다(그림 5-21).

점탄성을 가진 물체의 경우 변형이 가해지는 속도가 느리면 액체와 같은liquid-like 특성을 강하게 느낄 수 있고, 변형 속도가 빨라질수록 고체적solid-like 특성이 강해지는데 진동수 변화 시험를 통하여 이와 같은 상황에서의 점탄성을 측정할 수 있다. 일반적으로 액체적 성질이 강할수록 진동수 범위에 따른 점탄성 변화가 크고, 고체적 성질이 강할수록 진동

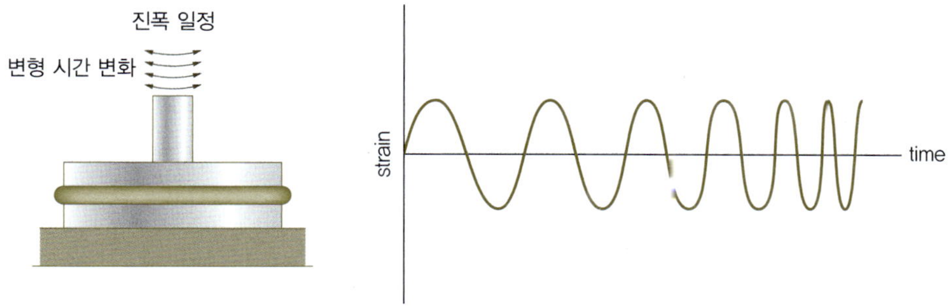

그림 5-21 진동수 변화 시험

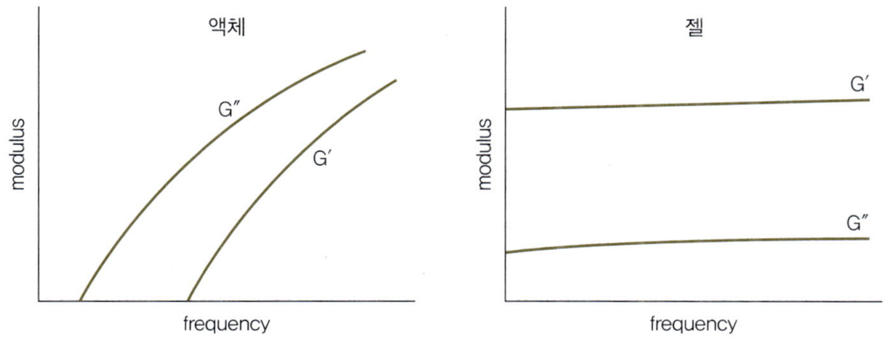

(a) 진동수 의존적 (b) 진동수 비의존적

그림 5-22 농도에 따른 점탄성의 진동수 의존성

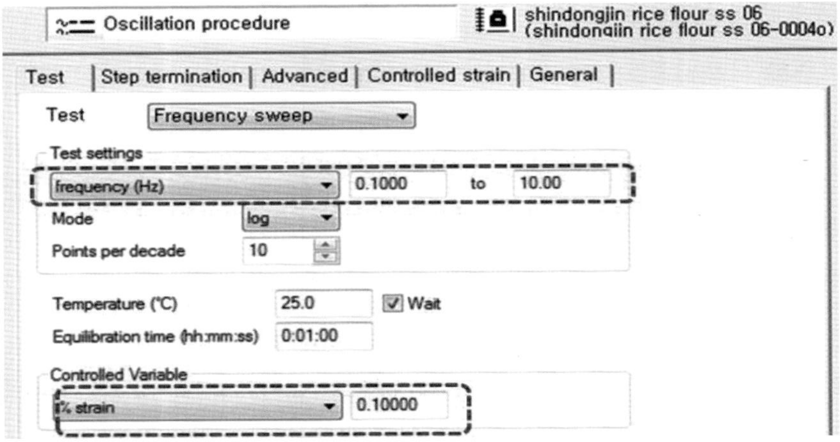

그림 5-23 진동수 변화 시험 변수 설정

수 범위에 따른 점탄성 변화는 작다. 그림 5-22에서와 같이 농도가 낮은 용액의 경우 진동수 변화에 따른 점탄성의 변화가 크기 때문에 점탄성-진동수 그래프의 기울기 값이 크지만, 젤(gel)과 같이 고체적 특성이 강해지면 점탄성의 진동수 의존성이 낮아서 점탄성-진동수 그래프의 기울기 값이 작아져서 저장계수(G′), 손실계수(G″) 그래프가 점점 평행하게 된다. 농도에 따른 점탄성의 변화는 그림 5-27에서 좀 더 자세히 설명하고 있다.

그림 5-23은 진동수 변화 시험을 수행 시 변수 설정을 보여 주고 있는데, 변형률(또는 응력) 변화 시험에서 얻어진 LVE에 속하는 변형률 값을 고정시키고, 원하는 진동수 범위를 설정하면 된다. 식품 분야에서는 0.01～10 Hz 진동수 범위를 많이 사용하고 있다.

(4) 온도 변화 시험

온도 변화 시험temperature sweep test는 온도에 따른 시료의 점탄성 변화를 측정하고자 할 때 흔히 사용되고 있다. 그림 5-24에서 보여 주는 바와 같이 직선적 경사ramp 형태로 시간당 일정 속도로 온도 변화를 주면서 점탄성을 측정할 수도 있고, 계단step 형태로 온도를 단계적으로 변화시킬 수도 있다. 변형률과 진동수 값을 고정하고 원하는 온도 범위를 설정하여 점탄성을 분석하는데 전분의 호화에 따른 물성 변화, 고체 지방의 온도에 따른 물성 변화 등을 측정하는 데 널리 응용될 수 있다(그림 5-25).

(5) 시간 변화 시험

시간 변화 시험time sweep test은 시간에 따른 점탄성 값을 모니터링하여 시간에 따른 물

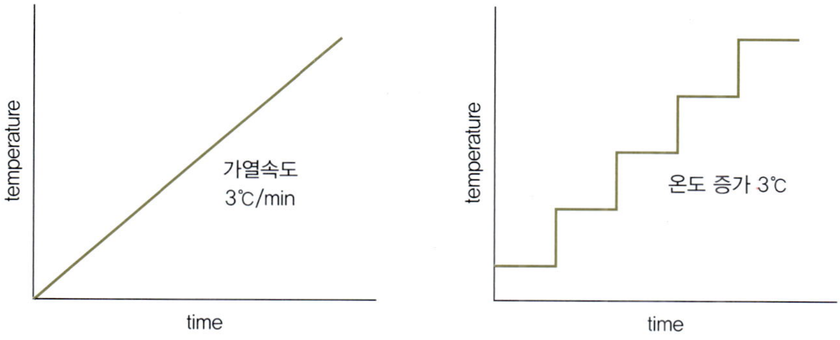

그림 5-24 온도 변화 시험에서의 온도 변화 설정

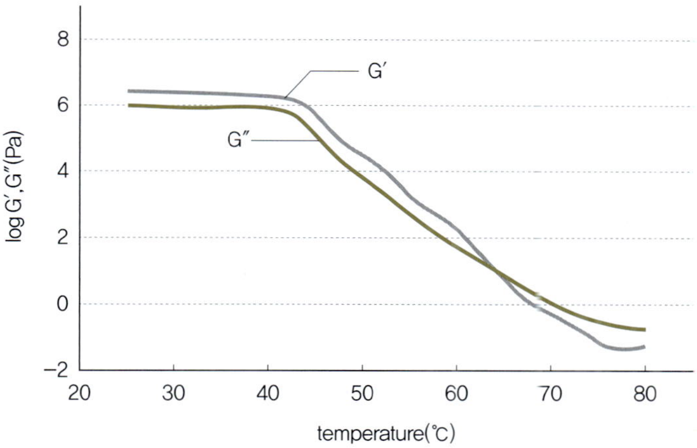

그림 5-25 온도 변화 시험을 통한 점탄성 변화 측정

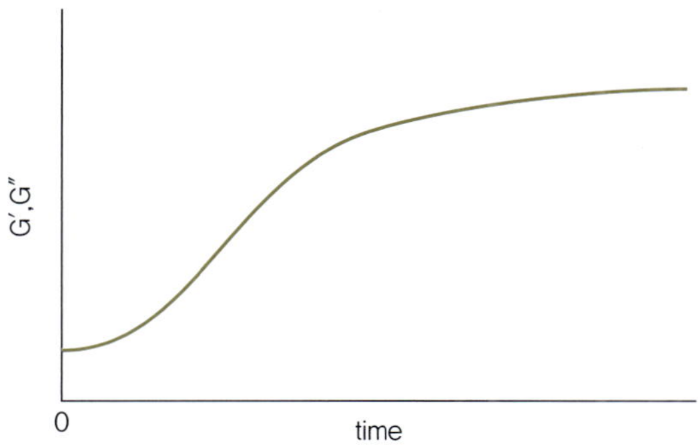

그림 5-26 시간 변화 시험을 통한 시간에 따른 점탄성 변화 측정

성 변화를 연속적으로 관찰할 수 있다. 이를 위하여 일정한 변형률, 진동수, 온도 조건에서 원하는 시간 동안 점탄성 값을 지속적으로 측정한다(그림 5-26). 이를 통하여 전분 식품의 노화 패턴, 젤 형성 특성, 효소 반응 정도, 가수 분해 반응 등을 점탄성 변화를 통해 분석할 수 있다.

3) 동적 진동 점탄성을 활용한 식품 물성 분석

이러한 다양한 방법을 사용하여 얻어진 저장계수(G′), 손실계수(G″), 탄젠트(ϕ) 지표가 식품의 물성학적 특성을 설명하기 위해서 어떻게 적용될 수 있는지 살펴보자.

그림 5-27은 농도에 따른 점탄성의 변화를 보여 주고 있는데 희석 용액diluted solution, 농축 용액concentrated solution, 젤gel에서의 저장계수, 손실계수 값을 보여 주고 있다. 희석 용액의 경우 탄성보다는 점성이 크기 때문에 손실계수가 저장계수보다 큰 값을 가진다. 농축 용액의 경우 농도가 증가함에 따라서 희석 용액보다 저장계수, 손실계수가 모두 증가하였고 특히, 저장계수 값이 더 많이 증가하여 저장계수와 손실계수 곡선이 교차되는 것을 볼 수 있다. 따라서, 낮은 진동수에서는 손실계수 > 저장계수이고 높은 진동수에서는 저장계수 > 손실계수의 경향을 보이고 있다. 그리고, 젤의 경우 탄성이 있는 고체이기 때문에 저장계수 값이 손실계수 값보다 현저하게 큰 것을 볼 수 있다. 또한, 그림 5-27의 그래프를 보면 Y축은 점탄성(G′, G″) 값을 나타내고 있고 X축은 진동수로 되어 있는데, 농도에 따라 그래프의 기울기가 다른 것을 볼 수 있다. 즉, 농도가 낮은 희석 용액의 경우 그래프의 기울기 값이 크기 때문에 점탄성 값이 진동수가 증가함에 따라 크게 증가하는 진동수 의존성frequency-dependence을 보이고 있다. 하지만 농도가 높아질수록 그래프의 기울

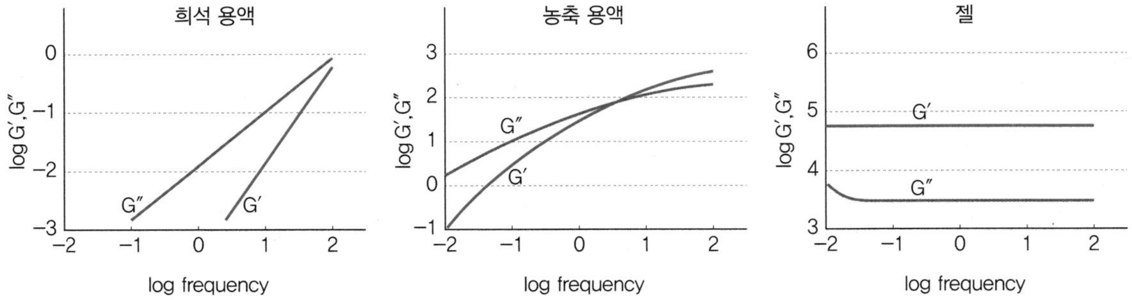

그림 5-27 농도에 따른 점탄성 변화

기가 작아져 젤과 같은 탄성이 많은 식품의 경우 진동수에 상관없이 일정한 점탄성 값을 가지게 되어 진동수 비의존성frequency-independence을 보이게 된다. 따라서, 시료의 농도가 증가하거나 젤 형태로 되었을 경우 저장계수 값이 더 많이 증가하고, 진동수 비의존성 경향을 보이는 것을 쉽게 관찰할 수 있다.

그림 5-28은 밀가루 종류에 따른 반죽의 점탄성을 동적 진동 시험으로 측정한 경우이다. 강력분의 경우 많은 글루텐gluten을 함유하고 있어 물을 넣어 반죽하면 탄력 있는 반죽을 형성하여 효모 발효에 의한 부피 팽창이 잘 되기 때문에 제빵용으로 사용하고 있다. 반면, 박력분의 경우 글루텐 함량이 적어 제과용, 튀김용 반죽에 사용하고 있다. 그림 5-28에서와 같이 강력분과 박력분 반죽의 점탄성 비교 시 강력분 반죽이 높은 저장계수를 가지며, 박력분이 가장 낮은 저장계수를 보여 강력분 반죽이 더 탄력적인 특성을 가진다는 것을 알 수 있다.

그림 5-29는 밀가루 반죽의 혼합 시간mixing time에 따른 점탄성 변화를 보여 주고 있다. 밀가루에 물을 넣고 혼합 시 글루텐 결합이 형성되면서 반죽의 탄력성이 증가되는데 최적의 글루텐 네트워크가 형성될 때까지 반죽의 탄성이 증가하게 된다. 그 후, 최적의 글루텐 네트워크가 형성되었음에도 계속 혼합을 하면 형성된 글루텐 결합이 깨지게 되어 탄성은 감소하게 된다. 그림 5-29에서는 반죽 시간에 따른 탄젠트(ϕ) 값의 변화를 보여 주고 있는데, 최적의 반죽 시간이 지난 후에도 지속적으로 혼합을 하면 탄젠트(ϕ) 값이 높아지는 것을 알 수 있다. 즉, 탄젠트(ϕ)는 손실계수와 저장계수의 비를 의미하기 때문에

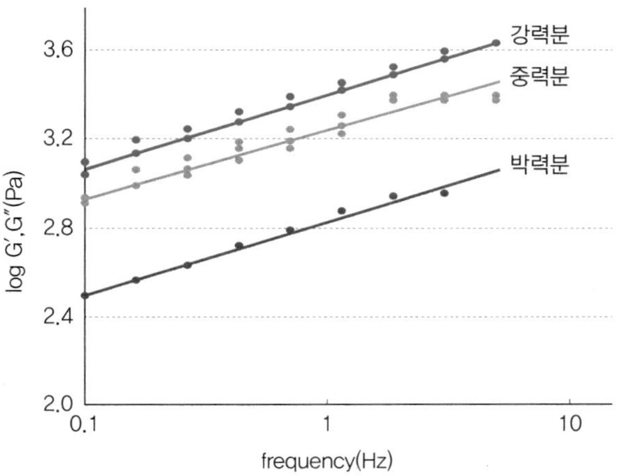

그림 5-28 밀가루 종류에 따른 점탄성 변화 변화

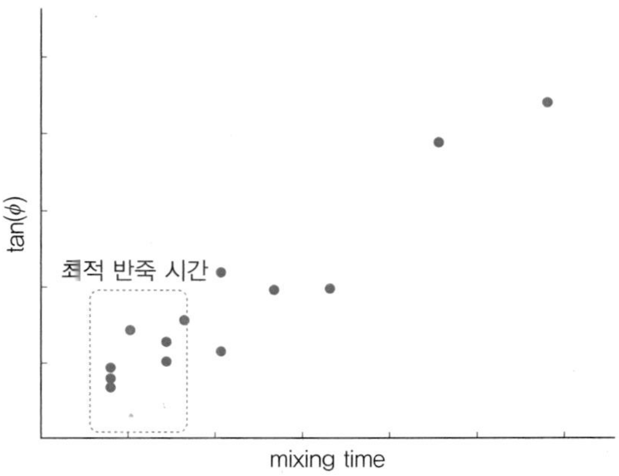

그림 5-29 혼합 시간에 따른 밀가루 반죽의 점탄성 변화

탄젠트(ϕ) 값이 증가한다는 것은 손실계수가 높아지거나 저장계수가 감소한다는 것을 나타낸다. 따라서, 최적 반죽이 형성된 이후에도 지속적으로 반죽을 진행하면 반죽의 탄성은 감소하고 점성적 경향이 증가하는 결과를 보여 준다.

앞서 언급되었던 시간 변화 시험을 활용하면 시간에 따라 물성이 변하는 과정을 분석할 수 있다. 그림 5-30은 젤이 형성되는 동안 점탄성을 연속적으로 측정한 결과를 보여 주고 있다. 젤이 형성되기 전 액체 상태에서는 점탄성 값이 낮게 측정되고 특히, 점성을 나타내는 손실계수 값이 저장계수보다 높게 관찰된다. 하지만, 시간이 지남에 따라 젤이 형성되면서 점탄성 값이 증가하게 되는데, 시료가 액체에서 고체 상태로 전환됨에 따라서 저장계수가 손실계수보다 더 많이 증가하게 되어 저장계수와 손실계수가 만나는 교차점cross-over point이 생기게 된다. 그 이후에는 저장계수 값이 손실계수보다 높게 관찰되어 탄성적 특성이 크게 증가하게 된다. 이에 따라, G″/G′을 나타내는 탄젠트(ϕ) 값이 감소하게 된다.

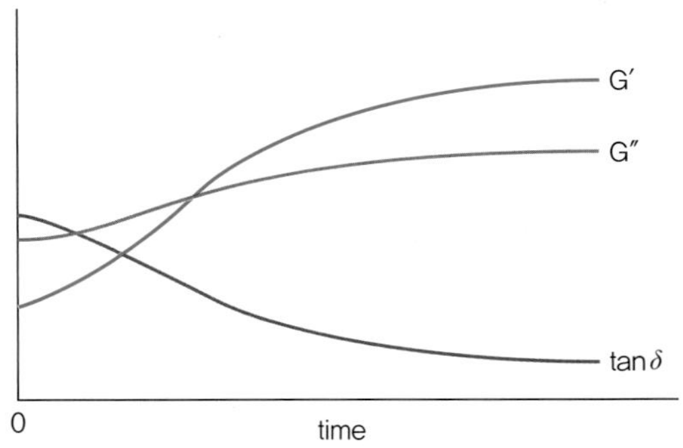

그림 5-30 시간에 따른 젤 형성 특성 분석

아울러, 점탄성 측정을 통하여 효소 작용에 의한 시료의 물성 변화를 분석할 수 있다. 그림 5-31은 탄수화물 분해효소인 아밀레이스amylase를 처리한 반죽의 물성 변화를 보여 주고 있다. 효소의 가수분해 작용에 의하여 저장계수와 손실계수가 모두 감소하는 것을 보여 주며 특히, 손실계수에 비하여 저장계수가 더 많이 감소하고 있다. 따라서, 가수분해 효소 처리된 시료의 경우 G″/G′을 나타내는 탄젠트(ϕ) 값이 높아지게 된다. 이와는 반대로 트랜스글루타미네이스transglutaminase와 같이 단백질 결합을 형성시키는 효소의 경우 점탄성 값이 증가하는 경향을 쉽게 관찰할 수 있다.

최근 식품의 건강 기능성을 높이려는 연구가 진행되면서 다양한 기능성 물질이 함유된 식품들이 개발되고 있다. 따라서, 점탄성 분석을 통해 이러한 기능성 물질들이 식품 물성

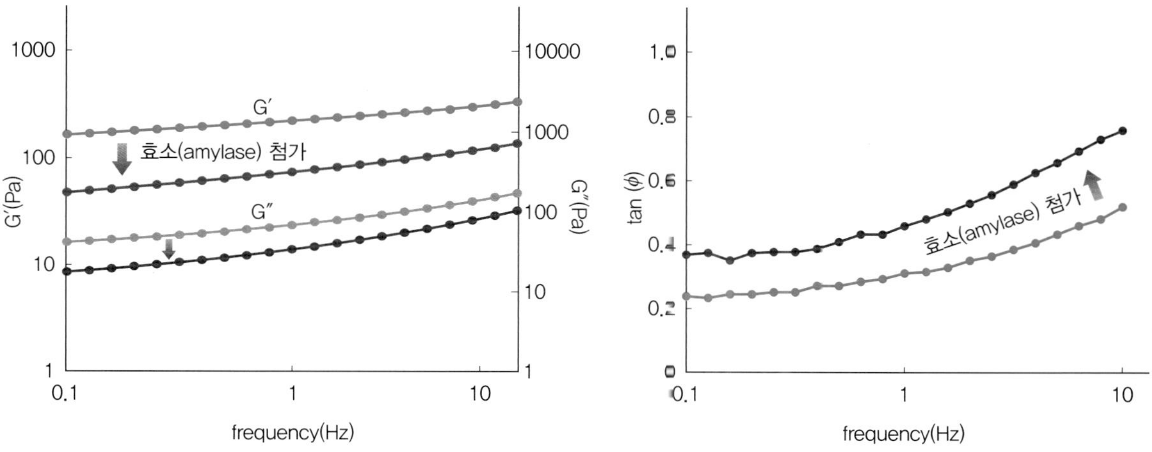

그림 5-31 효소 작용에 따른 물성 변화 분석

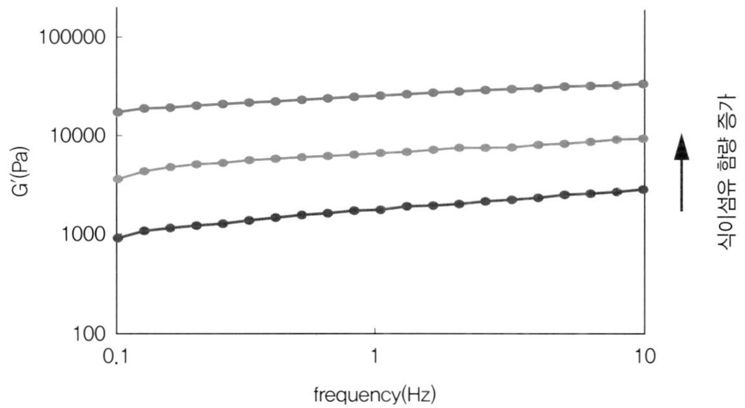

그림 5-32 식이섬유 첨가에 따른 반죽의 물성 분석

에 미치는 영향을 분석할 수 있는데, 그림 5-32는 식이섬유가 함유된 밀가루 반죽의 점탄성 변화를 보여 주고 있다. 일반적으로 식이섬유의 경우 높은 수분 보유력을 가지고 있다. 따라서, 식이섬유 함유량이 높아질수록 저장계수 및 손실계수가 모두 증가하지만 저장계수 값이 좀 더 증가하여 탄성을 좀 더 강화시키는 결과를 보여 준다.

5.3. 과도적 점탄성

과도적 점탄성 시험transient viscoelastic test은 일정한 응력을 순간적으로 가한 후 변형률을 지속적으로 측정하거나 또는 일정한 변형률을 가할 경우 발생하는 응력 값을 지속적으로 측정하여 점탄성을 분석하는 방법으로서 응력 완화 시험stress relaxation test, 크리프 회복 시험creep and recovery test 등 두 가지 방법이 널리 이용되고 있다.

1) 응력 완화 시험

고무줄을 두 손으로 잡아당겨 늘어난 상태를 지속적으로 유지하는 상황을 가정해 보자. 고무줄이 늘어난 상태를 유지하기 위해서 두 손에는 힘을 계속 주어야 한다. 응력 완화 시험은 이와 같이 고무줄을 변형시키는 상황과 유사한데, 시료에 일정한 변형률을 순간적으로 가하고 그 변형률을 일정하게 유지시키기 위해 필요한 응력을 측정하는 방법이다(그림 5-33).

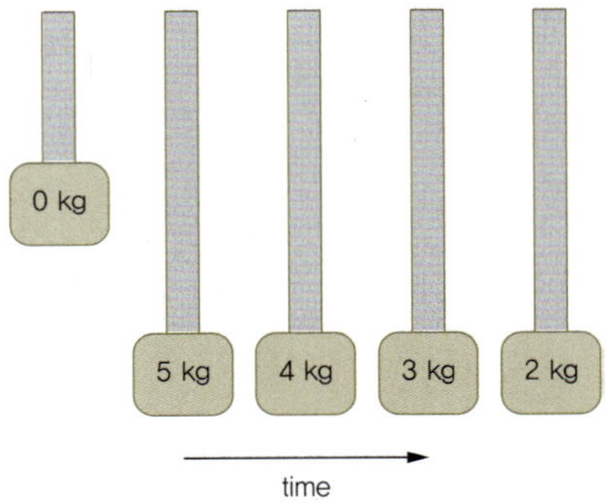

그림 5-33 응력 완화 시험의 원리

응력 완화 시험에서는 그림 5-34와 같이 시료에 일정한 변형률을 순간적으로 가하고 일정 시간 지속시키기 때문에 계단형 변형률 시험step strain test이라고도 불린다. 탄성, 점성, 점탄성을 가진 시료를 대상으로 응력 완화 측정을 했을 때 얻어지는 결과를 비교해 보면 아래와 같다.

완전탄성체의 경우 일정한 변형률이 가해지면 탄성에 의해서 원래 상태로 돌아가려는 응력이 생기게 된다. 그리고 그 변형률을 지속적으로 유지하기 위해 필요한 응력은 변형률이 변하지 않는 한 일정한 값을 갖게 된다. 반면, 완전점성체는 다른 패턴을 보이는데, 처음 시료에 일정한 변형률을 순간적으로 가할 때 응력이 잠깐 증가하게 되지만, 탄성체와 달리 원래 상태로 돌아오려는 탄성이 없기 때문에 그 변형률을 유지하기 위한 응력이 전혀 필요하지 않아 0 값을 가지게 된다. 예로, 손으로 물에 힘을 가해 흐르게 한 경우 처음 물과 닿는 순간에는 힘이 느껴지지만 그 후로는(물은 원래 상태로 돌아오려는 성질이 없기 때문에) 아무런 힘이 느껴지지 않는다. 이와 같은 완전탄성체와 완전점성체의 패턴을 토대로 점탄성 물질의 응력 완화 결과를 유추해 볼 수 있다. 점탄성 시료의 경우 탄성을 가지고 있어 변형률을 유지하기 위한 응력이 필요하지만 동시에 점성을 가지고 있기 때문에 응력 일부분은 잃어버리게 된다. 따라서, 완전탄성체와 완전점성체의 중간적 성질을 가지게 된다. 이와 같이 점탄성의 경우에는 일정한 변형률이 순간적으로 가해지는 순간 응력이 증가하였다가 시간에 따라 감소하기 때문에 응력 완화 시험이라고 불린다. 특히,

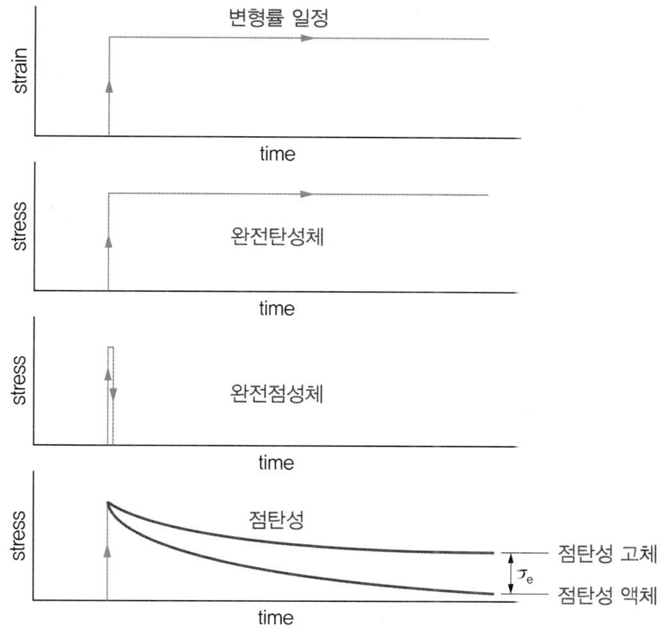

그림 5-34 응력 완화 곡선

응력이 감소하여 0 값(완전점성체)에 가까워질 때 점탄성 액체라고 하고, 0 이상의 일정한 값으로 평형(σ_e)을 이루게 될 때 점탄성 고체라고 할 수 있다(그림 5-34).

2) 크리프 회복 시험

그림 5-35와 같이 일정한 무게의 추를 시료에 올려놓으면 즉, 일정한 크기의 응력을 시료에 가했을 경우 변형이 일어나는데, 시간에 따라서 지속적으로 변형이 일어나게 되는 것을 크리프creep라고 한다(그림 5-36). 응력을 시료에 가한 후 시간에 따른 변형률 즉, 크리프와 그 응력을 제거한 후 원래 상태로 돌아오는 특성recovery을 측정하는 방법이 크리프 회복 시험creep and recovery test이다.

그림 5-37은 크리프 회복 시험을 이용하여 시료에 일정한 응력을 순간적으로 가하고 일정 시간 그 응력을 지속시킨 후 제거했을 때 탄성, 점성, 점탄성을 가진 시료의 크리프 회복 곡선을 보여 주고 있다.

완전탄성체의 경우 응력이 가해지는 순간 이에 상응하는 변형이 바로 즉각적으로 일어나게 된다. 그리고 그 응력이 지속적으로 유지되는 동안 그 변형률도 일정하게 유지되고, 그 응력이 제거되면 탄성에 의하여 원래 위치로 돌아오게 되어 변형률은 0이 된다. 반

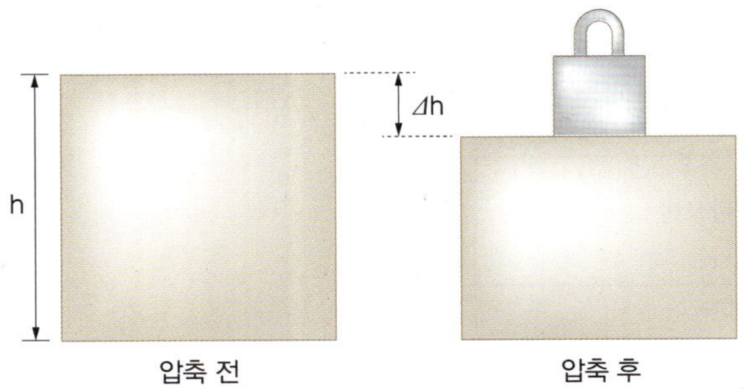

그림 5-35 일정한 힘(응력) 작용 시 고체의 변형

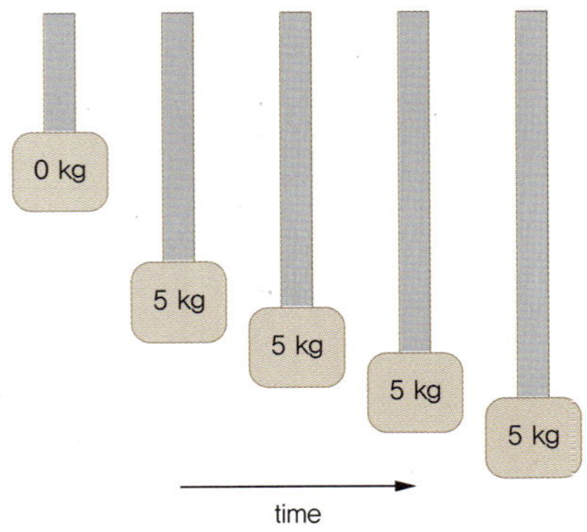

그림 5-36 크리프 회복 시험의 원리

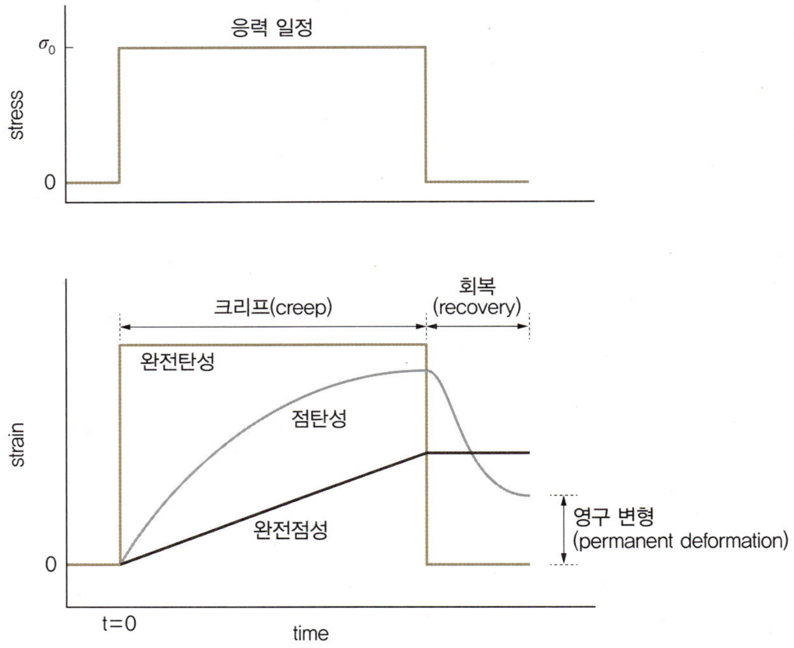

그림 5-37 크리프 회복 곡선

면, 완전점성체의 경우는 그림 5-6에서 언급되었던 것과 같이 응력이 작용하면 바로 변형되어 그것을 일정하게 유지하는 것이 아니라, 지속적으로 변형(흐름)이 일어나게 되어 변형률 값이 직선적으로 계속 증가하게 된다. 그 후 응력이 제거되면 원래 상태로 돌아오는 것이 아니라 마지막 변형 상태를 유지하게 된다. 즉, 물에 힘이 작용하면 지속적으로 흐름이 일어나게 되고, 그 힘을 제거할 경우 원래 상태로 돌아오지 않고 마지막으로 흐른 상태에서 멈추게 된다. 그렇다면, 점탄성 물질의 경우에는 응력 완화 시험에서와 같이 크리프 회복 시험에서도 완전탄성체와 완전점성체의 중간적 위치를 차지하고 있다는 것을 알 수 있다. 특히, 응력이 가해지면 시료는 비직선적non-linear으로 변형률이 증가하게 되고 그 응력이 제거되더라도 일부만 돌아오고 원래 상태로 완전히 돌아오지 않는 부분 회복partial recovery이 일어나게 된다. 곡선이 완전탄성체 곡선에 가까워질수록 탄성이 강해지는 것을 의미하며, 반대로 완전점성체 곡선에 가까워질수록 점성이 강해지는 것을 의미한다.

3) 데보라 수

완화 시간relaxation time의 경우 고체일수록 그 값이 커지고, 액체적 특성이 강해질수록 작아진다고 설명하였다. 하지만, 이러한 완화 시간이 크다, 작다라는 개념은 그것을 바라보는 시간 길이의 관점에서 보면 다른 해석이 가능할 수도 있을 것이다. 예로, 성경에 나오는 문구 중에 'The mountains melted before the Lord'란 구절이 있는데 이것은 짧은 시간의 관점에서 보면 산은 아주 견고하고 움직이지 않는 고체 상태라고 생각되지만 '10년이면 강산도 변한다.'라는 말처럼 무한한 시간의 관점에서 보면 산은 그대로 있기보다는 액체처럼 흘러 변하는 특성을 가지고 있다고도 생각할 수 있다.

이와 관련하여 세계에서 가장 오랫동안 진행된 피치 방울pitch drop 실험을 소개하자면, 타르tar에서 유래된 피치는 그림 5-38에서 보는 바와 같이 상온 상태에서는 망치로 깨뜨릴 수 있는 고체 물질이다. 1927년 호주 퀸즐랜드Queensland 대학 파넬Parnell 교수 연구팀은 피치를 밀봉한 깔때기에 넣고 3년 동안 방치하였다. 그리고 1930년 그 깔때기의 끝을 잘라 내어 피치가 흘러내리는 것을 관찰하였는데 86년이 지난 2016년 8월까지 8방울이 떨

그림 5-38 피치 방울 실험
자료 : The University of Queensland

어지는 것을 관찰하였고, 그로부터 피치의 점도를 조사하였다. 그 결과 피치의 점도는 물의 점도보다 2,000억 배 높다고 예측하였다. 즉, 피치를 관찰하는 기간이 짧으면 고체처럼 보이지만 무려 86년이라는 오랜 기간 동안 관찰해 보면 액체처럼 흐르는 특성을 관찰할 수 있다. 따라서, 같은 물질이라도 그 물성을 관찰하는 시간에 따라 물질의 특성을 다른 관점에서 볼 수 있을 것이다.

이러한 영향을 고려하고자 이스라엘 라이너Reiner 교수는 물질의 특성 시간characteristic time of the material을 물질 변형을 관찰하는 시간characteristic time of observation으로 나눈 데보라 수Deborah number를 제안하였다.

$$\text{데보라 수(De)} = \frac{\text{물질 특성 시간}}{\text{관찰 소요 시간}}$$

후크의 법칙을 따르는 완전탄성체의 경우 무한대에 이르는 완화 시간을 가지게 되고, 뉴턴의 점도법칙을 따르는 완전점성체의 경우 0 값을 가지게 된다. 따라서, 물질 변형 관찰 소요 시간이 같다면, De 값이 커지면 커질수록 고체와 같은solid-like 특성을 가지고, De 값이 작아질수록 액체적liquid-like 특성을 갖는다. 또한, 완화 시간이 같다면 물질 변형을 관찰하는 시간의 영향을 받게 되는데 변형 관찰 시간이 짧으면 De 값이 커져 고체적 특성을 보일 수 있고, 반대로 물질 변형 관찰 기간이 길면 De 값이 작아져 액체적 특성을 보인다.

이러한 De 값에 따른 물성학적 해석은 '5.2. 동적 점탄성'에서 언급하였던 동적 진동 시험법에서도 관찰된다. 동적 진동 시험의 진동수 변화 시험을 이용하여 점탄성을 측정해 보면 진동수에 따라서 점탄성 특성이 달라지는데 진동수가 증가할수록 고체적 특성이 잘 나타난다. 이것은 진동수가 낮은 영역(물질 변형의 관찰 소요 시간이 긺)에서는 De 값이 작아져 액체적 특성이 더 잘 관찰되는 것이고, 진동수가 높은 영역(물질 변형의 관찰 소요 시간이 짧음)에서는 De 값이 커지기 때문에 점탄성 값이 증가하여 고체적 특성이 더 높게 측정되는 경향을 흔히 볼 수 있다. 아울러, 같은 식품의 물성을 기계적 방법과 관능 검사를 사용하여 분석할 때에도 비슷한 현상을 관찰할 수 있다. 식품의 물성을 관능 평가를 통하여 관찰하면 즉각적으로 그 특성을 느낄 수 있어 관찰 시간이 매우 짧은 반면, 기계적 방법으로 측정할 때 요구되는 시간은 관능 평가보다는 훨씬 길다. 따라서, 동일 식품의 물성을 관능 평가 및 기계적 방법으로 측정 시에는 관능 평가를 통한 관찰 시간이 훨씬 짧기 때문에 De 값이 커질 수 있어 관능 평가에서 좀 더 고체적 특성에 가까운 결과를 얻을 수 있다.

5.4. 점탄성 모델

물질의 점탄성을 설명하기 위한 대표적 방법으로서 기계적 모델mechanical analog을 활용하고 있는데 특히, 전통적으로 탄성을 나타내는 스프링spring과 점성을 나타내는 대시포트dashpot를 사용하여 점탄성 물질의 특성을 설명한다.

1) 완전탄성체 모델

후크의 법칙을 따르는 선형 탄성 물질은 스프링을 사용한 기계적 모델로 설명하고 있다. 그것은 힘이 가해지면 순간적으로 변형이 되었지만, 원래 상태로 돌아오려는 에너지를 잃지 않고 보관하고 있어 그 힘이 제거되는 즉시 원래 상태로 돌아오기 때문이다(그림 5-39).

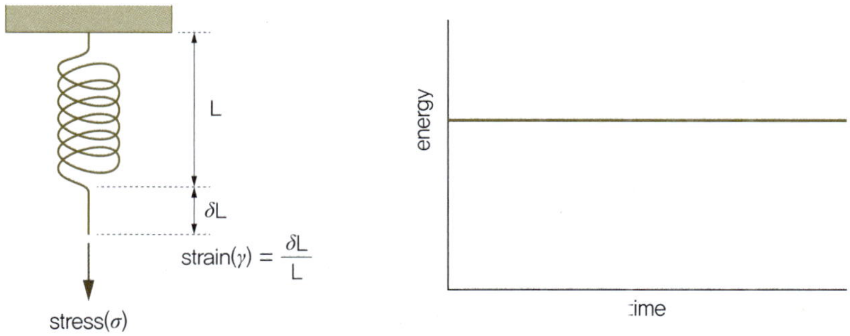

그림 5-39 **탄성의 기계적 모델로서 스프링**

제3장에서 언급한 것처럼 완전탄성체의 경우 후크의 법칙을 따르고 있어 응력(σ)과 변형률(γ)은 직선적 관계를 가지고 있고 탄성계수 G는 측정 방법에 따라서 전단, 인장, 압축 등의 탄성계수를 나타낸다.

$$\sigma \propto \gamma$$
$$\sigma = G\gamma$$

완전탄성체를 대상으로 응력 완화 시험 및 크리프 회복 시험을 하면 그림 5-40과 같은 결과를 얻을 수 있다. 즉, 응력 완화 시험 시 변형률(γ)이 γ_0로 일정하기 때문에 응력도

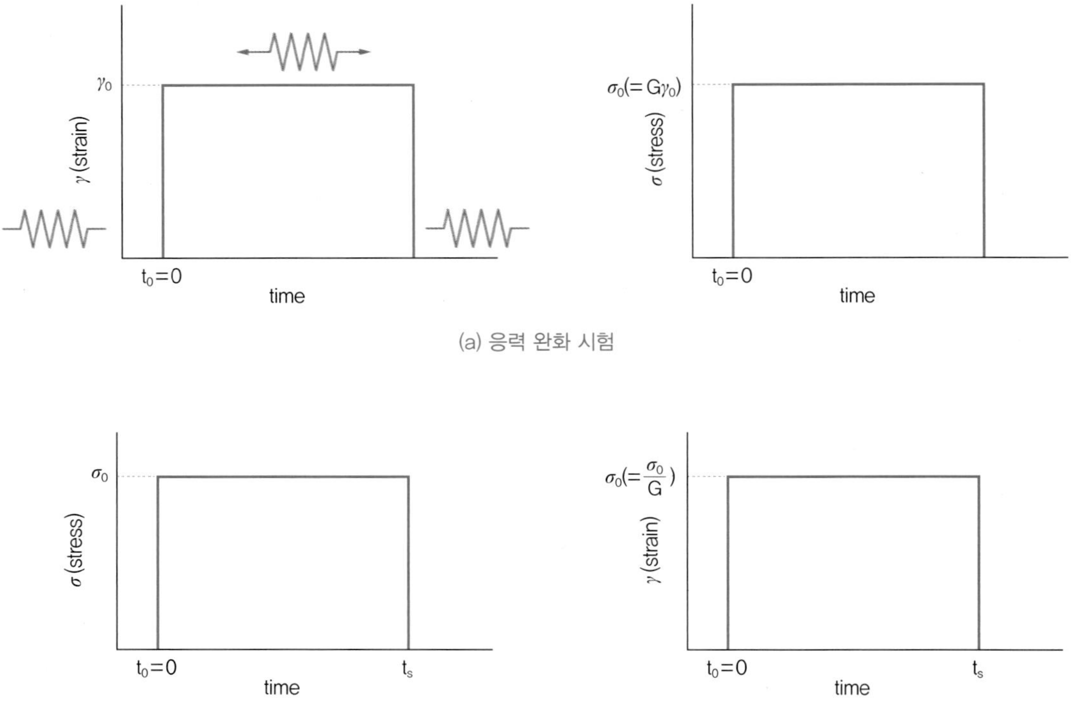

(a) 응력 완화 시험

(b) 크리프 회복 시험

그림 5-40 스프링 모델을 활용한 응력 완화 및 크리프 회복 시험에서 탄성 물질의 특성

$\sigma_0(=G\gamma_0)$로 일정하다.

$$\sigma_0 = G\gamma_0, \quad \gamma_0 = \frac{\sigma_0}{G}$$

2) 완전점성체 모델

뉴턴의 점도법칙을 따르는 점성 물질은 실린더 형태 안에 원판을 설치하여 충격을 완화시키는 장치인 대시포트를 사용한 기계적 모델로 설명하고 있다. 그것은 힘이 가해지는 동안 변형이 시간에 따라 지속적으로 일어나지만, 원래 상태로 돌아오려는 에너지가 손실되어 그 힘이 제거되더라도 원래 상태로 돌아오지 않고 마지막 변형 상태를 유지하기 때문이다.

$$\sigma \propto \dot{\gamma}$$
$$\sigma = \eta\dot{\gamma}$$

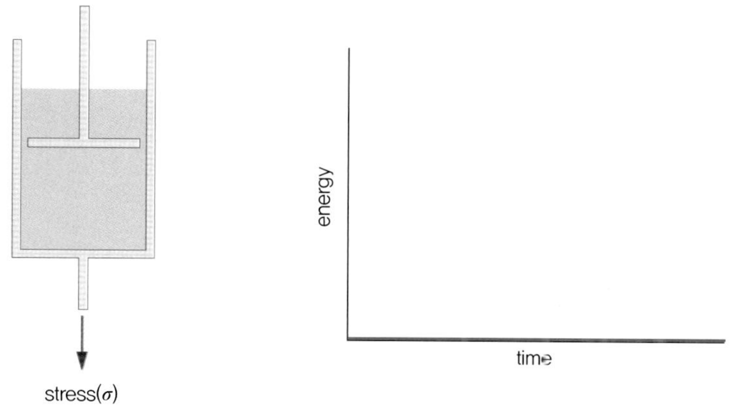

그림 5-41 점성의 기계적 모델로서 대시포트

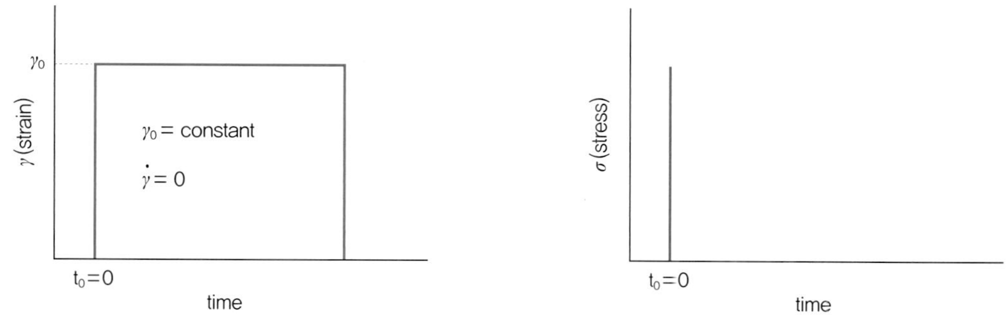

(a) 응력 완화 시험

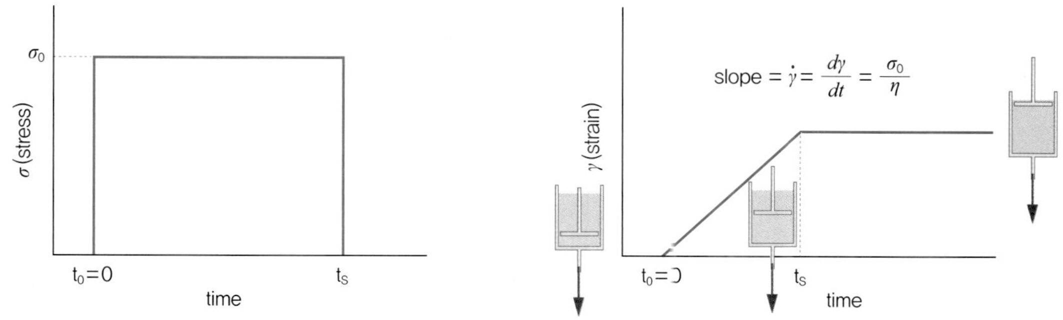

(b) 크리프 회복 시험

그림 5-42 대시포트 모델을 활용한 응력 완화 및 크리프 회복 시험에서 점성 물질의 특성

완전점성체의 경우 뉴턴의 점도 법칙을 따르고 있어 주어진 응력(σ)과 변형속도($\dot{\gamma}$)가 직선적 관계를 가지고 있고 그 기울기인 η는 점도를 나타낸다.

따라서, 완전점성체를 대상으로 응력 완화 및 크리프 회복 시험을 할 경우 그림 5-42와 같은 결과를 얻을 수 있다. 즉, 응력 완화 측정 시 변형률이 일정하기 때문에 변형속도 및 응력은 0이 된다.

$$\sigma = \eta\dot{\gamma} = 0 \qquad (\dot{\gamma} = 0)$$

크리프 회복 시험의 경우 응력이 일정하기 때문에 이에 따라 변형속도도 일정하게 된다. 이에 따라, 변형률-시간 그래프에서 기울기 값이 일정한 직선 형태의 그래프가 그려지게 된다.

$$\dot{\gamma} = \frac{d\gamma}{dt} = \frac{\sigma_0}{\eta}$$

3) 점탄성 모델

점탄성 물질을 설명하기 위한 기계적 모델은 스프링과 대시포트를 다양한 방법으로 연결하여 나타낼 수 있다. 대표적인 점탄성 모델인 맥스웰Maxwell 모델과 켈빈Kelvin 모델에 대한 설명은 아래와 같다.

(1) 맥스웰 모델

맥스웰 모델Maxwell model은 그림 5-43과 같이 스프링과 대시포트가 연속적으로 직렬 조합되어 있다. 외력을 가하여 갑자기 잡아당기면 스프링이 먼저 늘어나고, 그 다음 대시포트가 늘어나는 모델로서 외력이 제거되면 스프링이 늘어난 만큼 되돌아오지만 대시포트가 늘어난 것은 돌아오지 않는다. 외력이 작용 시 스프링이 늘어나 즉각적으로 반응하므로 변형률을 가하면 즉각적으로 응력 반응을 보이는 응력 완화 시험에 주로 적용될 수 있다.

맥스웰 모델의 경우 응력이 작용하면 스프링에 의한 변형이 먼저 일어나고, 그 후 대시포트에 의한 변형이 일어나기 때문에 전체적인 변형속도는 결국 스프링과 대시포트 각각의 변형속도 합과 같다고 할 수 있다(그림 5-44).

맥스웰 모델을 응력 완화 시험법에 적용해 보면 아래와 같다.

응력 완화 시험에서는 일정한 변형률(γ)을 순간적으로 가한 후 그에 따른 응력을 측정한다.

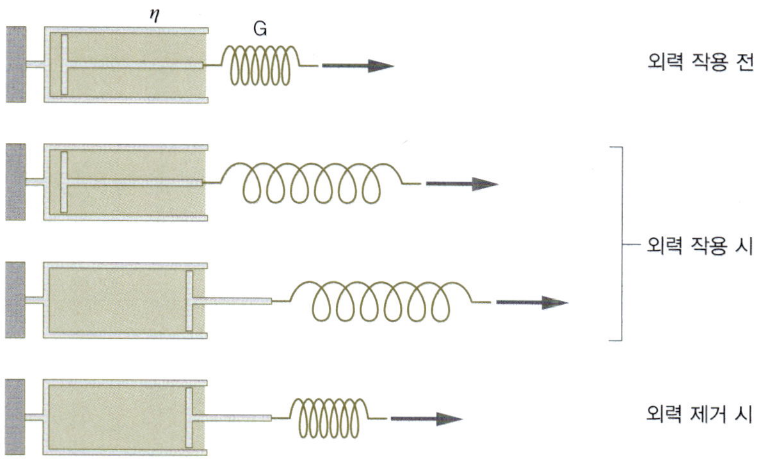

그림 5-43 **맥스웰 모델**

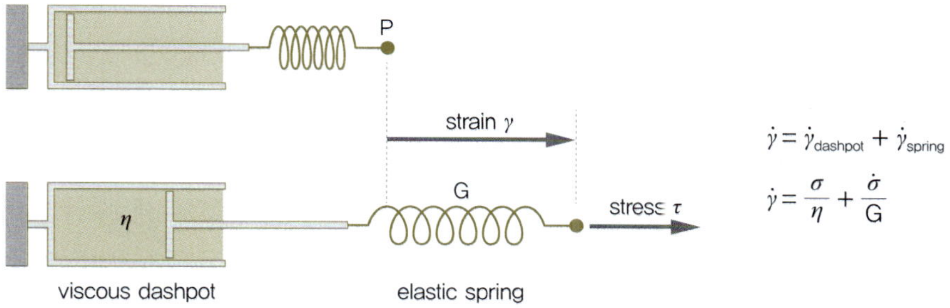

그림 5-44 **맥스웰 모델에서의 변형속도**

변형률 일정 : $\gamma = \gamma_0$

따라서, 변형률이 일정하기 때문에 변형속도는 0이 된다.

$$\dot{\gamma} = \frac{d\gamma}{dt} = \frac{\sigma}{\eta} + \frac{\dot{\sigma}}{G} = 0$$

이를 정리하면 일정한 변형률 적용에 따른 응력 변화는 아래와 같다.

$$\frac{\sigma}{\eta} = -\frac{\dot{\sigma}}{G} = -\frac{1}{G}\frac{d\sigma}{dt}$$

$$\frac{1}{\sigma}d\sigma = -\frac{G}{\eta}dt$$

$$\ln\frac{\sigma}{\sigma_0} = -\frac{G}{\eta}t, \quad \sigma = \sigma_0 e^{-\frac{G}{\eta}t}$$

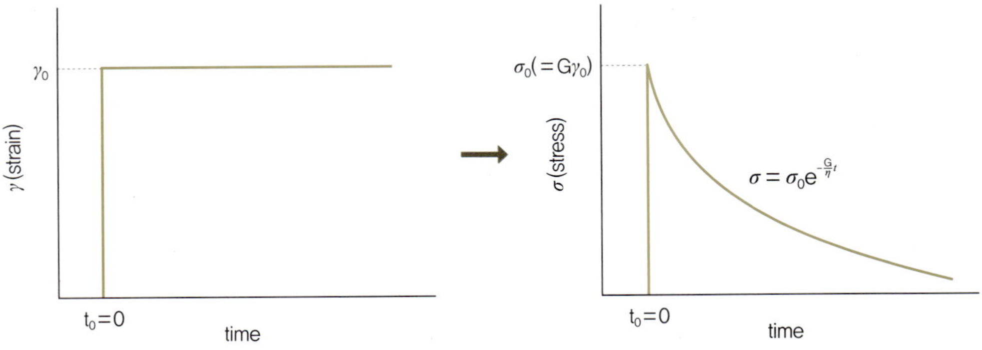

그림 5-45 맥스웰 모델을 활용한 점탄성 측정

특히, t = η/G이라면 아래와 같은 식으로 정리된다.

$$\sigma = \sigma_0 e^{-\frac{G}{\eta}t} \quad (t = \frac{\eta}{G})$$

$$\sigma = \frac{\sigma_0}{e} = 0.368\sigma_0$$

즉, 시간이 η/G이 될 때에는 초기 응력 값(σ_0)의 0.368 즉, 36.8%에 해당하는 응력 값을 가지게 되는데, 이때의 시간을 응력 완화 시간stress relaxation time이라고 하며, 응력 완화 시험에서 물성 지표로 사용되고 있다.

그림 5-46에서 보여 주는 바와 같이 완화 시간 값이 작아질수록 곡선은 아래 방향으로 가까워져 완전점성체 곡선과 유사해지고, 완화 시간이 커질수록 위쪽 방향으로 향하

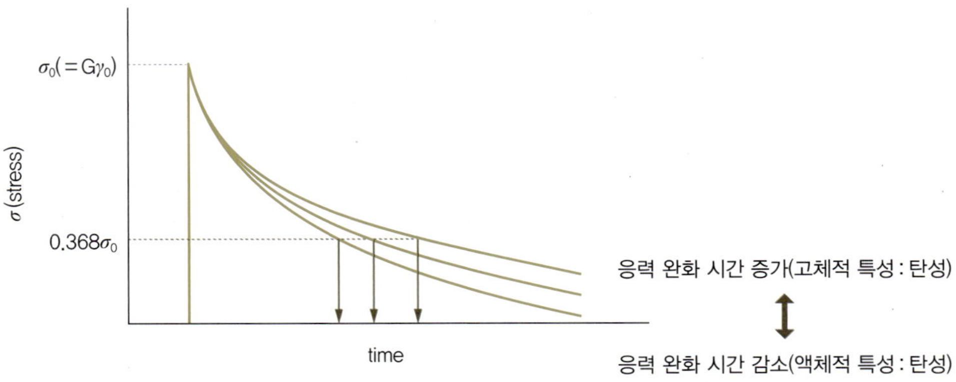

그림 5-46 응력 완화 시간에 따른 물성 특성

여 완전탄성체 곡선에 가까워지는 것을 볼 수 있다. 따라서, 탄성 특성이 강해질수록 완화 시간이 증가하고, 점성 특성이 강해질수록 완화 시간이 감소하게 된다.

액체 상태의 경우 분자들의 유동성mobility이 높기 때문에 응력을 받으면 빠르게 완화된다. 따라서 액체의 경우 완화 시간이 매우 짧고(물의 경우 10^{-13}초 정도) 탄성을 가진 고체일수록 길어지게 되는데, 점탄성 물질의 경우 $10^{-1} \sim 10^{6}$초 정도의 완화 시간을 가진다고 알려져 있다.

맥스웰 모델의 경우 힘이 작용하는 동안 대시포트에 의해서 계속 변형이 일어나기 때문에 점탄성 고체보다는 점탄성 액체에 더 적합하다.

(2) 켈빈 모델

켈빈 모델Kelvin model은, 포이크트 모델Voigt model, 켈빈-포이크트 모델Kelvin-Voigt model이라고도 하는데 스프링과 대시포트를 병렬 조합한 것으로서 외력을 가하면 대시포트 저항 때문에 스프링은 갑자기 변형되지 않고 외력은 거의 대시포트를 움직이는 데 사용된다. 그 후, 변형이 커지면 스프링에 의한 힘이 강해져 대시포트에 작용하는 힘이 약해져 변형속도가 늦어지고 외력을 제거하면 천천히 원상태로 돌아간다. 즉, 일정한 응력을 가하면 변형률이 지연되어 일정한 상태에 이르게 되기 때문에 크리프 회복 시험에 사용된다.

켈빈 모델에서는 스프링과 대시포트의 변형률은 같고, 전체 응력은 스프링과 대시포트

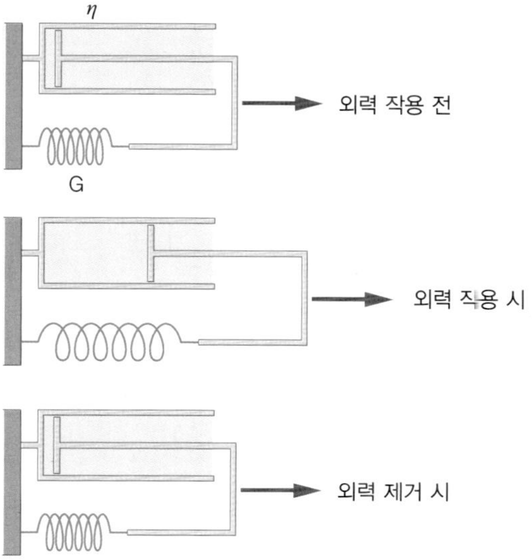

그림 5-47 켈빈 모델

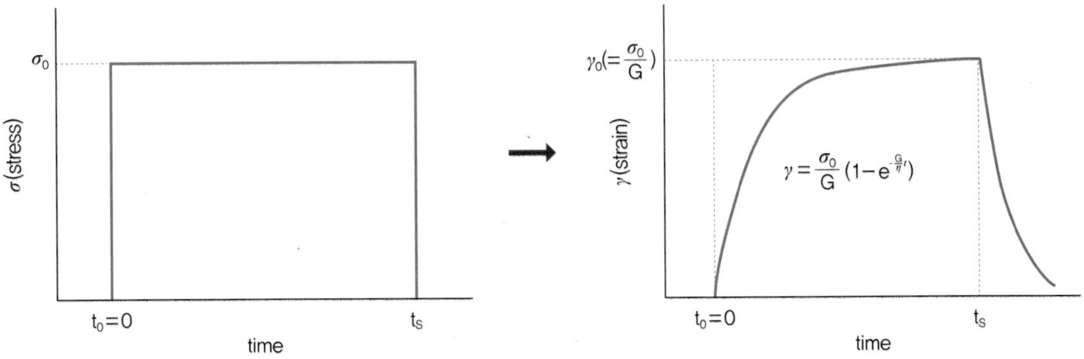

그림 5-48 켈빈 모델을 활용한 점탄성 측정

응력의 합과 같다.

$$\gamma = \gamma_{sping} = \gamma_{dashpot}$$
$$\sigma = \sigma_{sping} + \sigma_{dashpot}$$
$$\sigma = G\gamma + \eta\dot{\gamma}$$

켈빈 모델을 크리프 회복 측정에 적용하면 아래와 같다.

크리프 회복 시험법에서는 일정한 응력(σ_0)을 순간적으로 가한 후 그에 따른 변형률을 측정한다.

$$\sigma_0 = G\gamma + \eta\dot{\gamma}$$
$$\sigma_0 = G\gamma + \eta\frac{d\gamma}{dt}$$
$$\frac{1}{\left(\frac{\sigma_0}{G} - \gamma\right)}d\gamma = \frac{G}{\eta}dt$$
$$\gamma = \frac{\sigma_0}{G}\left(1 - e^{-\frac{G}{\eta}t}\right)$$

특히, $t = \eta/G$이라면 아래와 같은 식으로 정리된다.

$$\gamma = \frac{\sigma_0}{G}\left(1 - e^{-\frac{G}{\eta}t}\right) \quad (t = \frac{\eta}{G})$$
$$\gamma = \frac{\sigma_0}{G}\left(1 - e^{-1}\right) = 0.632\frac{\sigma_0}{G} = 0.632\gamma_0$$

이와 같이 크리프 회복 곡선에서 최대 변형률 값의 63.2%에 이르는 시간을 지연 시간 retardation time이라고 하며, 크리프 회복 시험법에서 물성 지표로 사용되고 있다. 따라서, 지연 시간이 작아질수록 최대 변형률 평형 값에 빨리 도달하기 때문에 탄성적 성질이 강해지는 것을 의미하고, 지연 시간이 커질수록 최대 변형률 평형 값에 도달하는 시간이 지연되기 때문에 점성 특성이 강해지는 것을 의미한다.

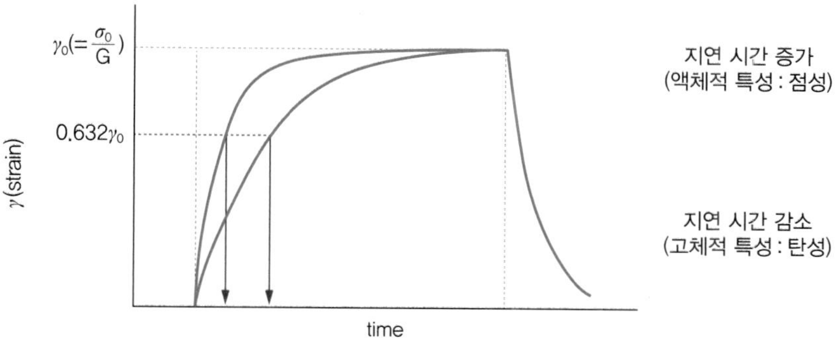

그림 5-49 지연 시간에 따른 물성 특성

켈빈 모델의 경우 가해진 응력에 대하여 스프링의 영향을 많이 받기 때문에 맥스웰 모델과는 달리 점탄성 고체에 더 적합하다.

- 점탄성viscoelastic은 이상적인 액체ideal liquid가 가진 점성viscous과 이상적인 고체ideal solid의 탄성elastic을 동시에 가지고 있는 특성을 의미하며, 바이센베르크Weissenberg 효과, 다이 부풀음die-swelling 현상, 되튐recoil 현상 등이 점탄성 물질에서 관찰될 수 있다.
- 동적 점탄성 시험dynamic viscoelastic test은 비파괴적으로 아주 작은 변형(또는 응력)을 사인파 형태로 가한 후 얻어진 반응 곡선의 진폭 및 위상차를 분석하여 점탄성을 측정한다.
- 동적 점탄성 시험에서 저장계수(G′)storage modulus는 물체의 탄성을 나타내고, 손실계수(G″)loss modulus는 물체의 점성을 나타낸다. 아울러, 탄젠트tan(ϕ)는 손실계수(G″)를 저장계수(G′)로 나눈 값으로서 그 값이 작아질수록 탄성 비율이 증가하고 점성 비율이 감소한다는 의미이다.
- 위상 각도phase angle는 완전탄성체의 경우 0도, 완전점성체의 경우 90도, 점탄성 물체의 경우 0도와 90도 사이의 값을 가지는데, 45도보다 큰 값을 가질 때는 액체 점탄성viscoelastic liquid, 45도보다 작은 값을 가질 경우 고체 점탄성viscoelastic solid이라고 한다.
- 응력 완화 시험stress relaxation test은 시료에 일정한 변형률strain을 순간적으로 가하고 그 변형률을 일정하게 유지시키기 위해 필요한 응력stress을 측정하여 점탄성을 측정한다.
- 응력 완화 시험에서 초기 응력 값의 0.368 즉, 36.8%에 해당하는 응력 값을 가지게 되는 시간을 응력 완화 시간stress relaxation time이라고 하는데 탄성 특성이 강해질수록 완화 시간이 증가하고 점성 특성이 강해질수록 완화 시간이 감소한다.
- 크리프 회복 시험creep and recovery test은 순간적으로 응력을 시료에 가한 후 시간에 따른 변형률 즉, 크리프와 그 응력을 제거한 후 원래 상태로 돌아오는 특성recovery을 측정한다.
- 크리프 회복 곡선에서 최대 변형률 값의 63.2%에 이르는 시간을 지연 시간retardation time이라고 하는데 지연 시간이 작아질수록 탄성적 성질이 강해지는 것을 의미하고, 지연 시간이 커질수록 점성 특성이 강해지는 것을 의미한다.
- 데보라 수Deborah number, De 값은 물질의 특성 시간characteristic time of the material을 물질 변형을 관찰하는 시간characteristic time of observation으로 나눈 값으로서, De 값이 커질수록 고체와 같은solid-like 특성을 가지고 De 값이 작아질수록 액체적liquid-like 특성을 가지게 된다.
- 물체의 점탄성을 설명하기 위하여 기계적 모델mechanical analog을 활용하고 있는데, 탄성을 나타내는 스프링spring과 점성을 나타내는 대시포트dashpot를 연속적으로 직렬 조합한 맥스웰Maxwell 모델, 병렬 조합한 켈빈Kelvint 모델이 대표적으로 사용된다.

6 식품 물성의 기기 분석

6 식품 물성의 기기 분석

6.1. 식품 물성 측정 방법의 분류

지금까지 식품의 물성을 고체의 탄성, 액체의 점성, 점탄성으로 크게 나누어 설명하였다. 하지만, 식품의 경우에는 이 세 가지로 분류하여 그 물성을 분석하기에는 그 형태 및 종류가 너무 다양하고 실질적으로 물성 측정 시 고려해야 할 많은 요인들이 있다. 또한, 탄성계수, 점도, 점탄성 등의 지표를 사용하는 물성학적 접근 방법을 실제 식품을 섭취하는 소비자들이 느끼는 관능 특성들과 어떻게 연결 지을 수 있는지에 대한 의문이 항상 존재한다. 그림 6-1에서 보여 주는 바와 같이 각 식품마다 소비자가 잠재적으로 느끼는 전형적인 물성학적 특성을 가지고 있다. 예로, 캔디의 경우에는 딱딱하거나 끈적끈적한 특성, 갓 구운 빵의 경우 부드럽지만 시간이 지날수록 딱딱해지는 특성, 고기의 경우 질기거나 연한 특성 등은 대부분의 소비자가 이들 식품을 섭취 시 일반적으로 느낄 수 있는 대표적 물성학적 특성이다. 이렇게 각 식품별로 다양한 물성학적 특성을 가지고 있어 이들 물성을 객관적으로 측정하려고 할 때 어떠한 방법 및 장치를 사용할 것인지에 대한 어려움이 존재한다. 따라서, 식품의 물성을 어떻게 객관적인 물성 지표로 측정하여 나타낼 수 있는지에 대한 논의가 필요하다.

식품의 물성을 기기를 사용하여 기계적으로 측정하는 방법을 분류해 보면 표 6-1과 같이 직접적direct, 간접적indirect 방법으로 나눌 수 있다. 이후에 설명하게 될 기초적fundamental, 경험적empirical, 모방적imitative 방법이 전자에 속하고, 형태학적morphological, 음향학

그림 6-1 다양한 식품들의 전형적인 물성학적 특성

표 6-1 기계적 물성 측정 방법의 분류

직접(direct) 측정법	간접(indirect) 측정법
기초적(fundamental)	형태학적(morphological)
경험적(empirical)	음향학적(acoustical)
모방적(imitative)	화학적(chemical)

acoustic, 화학적chemical 방법 등이 후자에 속한다. 현미경, X-ray 등을 이용하여 물질의 형태 및 내부 구조에 대한 이미지를 얻고 이들을 분석하는 형태학적 방법을 통하여 물질의 물성을 평가할 수 있고 아울러, 과자와 같이 섭취 시 발생하는 소리 또는 초음파를 통과시켜 얻어지는 파형을 분석하는 음향학적 방법을 통한 물성 평가법이 간접적 방법에 포함된다.

1) 기초적 측정법

기초적 측정 방법fundamental test은 일정한 형태의 균일한homogeneous and isotropic 시료를 대상으로 측정 변수를 제어할 수 있는 특정한 조건에서 수행함으로써 정립된 물성학적 이론을 토대로 물성학적 특성을 측정하는 방법을 의미한다. 지금까지 언급되었던 푸아송비Poisson's ratio, 영의 계수Young's modulus, 전단탄성계수shear modulus 등과 같은 물질의 고유 특성을 측정하는 방법이 여기에 해당된다. 따라서, 기초적 측정 방법을 통하여 얻어진 물성학적 특성은 서로 비교 분석이 가능하다는 장점이 있다. 하지만, 식품이라는 물질의 경우에는 다양한 변수(배합비, 온도, 시간, 저장 조건 등)에 따라서 같은 물질이라도 그 특성이 매우 복잡하여 일정한 이론을 적용하기가 까다롭고, 일정한 모양을 만들기도 어려워 많은 시간과 노력이 요구된다. 또한, 만약에 측정된 식품의 영의 계수 값이 10 Pa이라고 했을 때

이것이 무슨 의미인지 소비자가 알기 어렵고 또한 이 물성 값이 소비자들이 느끼는 식품의 품질 특성과 어떤 연관성이 있는지에 대한 실질적 답을 제공하지 못하기도 한다.

2) 경험적 측정법

경험적 측정 방법empirical test은 우리가 실제 생활에서 겪을 수 있는 경험적 상황을 바탕으로 식품의 물성을 측정하는 방법들을 의미한다. 예로, 물건이 얼마나 단단한지 측정하고자 할 때 손가락으로 찔러 보거나 손으로 눌러 보거나 하는데, 이러한 실제 경험을 바탕으로 시료를 뚫거나 눌러서 얼마나 단단한지 측정하는 경도계 등을 이용한 방법들이 경험적 측정법에 해당한다. 이러한 경험적 방법은 실질적 경험을 토대로 적용되었을 뿐 객관적 이론 등이 구체적으로 정립되어 있지 않을 수 있다. 또한, 결과 수치에 대한 정확한 물리적 단위를 가지고 있지 않을 때가 많고 정확한 표준 방법이 확립되어 있지 않을 수도 있다. 따라서, 기초적 측정법과 달리 얻어진 결과들을 절대값의 관점에서 서로 비교하기가 수월하지 않을 수도 있다. 하지만, 빠르고 경제적인 측정 및 사용 편의성, 공정 상황에 맞는 적합성으로 인하여 식품 산업에서 광범위하게 활용되고 있다.

3) 모방적 측정법

모방적 측정 방법imitative test은 식품을 실제 사람 입안에서 씹을 때 또는 식품이 담긴 용기 안에서 움직일 때 등의 실제 특정 상황을 모방하여 식품의 물성을 측정하는 방법이다. 모방적 측정 방법은 기초적 측정법에 속하지 않기 때문에 경험적 측정법의 하나라고 생각할 수 있다. 이후에 설명하게 될 텍스처 프로파일 분석texture profile analysis, TPA은 사람이 치아로 식품을 씹는 장면을 모방한 것이고, 패리노그래프farinograph는 반죽dough을 실제로 혼합하는 과정을 모방하여 고안된 측정 방법들이다. 이러한 모방적 측정 방법을 통하여 얻어진 결과는 실제 관능 평가 결과와 매우 밀접한 상관관계를 가지는 경우가 많아 식품 산업에서 널리 사용되고 있다.

현재 식품 산업 분야에서는 흔히 경험적, 모방적 측정 방법을 위주로 사용하고 있고, 기초적 측정법의 경우 학문적 관점에서 주로 활용되고 있다. 따라서, 기초적, 경험적, 모방적 측정 방법을 적절히 상호 보완하여 측정하는 것이 식품의 물성을 좀 더 종합적으로 측정할 수 있는 접근법이 될 수 있을 것으로 생각된다.

표 6-2 식품의 기계적 물성 측정 방법의 예시

구분	측정 방법
기초적(fundamental) 측정법	관형 점도계(tube viscometer) 평판형(parallel plate), 원뿔-평판형(cone and plate) 등 회전형 점도계
경험적(empirical) 측정법	보스트윅(Bostwick) 점도계 브룩필드(Brookfield) 점도계 엑스텐소그래프(extensograph)
모방적(imitative) 측정법	텍스처 프로파일 분석(texture profile analysis) 패리노그래프(farinograph) 알비오그래프(alveograph)

6.2. 식품 물성 측정 방법의 형태

식품의 물성을 객관적으로 측정하기 위하여 다양한 방법 및 장치들이 사용되고 있다. 하지만, 이들 방법 및 장치는 식품에 대한 물성 정보를 직접적으로 주는 것이 아니라 물리적 단위를 가진 변수들을 측정하고 이를 식품 물성과 연관시키는 패턴으로 운영된다. 측정되는 물리적 변수로는 대부분 식품을 변형(또는 유동)시키는 데 필요한 힘force에 초점을 맞추어 이를 식품 물성 특성과 연결시키는 방법이 널리 이용되고 있다. 예로, 압축력compression을 사용하는 측정 방법으로부터 얻어진 힘force 값이 클 경우 단단한 조직감을 가지고 있어 시료를 눌러 변형시키기 어렵고 반면에, 힘 값이 작은 경우 시료를 누르기 쉬워 부드럽거나 약한 조직감을 가지고 있다고 유추할 수 있다. 이러한 힘 값을 측정하는 방법으로는 뚫기 시험puncture test, 압축 시험compression test, 인장 시험tensile test, 압축-압출 시험compression-extrusion test 등이 있다(표 6-3). 이러한 힘과 관련하여 회전하는 장치의 경우 힘 대신 토크torque(힘×반지름)를 측정한다. 또한, 힘 또는 토크 이외에도 거리, 넓이 등을 측정하여 식품의 물성과 연결시키기도 하며 더욱이 알비오그래프alveograph 등의 장치는 압력pressure을 측정하여 물성과 연관시키기도 한다.

1) 뚫기 시험

뚫기 시험puncture test은 힘을 측정하여 식품의 물성을 분석하는 대표적 방법으로서 식품 분야에서 널리 사용되고 있는 측정 방법이다. 이 방법은 가느다란 막대기 형태의 프로브probe 또는 펀치punch로 시료를 눌러 뚫는 데 필요한 힘을 측정한다. 우리가 일상생활에서 물체를 날카로운 송곳 등으로 뚫을 때 힘을 가하게 되는데, 딱딱한 물체일수록 많

표 6-3 식품의 물성 분석을 위한 기기 측정 변수

기기 측정 변수	측정 방법/장치
힘(force)	뚫기 시험(puncture test) 압축 시험-텍스처 프로파일 분석(compression test(texture profile analysis)) 인장 시험(tensile test) 압축-압출 시험(compression-extrusion test) 휨/스냅핑 시험(bending and snapping test) 절단전단 시험(cutting-shear test) 엑스텐소그래프(extensograph)
토크(torque)	회전형 점도계(rotational viscometer) 패리노그래프(farinograph) 믹소그래프(mixograph) 믹소랩(mixolab) 신속점도계(rapid visco-analyzer)
거리(distance)	페네트로미터(penentrometer) 엑스텐소그래프(extensograph) 텍스처 프로파일 분석(texture profile analysis) 인장 시험(tensile test)
압력(pressure)	알비오그래프(alveograph)
면적(area)	텍스처 프로파일 분석(texture profile analysis) 믹소그래프(mixograph)

은 힘이 필요하고 부드러운 물체의 경우 적은 힘으로도 뚫을 수 있는 상황을 연상하면 될 것이다. 따라서, 이러한 뚫기 시험은 시료를 뚫는 동안의 힘을 기록하여 힘-거리 또는 힘-시간의 그래프를 얻고 그때 최대 힘 값maximum force을 측정하게 된다.

그림 6-2의 리포위츠Lipowitz 젤리 시험기는 1861년에 처음으로 고안된 뚫기 시험 장치로 젤리의 강도를 측정하는 데 사용되었다고 알려져 있다. 이 측정 방법은 깔때기와 그 아래에 1~2인치의 평평한 원판이 있는 막대기를 젤리 위에 설치하고 막대기가 젤리를 뚫을 때까지 깔때기 안에 추를 넣어 주는 방식이다.

뚫기 시험을 통하여 시료의 물성을 분석하면 시료의 특성에 따라서 그림 6-3에서 보여 주는 바와 같이 다양한 형태의 힘-거리 또는 힘-시간 곡선을 얻을 수 있고, 이 곡선을 분석하여 시료의 물성을 유추한다.

그림 6-3에서 A, B, C 곡선은 뚫기 시험을 통하여 가장 보편적으로 얻을 수 있는 곡선으로서 크게 3부분으로 나누어 볼 수 있다.

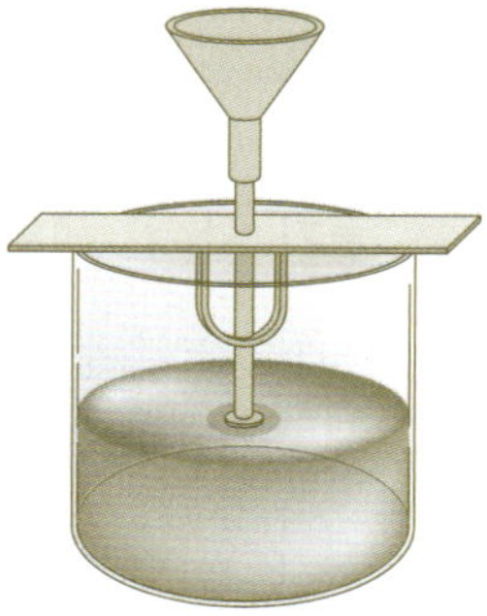

그림 6-2 리포위츠 젤리 시험기

첫 번째 부분은 프로브가 시료 표면에 닿았을 때 누르는 힘에 대하여 시료가 저항하면서 힘 값이 급격히 증가하게 되는 영역이다. 그 후 두 번째 부분은 시료 표면이 파괴되어 구멍이 뚫리면서 곡선 기울기가 갑자기 변하게 되는 부분 즉, 항복점yield point이 생기게 된다. 앞서 설명했듯이 항복점 이후부터는 시료가 원래 상태로 돌아올 수 없게 된다. 마지막 세 번째 부분은 항복점 이후의 부분으로서 시료의 특성에 따라서 다른 형태의 패턴을 가지게 된다.

- A 곡선 : 항복점 이후에도 힘 값이 지속적으로 증가하는 형태로서 시료 표면이 뚫린 이후에도 시료 내부가 단단한 조직을 유지하고 있는 경우이다. 갓 수확된 신선한 사과 등이 여기에 해당한다.
- B 곡선 : 항복점 이후에는 힘 값이 일정하게 유지되는 형태로서 오랜 저장 기간 동안 수분이 증발되어 마르고 조직이 연해진 과채류에서 이와 같은 결과를 얻을 수 있다.
- C 곡선 : 항복점 이후에는 힘 값이 감소하는 형태이다. 즉, 시료 표면이 뚫린 이후에 더 이상 뚫는 힘에 저항하지 못하는 경우인데 시료의 표면은 단단하지만 내부가 무른 경우 또는 시료의 두께가 얇아 프로브로 완전히 뚫리는 경우에 C 형태의 곡선을 얻을 수 있다.
- D 곡선 : A 곡선과 비슷하지만, 기울기가 항복점을 기준으로 급격히 변하지 않고 서서히 변하는 경우이다. 일반적으로, A, B, C 형태 곡선은 시료 표면이 비교적 단단

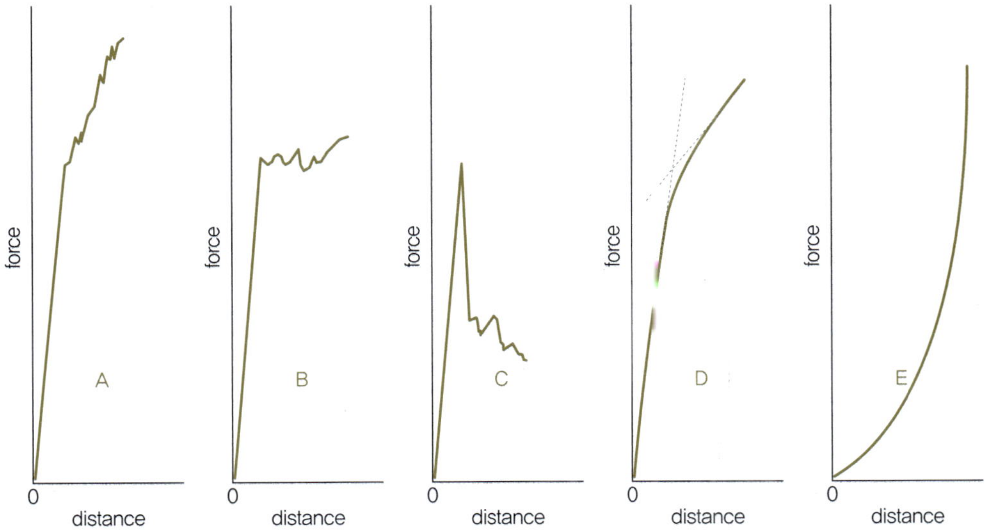

그림 6-3 시료에 따른 뚫기 시험 곡선

하여 프로브로 누르는 힘에 저항하다가 순간적으로 표면이 뚫리면서 항복점이 비교적 쉽게 관찰된다. 하지만, 전분 페이스트, 스폰지 형태의 식품의 경우 프로브로 누르면 이를 버티기보다는 압축되어 눌리면서 서서히 표면이 뚫려지는 형태이다. 이와 같은 경우에는 항복점을 명확하게 찾기 어려울 수도 있는데 그림 6-3의 D 곡선에서 보여지는 바와 같이 위아래 직선 부분을 연결하여 만나는 지점을 항복점이라고 유추한다.

- E 곡선 : E 곡선의 경우 다른 형태의 곡선과는 다르게 힘 값이 지속적으로 증가하고 있고 항복점이 전혀 관찰되지 않는다. 이것은 프로브로 누를 때 뚫리지 않고 시료가 지속적으로 압축되어 눌러지면서 나타나는 현상이다. 뚫기 시험에서는 프로브가 시료를 뚫는 데 필요한 가장 큰 힘 값 또는 항복점을 중요한 물성 지표로 측정하기 때문에 이와 같은 시료의 경우 이들 지표 값의 측정이 불가능하다. 이러한 시료의 물성학적 특성을 분석하는 데 있어 뚫기 시험은 적합하지 않기 때문에 다른 형태의 물성 측정 방법을 고려해야 할 것이다.

그림 6-4는 뚫기 시험에서 작용하는 힘의 구성을 보여 주고 있다. 프로브가 시료 표면에 닿으면 프로브 아래 부분은 압축력compressive force이 작용하고 있고, 프로브 옆 방향은 전단력shear force이 동시에 작용한다. 압축력의 경우에는 시료와 닿는 프로브의 면적에 비례하고, 전단력은 프로브의 둘레에 비례하는 관계를 가지게 된다. 따라서, 뚫기 시험 수행 시 다른 크기의 프로브를 사용하게 되면 압축력, 전단력이 변하게 되어 다른 크기의 힘이 가해지기 때문에 같은 형태의 프로브를 사용해야만 얻어진 결과를 상호 비교할 수 있다.

뚫기 시험을 수행할 때 주의해야 하는 사항이 있는데 앞서 언급했듯이 뚫기 시험은 프로브로 시료 표면을 눌러 압축력 및 전단력을 동시에 가하여 시료의 물성을 분석하는

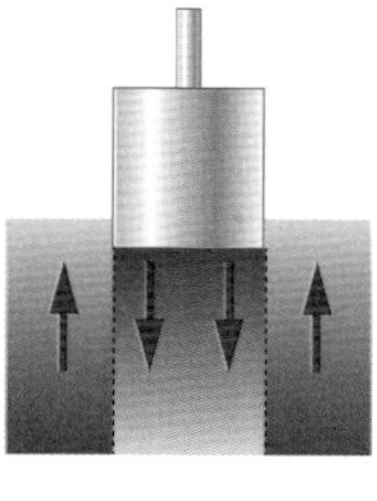

그림 6-4 뚫기 시험에서 작용하는 힘

방법이다. 그림 6-5에서 보여 주는 바와 같이 시료의 크기가 프로브에 비해 충분하게 크지 않으면, 프로브로 누를 때 시료의 모서리 부분이 안쪽으로 눌리면서 압축력 위주로 작용하고 전단력이 작용하지 않을 수 있다. 아울러, 용기에 담긴 시료의 경우에도 프로브가 시료에 비해 클 경우 용기 벽에 의한 영향wall effect을 받을 수 있다. 이러한 경우 순수한 뚫기 시험이 수행되었다고 할 수 없다. 따라서, 뚫기 시험에서 시료의 크기는 사용하는 프로브보다 충분히 커야 한다는 가정하에서 실행해야 하는데 이를 반무한 기하학적 semi-infinite geometry 법칙이라고 하며, 뚫기 시험 수행 시 가장 기본이 되는 사항이다. 일반적으로 측정하고자 하는 시료의 지름이 프로브의 지름보다 3배 이상 큰 것이 좋다.

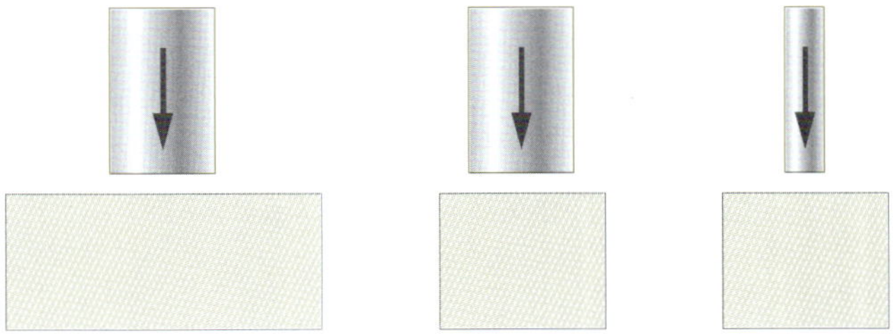

그림 6-5 뚫기 시험에서 반무한 기하학적 법칙

아울러, 뚫기 시험을 할 때 시료를 받치는 지지대에 따라서 실험 결과에 큰 영향을 줄 수 있다. 즉, 그림 6-6에서와 같이 시료가 충분히 크고 두꺼운 경우 프로브가 시료를 뚫고 지나가도 지지대의 영향을 받지 않는다. 하지만, 쿠키와 같이 두께가 두껍지 않은 시료의 경우 프로브로 누르면 압축력이 아래 방향으로 작용하다가 지지대에 부딪히면서

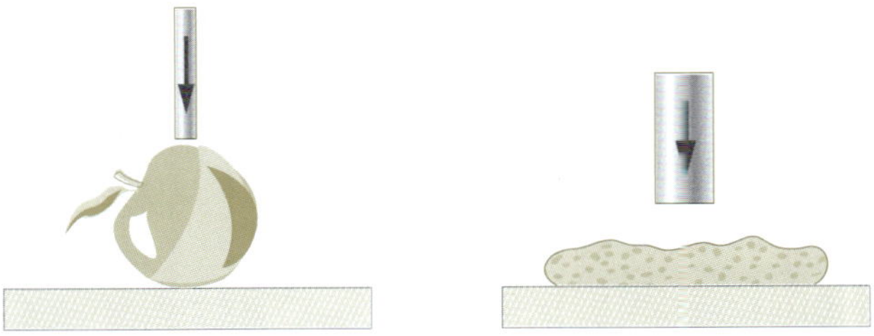

그림 6-6 뚫기 시험에서 시료 받침대

시료 이외에 지지대를 누르는 힘이 작용하게 된다. 이와 같이 시료의 두께가 얇은 시료의 경우 그림 6-7에서 보여 주는 바와 같이 가운데에 구멍이 있는 지지대를 사용해야 한다. 하지만, 이때에도 주의해야 할 것이 지지대의 구멍이 너무 클 경우에는 프로브가 시료를 뚫기보다는 지지대 양 끝의 영향으로 두 조각으로 부서지는 현상이 발생할 수 있다. 일반적으로, 지지대 구멍의 지름을 사용하는 프로브 지름보다 1.5~3배 정도 큰 것을 사용하는 것이 좋다.

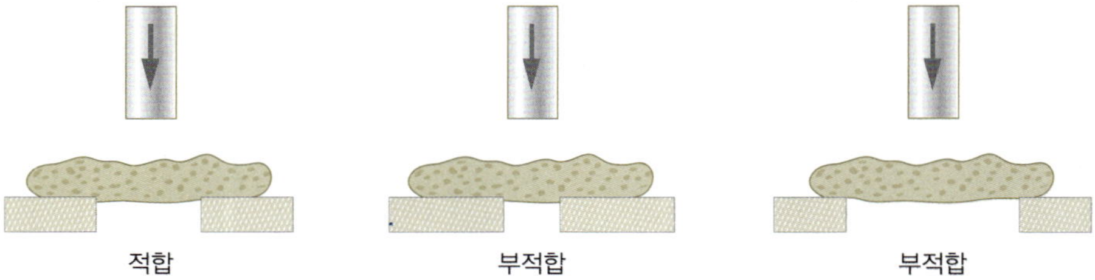

그림 6-7 뚫기 시험에서 두께가 얇은 시료의 지지대

2) 압축 시험

압축 시험compression test은 앞서 설명한 뚫기 시험과 함께 식품 분야에서 가장 널리 사용되는 물성 측정 방법으로 특히, 젤, 빵, 케이크, 두부, 떡 등 고체 형태 식품의 물성 측정에 흔히 이용되고 있다. 그림 6-8에서와 같이 디스크 형태의 프로브를 사용하여 시료를 아래 방향으로 일정한 거리 즉, 일정한 변형률strain이 가해지도록 시료를 누르고, 이때 얻어지는 힘-시간 또는 힘-거리 곡선으로부터 식품의 물성학적 특성을 분석하게 된다. 특히, 얻어지는 곡선에서 가장 큰 힘 값을 식품의 경도hardness, 단단함firmness이라는 개념으로 흔히 설명하고 있다.

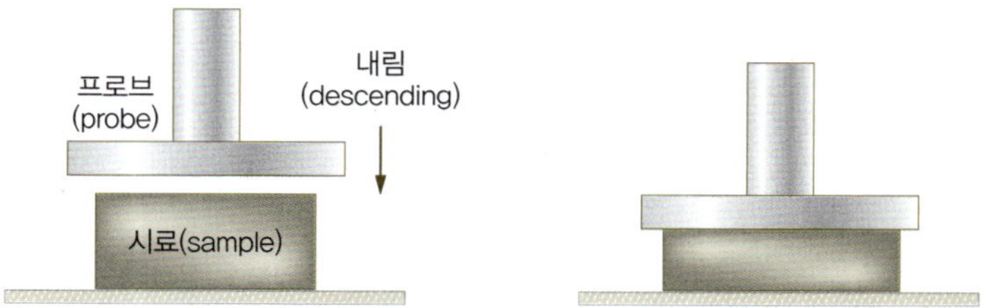

그림 6-8 압축 시험

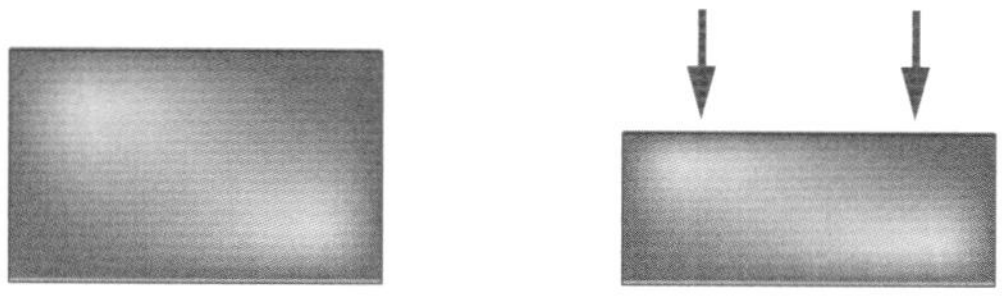

그림 6-9 일축압축 시험

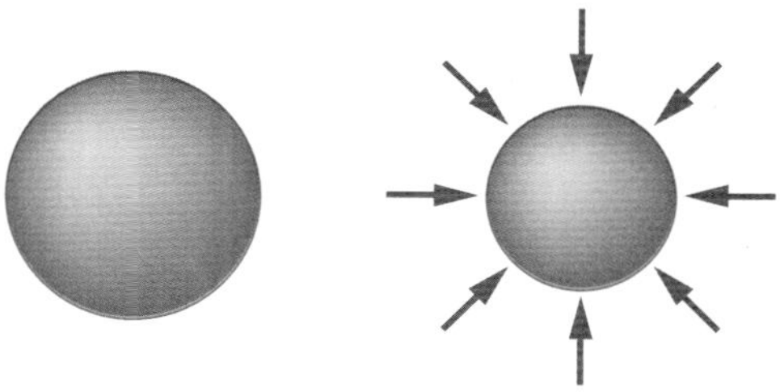

그림 6-10 벌크 압축 시험

(1) 일축압축 시험

프로브로 시료를 누를 때 하나의 축 방향으로만 누르는 일축압축 시험uniaxial compression test의 경우 그림 6-9와 같이 시료 모양의 변화를 일으키게 된다. 앞서 '3.2. 변형 형태에 따른 탄성계수'에서 설명했던 것과 같이 푸아송비가 0.5에 가까우면 부피 변화가 일어나지 않고, 푸아송비 값이 0 값에 가까워질수록 압축되어 부피는 감소하게 된다. 특히, 일축압축 시험의 경우에는 뚫기 시험과 비교하여 순수한 압축력만 작용해야 하기 때문에 사용하는 프로브의 크기는 시료보다 커야 한다.

텍스처 프로파일 분석texture profile analysis방법은 일축압축을 두 번 연속적으로 가하는 방법으로서 식품 산업에서 가장 널리 사용되고 있는데, 좀 더 구체적으로 설명하기 위하여 '7) 텍스처 프로파일 분석'에서 별도로 다루고 있다.

(2) 벌크 압축 시험

벌크 압축 시험bulk compression test에서 시료는 하나의 방향이 아니라 x, y, z 축의 3차원 방향에서 시료를 누르는 힘이 작용하게 된다. 이러한 벌크 압축bulk compression이 작용하면 그림 6-10과 같이 시료의 모양은 변하지 않고, 부피의 변화를 초래하게 된다. 시료가 유체 속에 있을 때 수압이 작용하는 경우가 벌크 압축에 해당하는데, 실제 상황에서 이와 같은 조건을 구현하기가 쉽지 않고 아울러, 식품이 이러한 상황에 놓이는 경우가 드물다. 따라서, 식품의 물성학적 특성을 측정 시 벌크 압축 시험보다는 일축압축 시험을 흔히 사용하고 있다.

3) 인장 시험

인장 시험tensile test, tension test은 인장력tension을 가하여 시료가 끊어질 때까지 잡아당겨

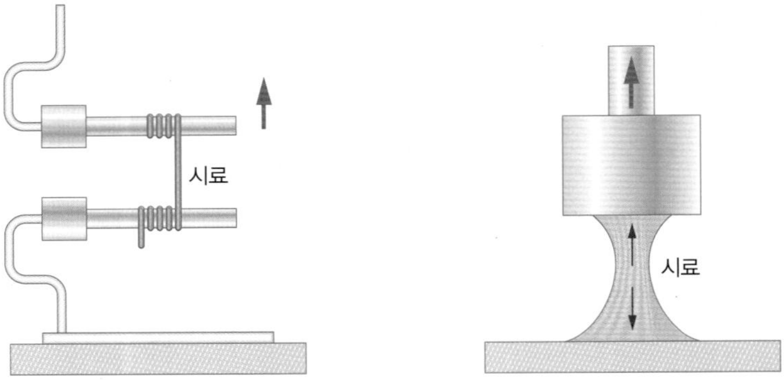

스파게티, 면　　　　　　반죽, 껌

그림 6-11 인장 시험

얻어지는 힘-거리 또는 힘-시간 곡선을 분석하여 시료의 물성을 분석하는 방법이다. 일반적으로 시료가 끊어질 때까지 잡아당겨 얻어지는 가장 큰 힘 값maximum tensile strength과 거리extensibility를 물성 지표로 많이 사용한다.

그림 6-11에서와 같이 인장 시험을 통하여 스파게티 등의 제면 제품 및 치즈의 늘어나는 특성과 반죽, 껌 등의 부착성 등을 측정할 수 있다. 식품 분야 이외에도 접착제 또는 몸에 붙이는 패드 등의 부착력을 측정하는 방법으로도 흔히 이용되고 있다. 인장 시험은 앞에서 설명했던 뚫기 시험, 압축 시험과 비교할 때 다른 점은 시료에 가하는 힘의 방향이 반대 반향이다. 아울러, 인장 시험을 수행하기 전에 시료 위아래 두 부분이 프로브에 고정되어야 한다. 따라서, 이때 가장 주의해야 할 점은 시료를 프로브에 고정시키는 부분이 약해져 이 부분이 끊어지면 정확한 시료의 물성 정보를 얻을 수 없으므로 시료를 잡아당길 때 시료의 중간 부분이 끊어질 수 있도록 해야 한다.

4) 압축-압출 시험

압축-압출 시험compression-extrusion test은 그림 6-12에서 보여 주는 바와 같이 시료를 담는 용기와 디스크 형태의 프로브로 구성되어 있다. 특히, 전방 압출 시험forward extrusion test의 경우 용기 바닥 부분에 시료가 배출되어 나올 수 있는 구멍outlet이 있고, 후방 압출 시험back extrusion test의 경우 프로브가 용기보다 작아 프로브와 용기 사이의 틈으로 시료가 빠져 나올 수 있다. 따라서, 압축-압출 시험의 경우 용기에 담겨 있는 시료를 프로브로 눌러 압축력을 가함으로써 시료가 용기 밖으로 빠져나올 때 측정되는 힘-거리 또는 힘-

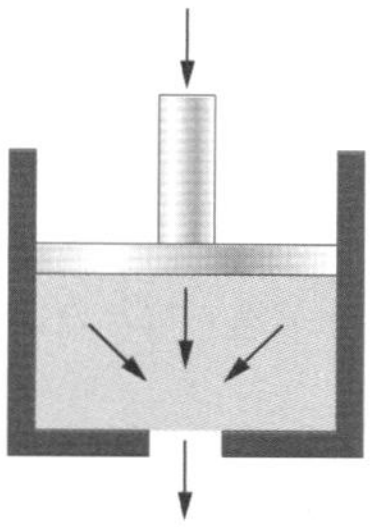

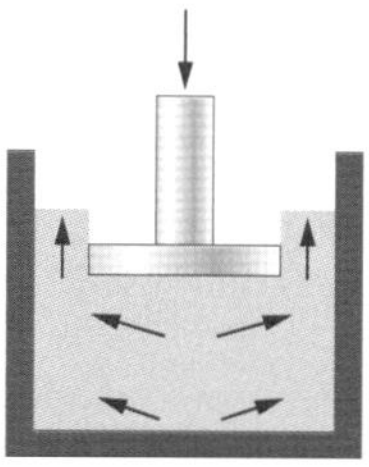

그림 6-12 압축-압출 시험

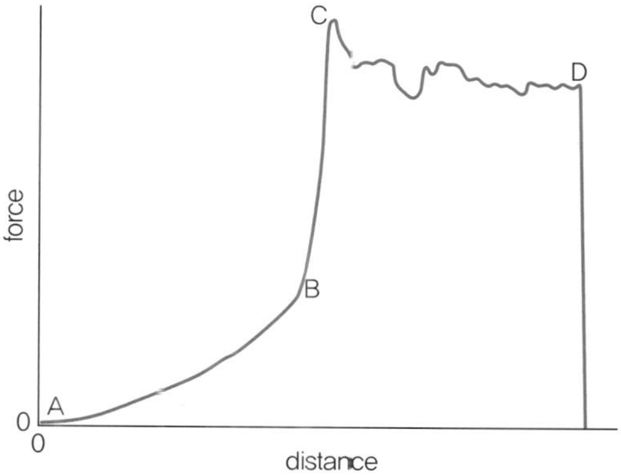

그림 6-13 압축-압출 시험 곡선

시간 곡선으로부터 식품의 물성을 분석하고 있다. 특히, 이 방법의 경우 시료가 눌리는 동안 구조가 파괴되면서 용기 밖으로 빠져나와야 하기 때문에 어느 정도 유동 특성이 있는 시료(점도가 높은 액체, 페이스트 등)에 적합한 방법이고, 빵, 케이크, 쿠키, 캔디 등의 고체 식품에는 적합하지 않다.

그림 6-13은 압축-압출 시험을 통하여 얻어지는 전형적인 곡선을 보여 주고 있다.

- A～B구간 : 압축력에 의해 시료가 눌리면서 용기 안에서 시료가 압축되어 힘 값이 서서히 증가하게 된다.
- B～C구간 : 용기에 있는 시료가 최대한으로 빽빽하게 압축되면서 힘 값이 급격히 증가하게 된다.
- C～D구간 : 용기에 있는 시료가 파괴되어 부서지면서 용기 밖으로 시료가 나오기 시작한다. 따라서, 프로브가 시료를 누르는 힘 값이 서서히 감소하게 된다.
- D 이후 구간 : 시료가 용기 밖으로 대부분 빠져나가면서 힘 값은 0이 된다.

5) 휨-스냅핑 시험

휨-스냅핑 시험bending and snapping test은 막대기bar 또는 얇은 판sheet 형태를 가진 고체 식품의 물성 측정에 흔히 사용되는 방법이다. 이 방법에는 일반적으로 두 가지 형태의 장치가 사용되는데 삼중빔triple beam이라는 장치는 두 개의 지지대 위에 시료를 올려놓고 시료의 가운데 부분을 눌러 시료를 2조각으로 쪼갠다. 캔틸레버cantilever 장치는 시료 한 쪽을 고정시키고 그 반대편을 부러질 때까지 누르는 장치이다. 식품 분야에서는 삼중빔 장

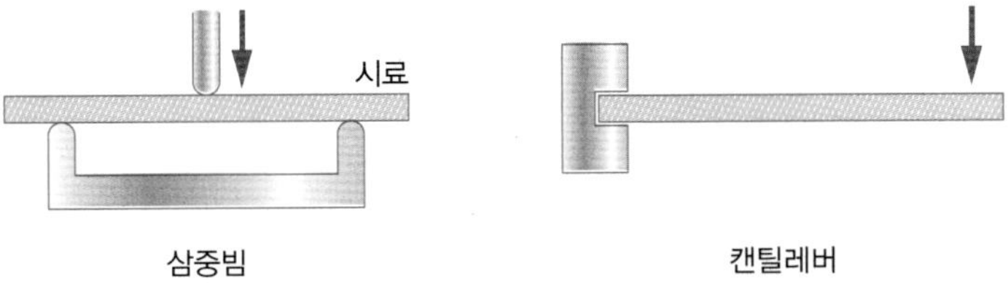

그림 6-14 휨-스냅핑 시험 장치

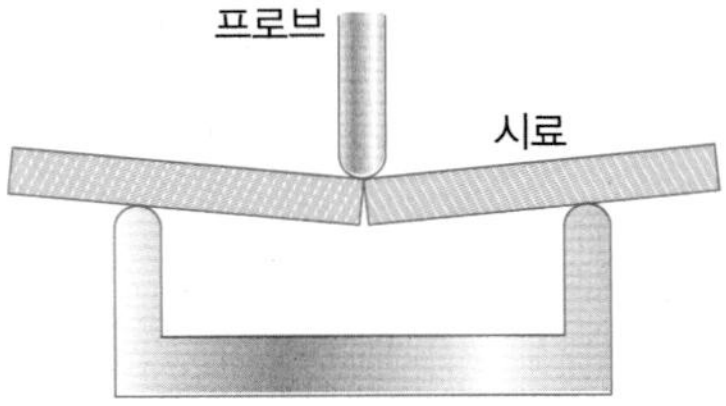

그림 6-15 삼중점 휨-스냅핑 시험의 개요

치가 흔히 이용되는데 특히, 시료와 접촉하는 부분이 3곳이기 때문에 삼중점 휨-스냅핑 시험three-point bending and snapping test이라고도 한다. 아울러, 초콜릿, 시리얼바 등의 양쪽을 두 손으로 잡고 부러뜨리면 '툭' 하는 소리를 내면서 부러지기 때문에 흔히 스냅핑 시험snapping test이라고도 부른다.

휨-스냅핑 시험은 쿠키, 시리얼바, 초콜릿뿐만 아니라 바나나, 오이, 당근 등의 과채류 및 국수, 스파게티 등의 건조된 제면 제품의 물성(breaking force 등) 측정에도 흔히 사용되고 있다. 특히, 수분 및 지방 함량에 따른 제과 제품의 물성 변화, 과채류의 신선도 등을 분석하는 데 유용하게 이용될 수 있다.

6) 절단전단 시험

전단shear이라는 용어는 앞서 '2.1. 응력'에서 설명했듯이 물체 표면에 평행하게 작용하여 물체를 변형시킬 때 사용하지만, 식품 분야에서는 날카로운 기구를 사용하여 식품을 두 조각으로 절단할 때에도 쓰인다(그림 6-16). 이때에는 순수한 전단shear과 구분하기 위

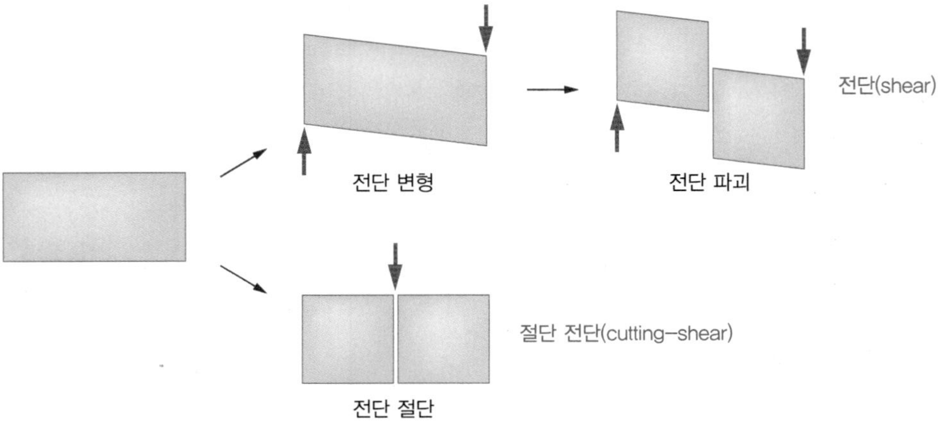

그림 6-16 절단전단 시험

그림 6-17 **다양한 절단전단 시험**

하여 절단전단cutting-shear이라는 표현을 사용한다.

따라서, 절단전단 시험cutting-shear test에서는 칼과 같은 형태의 날카로운 날blade을 가진 프로브를 사용하여 시료를 2조각으로 절단하고 이때 얻어진 힘-시간 또는 힘-거리 곡선을 분석하여 물성과 연관시키는데, 대부분 시료를 자르는 데 필요한 최대 힘 값을 측정한다. 이 방법은 그림 6-17과 같이 1개의 날blade을 가진 프로브를 사용하여 스테이크 등의 고기류, 소시지, 과채류 등에 적용될 수 있으며, 철사 날wire-blade을 가진 프로브를 사용하여 치즈 등에 사용할 수 있다. 특히, 그림 6-17의 육류 제품의 측정에서 사용되는 날 형태의 프로브blade probe 중에서 사각형 형태가 아니라 끝 부분이 세모 형태로 된 것이 있는데 이를 워너-블래츨러 전단 날Warner-Bratzler shear blade이라고 한다. 이 세모 부분은 소시지와 같이 표면이 둥근 형태의 시료가 움직이지 않도록 고정시키는 역할을 한다. 또한, 평면 형태의 날blade 5～10개로 이루어진 크래머 전단 용기Kramer-shear cell의 경우 아침 식사용 곡물breakfast cereal 또는 콩bean, 밥류cooked rice grain 등의 알갱이 형태를 가진 식품에 적용할 수 있다.

7) 텍스처 프로파일 분석

텍스처 프로파일 분석texture profile analysis은 식품을 입안에 넣고 치아로 씹는 저작 작용mastication을 모방한 식품 물성의 측정 방법으로서 흔히 약자 TPA라고 부른다. 그림 6-18에서 보여 주는 바와 같이 측정하고자 하는 식품을 한입 크기bite-size로 만든 후 압축력을 두 번 연속적으로 가하여 식품의 물성학적 특성을 분석하는 방법이다. 따라서, 두 번 씹기 시험two-bite test이라고도 널리 불린다. 특히, 한 가지 혼동하지 말아야 하는 것은 텍

그림 6-18 텍스처 프로파일 분석

스처 프로파일 분석은 물성을 측정하는 방법이지 장치를 의미하지 않는다. 일반적으로 '6.3. 식품 물성 측정장치'에서 설명하는 텍스처 분석기texture analyzer라는 기기를 사용하여 TPA 측정을 수행할 수 있다.

그림 6-19는 텍스처 프로파일 분석을 통하여 시료를 두 번 압축하여 얻어진 전형적인 힘-거리 곡선을 보여 주고 있다. 첫 번째 압축first compression 동안에는 프로브가 설정된 일정한 거리를 내려오면서 시료를 압축함으로써 힘 값이 증가하고 프로브가 올라가면서 힘 값이 감소하게 되어 하나의 피크peak가 형성된다. 두 번째 압축second compression에서도 프로브가 내려갔다 올라가면서 피크 하나가 더 생성된다. 따라서, 텍스처 프로파일 분석을 통하여 2개의 피크를 얻을 수 있는데, 이러한 텍스처 프로파일 곡선을 분석하여 식품 시료에 대한 다양한 물성학적 특성을 나타내는 변수(부서짐성, 경도, 부착성, 응집성, 탄력성, 점착성, 씹힘성, 순간복원력)를 얻을 수 있다.

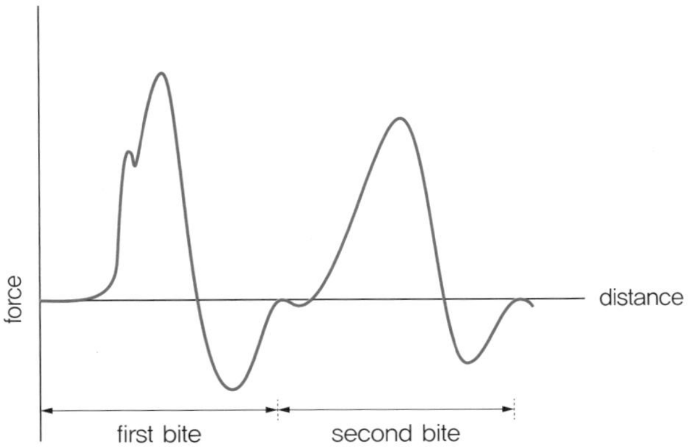

그림 6-19 텍스처 프로파일 분석 곡선

(1) 부서짐성

TPA 곡선에서 첫 번째 피크 앞 부분에 조그만 피크 형태(F1)로 관찰되는 부서짐성fracturability은 깨짐성brittleness이라고도 한다(force as the first significant break in the first positive bite area ; 그림 6-20). 이것은 프로브가 시료를 압축하면서 갑자기 시료의 일부분이 먼저 부서지는 현상이 발생하는 것으로서 껍질이 있거나 표면에 비교적 단단한 시료의 경우 압축되면서 표면 일부분이 먼저 부서지기 때문이다. 따라서, 부서짐성은 TPA 곡선에서 항상 나타나는 것이 아니라, 시료의 특성에 따라 달리 관찰된다. 소시지, 사과, 쿠키 등에서 부서짐성이 나타나는 것을 쉽게 볼 수 있고 두부의 경우에도 종류에 따라 부서짐성이 관찰될 수 있다. 하지만, 식빵, 케이크, 머핀 등에서는 일반적으로 관찰되지 않는다. 부서짐성은 피크의 힘 값을 사용하기 때문에 단위는 [N]이며, 일반적으로 부서짐성이 높은 식품일수록 이후 설명할 응집성과 부착성이 낮게 관찰되는 경향을 보인다.

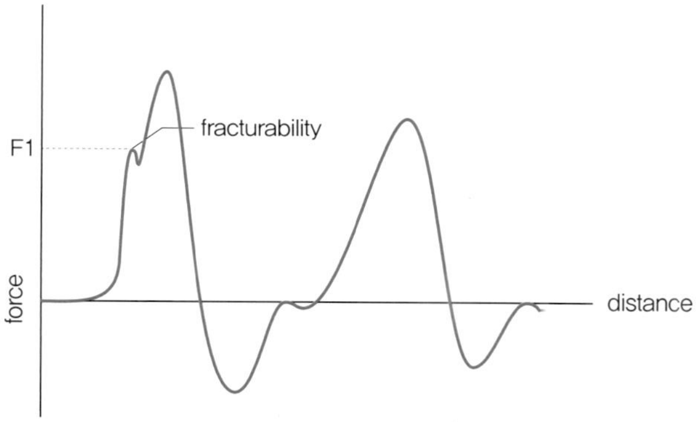

그림 6-20 TPA에서 부서짐성

(2) 경도

경도hardness는 시료의 경도, 단단함을 나타내는데 문헌에 따라서는 단단함firmness으로 표현하기도 한다. 주어진 조건에서 시료를 압축할 때 필요한 가장 큰 힘(the peak force during the first compression cycle)을 나타낸다. 경도는 TPA 곡선에서 첫 번째 피크의 최대 힘 값(F2)으로부터 측정되며 단위로는 [N]을 사용한다. TPA 측정을 하는 대부분의 경우 경도 값을 중요한 물성 지표로서 고려하고 있기 때문에 식품의 물성학적 특성을 나타내는 대표적인 값으로 가장 보편적으로 사용되고 있다. 기본적으로 경도 값이 클수록 시료가 '단단하다', '딱딱하다', '견고하다' 등으로 해석되며, 경도의 반대 개념으로서 경도 값이 작을수록 '부드럽다soft', '연하다tender' 등으로 설명할 수 있다. 하지만, 시료에 따라서 다른 특성(면을 조리 시 익은 정도 등)과도 연관시킬 수 있다.

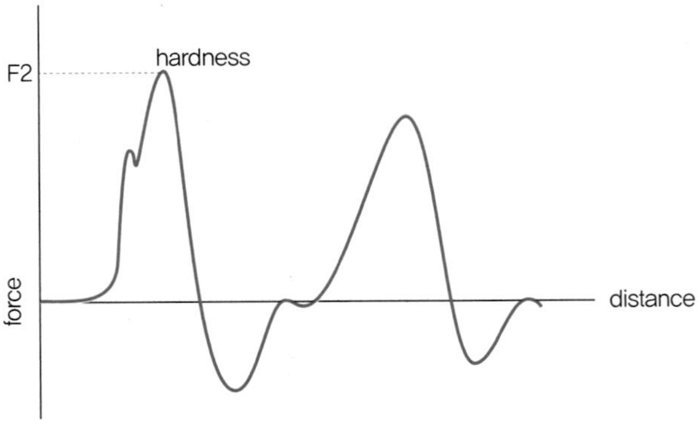

그림 6-21 TPA에서 경도

(3) 부착성

부착성adhesiveness은 TPA 곡선에서 첫 번째 및 두 번째 피크 사이에 힘 축에서 음negative의 방향에 위치한 피크의 면적(A3)을 나타낸다(the negative force area for the first bite). 그림 6-22에서와 같이 일반적으로 프로브가 시료와 닿게 되면 위쪽으로 힘이 작용하는데 이 방향이 양positive의 힘 방향이고, 반대로 아래쪽으로 잡아당기면 음의 힘 방향이다(물론 기기의 설정에서 음과 양의 방향을 반대로 바꿀 수 있음). 만약, 시료가 끈적끈적한 특성이

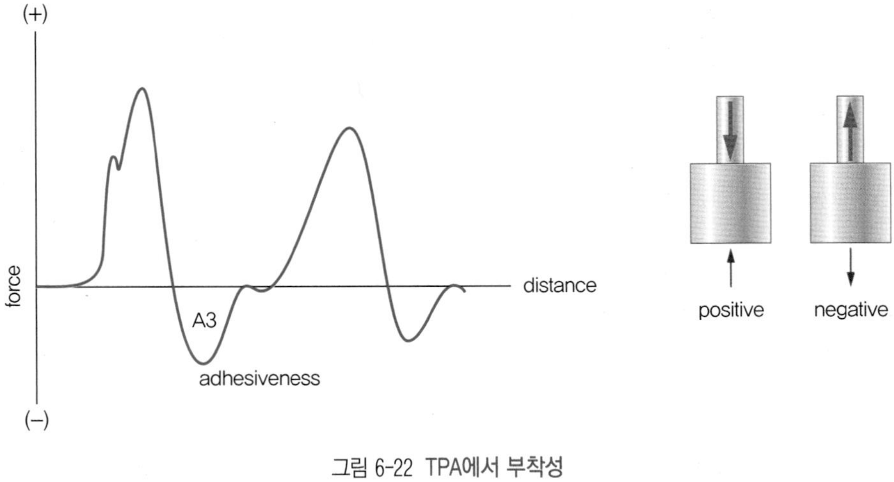

그림 6-22 TPA에서 부착성

있으면 첫 번째 압축 과정에서 프로브가 시료를 압축하고 올라가는 동안 시료가 프로브에 붙게 되어 프로브를 아래 방향으로 잡아당긴다. 따라서, 프로브에는 아래 방향으로 힘이 작용하게 되어 음의 방향으로 피크가 하나 생기게 되는데 그 면적을 부착성이라고 하며 면적 값은 힘과 거리의 곱으로 나타낼 수 있고 단위는 [J]이다. 떡과 같이 찰기가 있는 시료나 지방을 많이 함유한 제품, 크림 치즈, 조리면 등의 분석에서는 부착성 값이 중요한 변수가 될 수 있다.

(4) 응집성

응집성cohesiveness은 식품 내부 결합의 강도strength of internal bonds를 나타내는 지표로서 TPA 곡선에서 두 피크 넓이의 비(A2/A1)로 나타내어진다(the ratio of the positive force area during the second compression cycle to the positive force area during the first compression cycle). 식품의 내부 결합이 약하면 TPA의 첫 번째 압축 과정에서 내부 구조가 많이 파괴되어 두 번째 압축 피크는 작아지겠지만, 내부 결합이 강하면 첫 번째 압축 시 파괴되지 않아 두 번째 압축에도 영향을 주게 되어 두 번째 피크 면적이 비교적 크게 나타날 것이다. 응집성은 응력에 저항할 수 있는 구조가 필요한 식품들의 중요한 특성이다. 예를 들어 응집성이 비교적 높은 빵의 경우 포장이나 운반 중 물리적 충격으로부터 외형 손상을 줄일 수 있고, 쿠키의 경우 한 번 씹을 때 완전히 산산조각으로 부서지는 것을 막을 수 있으며, 케이크의 경우 표면에 크림을 바를 때 외형이 허물어지지 않을 것이다. 식품의 내부 구조가 강하면 강할수록 응집성은 1.0에 가까워질 것이고, 내부 구조가 약해질수록 작아져 0에 가까워지게 된다. 응집성은 넓이의 비ratio로부터 얻어지기 때문에 단위가 없

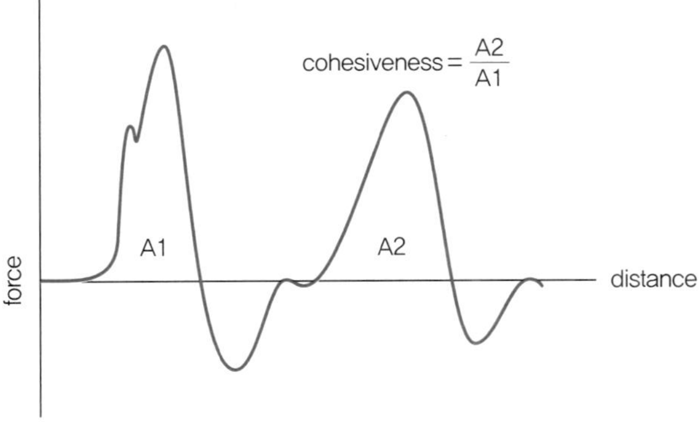

그림 6-23 TPA에서 응집성

는 무차원 수이다.

(5) 탄력성

탄력성springiness은 시료에 가해진 힘이 제거된 후 처음 상태로 되돌아오는 탄성elasticity를 나타낸다. 탄력성은 2가지 형태로 나타낼 수 있는데 두 번째 피크의 시작점과 최고점 사이의 거리(D2, mm)로 나타내던가(the height to which the food recovers during the time that elapses between the end of the first bite and the start of the second bite), 아니면 첫 번째 및 두 번째 피크의 시작점과 최고점 사이의 거리 비(D2/D1)로 나타낼 수 있다(the ratio of the height the sample springs back after the first compression). 두 번째 방법으로 나타낼 경우 시료가 탄력성이 커질수록 탄력성 값은 1.0에 가까워지며, 탄력성이 작아질수록 1.0보다 작은 값을 가지게 된다. 젤리, 제빵 관련 베이커리 제품, 밀가루 반죽, 두부, 면 등의 식품에서 중요한 지표로 사용될 수 있다. '제5장 식품의 점탄성'에서 설명했던 점탄성과 TPA와의 연관성을 찾고자 할 때 저장계수(G′)storage modulus와 탄력성 값을 비교할 수 있을 것이다.

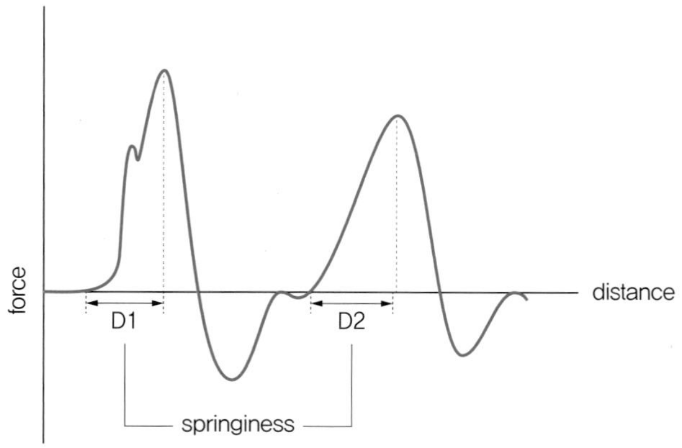

그림 6-24 TPA에서 탄력성

(6) 점착성

점착성gumminess은 반고체semi-solid 식품을 삼키기 위한 상태가 될 때까지 분해하는 데 필요한 힘(force needed to disintegrate a semisolid food to a state ready for swallowing)으로 정의하고 있다. 이때 반고체 식품은 낮은 경도를 갖고 탄력성이 거의 없어 씹을 때 영구적 변형permanent deformation이 일어나는 식품을 의미한다. 점착성은 경도 값과 응집성 값을 곱한 값으로서 단위는 [N]을 갖게 된다. 따라서, 점착성의 의미를 좀 더 구체적으로 생각해 본다면 경도×응집성이기 때문에, 점착성은 0～경도 사이의 값을 갖게 된다. 따라서, 응집성이 1인 식품의 경우 점착성은 경도와 같기 때문에 주어진 변형 조건으로 매번 씹을 때 첫 번째 피크의 경도에 해당하는 힘을 계속 주어야 한다. 하지만, 응집성이 0.5일 경우 점착성은 경도×0.5의 값을 가지게 되어 한 번 씹을 때마다 바로 이전에 저작 시 필요했던 경도 값의 절반에 해당하는 힘만 주어도 된다는 의미이다.

(7) 씹힘성

씹힘성chewiness은 고체solid 식품을 삼킬 때까지 씹는 데 필요한 에너지(work needed to masticate a solid food to a state ready for swallowing)로 정의되어 있다. 앞서 구한 점착성(N)에 탄력성(mm)을 곱한 것으로 단위는 [J]로 변환될 수 있다. 특히, 여기서 한 가지 주의해야 할 것은 점착성은 반고체 식품, 씹힘성은 고체 식품을 나타낸다. 따라서, 같은 시료에 대하여 TPA 지표를 제시할 때 점착성과 씹힘성을 동시에 사용하지 말고 시료의 특성에 가장 적합하다고 판단되는 한 가지 지표만을 사용해야 한다.

(8) 순간복원력

순간복원력resilience은 첫 번째 피크의 정점을 기준으로 해서 좌우 면적을 나눈 값(A1b/A1a)으로서 순간탄력성instant springiness을 나타낸다고 할 수 있다. 시료가 원래 상태로 돌아오는 특성이 매우 빠른 경우, 첫 번째 피크에서 시료를 누른 후 프로브가 올라올 때 시

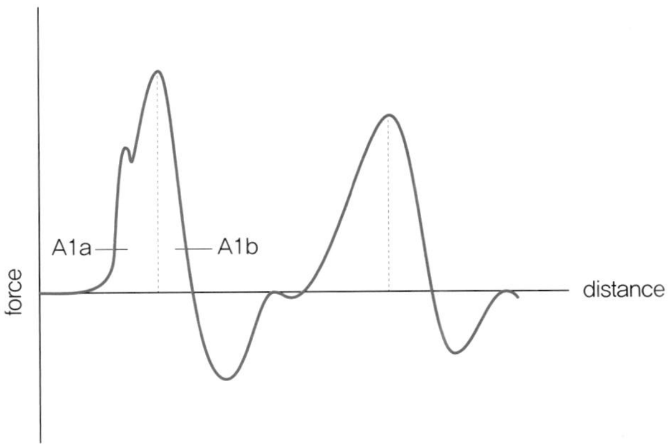

그림 6-25 TPA에서 순간복원력

료가 복원되면서 프로브에 가하는 힘이 지속적으로 유지될 수 있기 때문이다. 이러한 점에서 TPA 변수 중 하나인 탄력성과는 구별되는 개념이다. 한 번의 압축으로 얻을 수 있어 전형적으로 사용되는 TPA 변수에는 일반적으로 포함되지는 않지만, TPA 곡선에서 분석될 수 있어 다른 TPA 변수들과 같이 흔히 사용되고 있다.

그림 6-26은 TPA 곡선 및 변수들을 요약하여 종합적으로 보여 주고 있으며 표 6-4는 TPA 변수의 단위를 보여 준다.

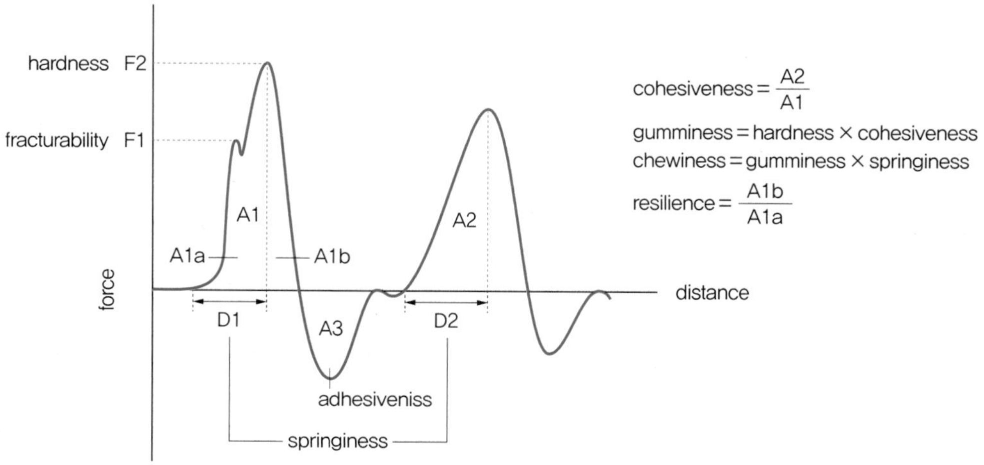

그림 6-26 TPA 곡선 및 변수 요약

문제 어떤 시료를 분석하여 아래와 같은 TPA 곡선을 얻었다. 이를 바탕으로 TPA 변수를 계산하시오. (A1 = 30 J, A1′ = 20 J, A2 = 3 J, A3 = 30 J, A4 = 1 J, S = 7 mm)

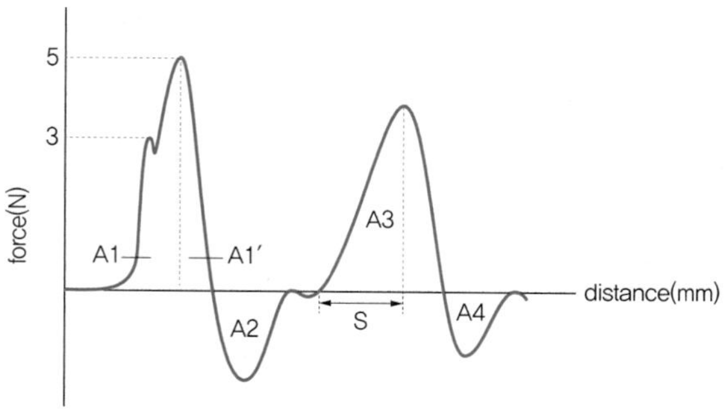

풀이

부서짐성(fracturability) = 3 N

경도(hardness) = 5 N

부착성(adhesiveness) = 3 J

응집성(cohesiveness) = $\frac{30}{(30+20)} = 0.6$

탄력성(springiness) = 7 mm

점착성(gumminess) = 5 × 0.6 = 3 N

씹힘성(chewiness) = 5 × 0.6 × 7 = 21 N·mm

순간복원력(resilience) = $\frac{20}{30} = \frac{2}{3}$

표 6-4 TPA 변수의 단위

TPA 변수	측정 변수	SI 단위
부서짐성(fracturability)	힘(force)	N
경도(hardness)	힘(force)	N
부착성(adhesiveness)	일(work)	J
응집성(cohesiveness)	넓이의 비율(ratio of area)	단위 없음
탄력성(springiness)	거리(distance) 또는 거리의 비율(ratio of distance)	mm 또는 단위 없음
점착성(gumminess)	힘(force)	N
씹힘성(chewiness)	일(work)	J
순간복원력(resilience)	면적의 비(ratio of area)	단위 없음

(9) 텍스처 프로파일 분석 시 고려 사항

① TPA 방법의 적합성 : 식품의 물성을 분석 시 TPA라는 방법이 가장 보편적으로 널리 사용되고 있지만, 시료에 따라서 TPA 방법이 적합하지 않을 수 있다. 아몬드, 사탕, 퓌레 등은 탄력성, 응집성, 점착성과 같은 주요 TPA 지표를 가지고 있지 않기 때문에 이런 시료들의 경우 TPA가 가장 적합한 물성 측정 방법이 아닐 수 있으므로 다른 종류의 물성 측정 방법을 고려해야 한다. 예로, 아몬드와 사탕은 한 번만 누르는 압축시험, 퓌레는 점도 또는 점탄성 측정, 초콜릿과 같이 부러지는 시료의 경우 휨-스냅핑 시험 등의 방법이 TPA보다는 해당 시료에 대한 대표적인 물성학적 정보를 줄 수 있다.

② 시료 준비 : TPA뿐만 아니라 다른 식품의 물성학적 방법에서 신뢰할 만한 결과를 얻기 위해 가장 주의해야 하는 사항 중 하나는 아마도 균일한 시료를 일관되게 준비하는 것이다. 아울러, 그렇게 준비된 시료를 TPA 방법에 적용하기 위해서 일관된 형태 및 크기를 가지도록 만들거나 또는 자르거나 하는 절차도 매우 신경 써야 할 부분이다. 칼 등의 날카로운 도구를 사용하여 직육면체의 형태나, 쿠키커터cookie cutter 등으로 원기둥 형태로 만드는 방법이 널리 사용되고 있으며, 젤과 같은 시료의 경우 액체 상태에서 굳기 전에 일정한 형태의 틀에 넣어 시료를 만드는 방법도 활용되고 있다.

③ 모서리 효과edge effect : 측정하고자 하는 시료의 크기가 클 경우 일정 부분을 선택해야 하는데, 전체 시료 중 어느 부분을 선택하여 측정하느냐에 따라서 물성 결과

에 영향을 줄 수가 있다. 특히, 가공 처리 과정을 거친 시료 즉, 베이킹baking, 스팀 처리steaming 등의 과정을 거친 시료의 경우 겉과 내부의 상태가 확연히 다르기 때문에 가운데 부분을 선택하느냐, 바깥쪽 부분을 선택하느냐에 따라서 서로 상반된 결과를 얻을 수도 있다. 일반적으로 바깥쪽 부분의 경우 크러스트crust 형성 등에 의한 모서리 효과를 초래할 수가 있기 때문에 준비된 전체 시료의 바깥쪽에 가까운 부분을 선택하는 것은 피하고, 아울러 가공 처리된 후 물성 측정하기까지의 시간 간격도 일관되게 하는 것이 매우 중요하다.

④ TPA 설정 조건 : 물성 분야에서 응력, 변형률 등의 변수를 사용하는 이유가 시료의 크기 등에 상관없이 일종의 표준화된 지표로 나타내기 위함이다. 하지만, TPA에서는 N, mm, sec 등의 단위를 가진 지표를 사용하기 때문에 시료 크기 및 모양, 크로스헤드crosshead 속도, 프로브 종류, 변형 정도 등의 모든 TPA 설정 조건을 같게 해주어야만 시료 간의 비교가 가능하다.

⑤ 시험 속도test speed : 시험 속도가 증가하면 측정되는 힘 값도 증가하는데 대부분의 실험에서 시험 속도는 10~250 mm/min의 범위 값을 사용하고 있다. 아울러, TPA 변수를 정확히 계산하기 위해서는 시험 속도를 내릴 때와 올릴 때 즉, 시험 속도와 시험 후 속도post-test speed를 같게 한다.

⑥ 트리거 힘trigger force : TPA 피크의 시작은 프로브가 시료에 닿는 순간이다. 측정하는 과정을 실험자의 입장에서 지켜보면 언제 프로브와 시료가 서로 닿는지 명확히 알 수 있지만, 기계의 경우 트리거 힘을 통하여 프로브가 시료와 닿는 시점을 결정하게 된다. 따라서, 단단하지 않은 시료의 경우 트리거 힘을 너무 높게 설정하면 시료와 프로브가 실제로는 닿았지만, 기계는 아직 닿지 않았다고 인식할 수 있다. 그렇다고 트리거 힘을 너무 낮게 설정하면 조그만 충격에도 트리거 힘을 넘을 수 있어 프로브와 시료가 닿기도 전에 측정이 시작될 수 있다. 따라서, 시료에 맞는 적절한 트리거 힘으로 설정하는 것도 중요하다.

⑦ TPA 사이클 사이의 시간 간격 : TPA에서는 압축력을 두 번 연속적으로 가하게 되는데 두 압축력 사이의 시간 간격 설정에 대한 주의가 필요하다. 두 압축력 사이의 시간이 너무 길면 관능 평가에서는 다르다고 느껴진 탄력성이 TPA에서는 비슷하다고 분석될 수 있다. 반대로 그 시간이 너무 짧으면 첫 압축력 후에 시료가 복귀할 시간이 적어 관능검사와의 연관성이 떨어질 수 있다.

⑧ 프로브 선택 : TPA도 일종의 압축력을 이용한 방법이기 때문에 시료의 크기보다 큰 프로브를 사용해야 한다. 하지만, 머핀, 빵 등의 시료에서는 프로브가 시료를 부서뜨리면서 시료 안으로 들어간다는 전제하에 시료보다 작은 프로브를 사용하는 것이 용납될 수 있다. 또한, 크래머 전단 용기Kramer shear cell, 다중 뚫기 용기multiple puncture cell, 칼날knife blade, 전방 압출 용기forward extrusion cell 등은 TPA 방법이 모방하고자 하는 저작 행동을 나타낼 수가 없어 TPA에 사용되는 프로브로 적합하지 않다.

⑨ 변형률 선택 : 처음에 시도되었던 TPA 연구의 경우 80～90%의 변형률을 사용하였다. 이것은 입안에서 식품을 저작하여 삼키기까지는 충분히 씹어야 하기 때문에 대부분 높은 값의 변형률을 사용하였다. 따라서, 삼키기 전까지 저작에 의해 식품이 부스러지는 물성학적 특성을 분석하는 것이 목적일 경우 60～80% 정도가 적당하지만, 저작 활동에 기인한 물성의 차이만을 살펴본 많은 연구에서는 50% 전후의 낮은 변형률 값을 사용하고 있다. 따라서, TPA를 본격적으로 시작하기 전에 예비실험으로 다양한 변형률 값을 시도해 보고, 측정하고자 하는 시료와 실험 목적에 맞는 변형률 값을 선택하는 것이 필요하다.

⑩ 시료 지지대 선택 : TPA를 수행 시 시료가 만약 끈적이는 성질을 너무 많이 가지고 있거나, 변형률을 과도하게 주는 경우 첫 번째 압축 이후에 시료가 프로브 표면에 붙어 프로브와 같이 딸려 올라갈 수 있다. 그럴 경우 시료 자체의 무게가 프로브 힘 값에 영향을 주게 되어 이후 측정되는 TPA 변수 값이 영향을 받는다. 따라서, 시료가 프로브에 붙어 올라가지 않고 시료 지지대에 항상 붙어 있을 수 있도록 해야 한다. 이를 위하여 지지대 위에 다른 재질로 된 평판 등을 놓고 사용하면 이 문제를 해결할 수 있다.

⑪ TPA 변수 값의 해석 : TPA 방법을 수행하기 위해서 '6.3. 식품 물성 측정장치'에서 설명하는 텍스처 분석기, 만능 시험기 등의 기기 장치를 사용하는데 이들 장치들은 TPA 측정이 끝나면 자동적으로 앞서 언급한 계산식에 의해서 모든 TPA 값을 계산하여 보여 주게 된다. 따라서, 시료에 따라 필요 없는 TPA 변수가 있을 수 있지만 시료에 상관없이 TPA 프로그램은 모든 TPA 변수 값을 제시하게 되어 있다. 예로, 일반적인 경우 빵이나 면의 경우 부서짐성이 관찰되지 않고 과채류의 경우 부착성은 크게 중요하지 않다. 하지만, TPA 측정 후에는 이러한 값들이 실험자의 의도와는 상

관없이 자동적으로 계산되어 주어지게 된다. 따라서, 이럴 경우 계산된 값을 모두 사용하는 것이 아니라 측정하는 시료에 맞는 TPA 변수 값을 실험자가 직접 선택하여야 한다.

6.3. 식품 물성 측정장치

현대 식품 산업에서는 다양한 식품의 물성을 측정하기 위한 기계적 장치들이 개발되어 사용되고 있다. 물성 측정장치들은 크게 수직응력normal stress과 전단응력shear stress 중 어느 것을 물체에 가할 수 있느냐에 따라 구분될 수 있는데, 최근에는 한 가지 장치에서 수직응력과 전단응력을 동시에 줄 수 있는 장치도 개발되어 사용되고 있다. 식품 물성에 대한 연구가 시작되었던 초기 시절에는 다른 분야에서 먼저 개발되어 사용되었던 만능 시험기universal testing machine를 식품에 적용하여 식품 물성을 측정하였지만, 현재에는 식품에 최적화된 텍스처 분석기texture analyzer, 회전형 레오미터rotational rheometer 등을 비롯한 다양한 물성 측정 장비를 쉽게 찾아볼 수 있다.

다양한 식품 중에서 스낵, 빵, 면 등과 같은 곡류 기반 식품을 만드는 과정을 보면 주원료로서 곡류 가루를 다른 원료들과 혼합하는 반죽 과정을 거쳐 성형, 열처리 등의 과정을 통하여 최종 제품을 제조한다. 최종 제품의 경우 이전까지 다룬 다양한 물성 측정 방법을 통하여 그 품질 특성을 분석할 수 있고 이를 소비자의 관능 특성과 연관시킬 수 있다. 이러한 가운데 최종 제품 전 단계인 곡류 가루 상태 또는 반죽 상태에서 물성을 분석하여 최종 제품의 특성과 연관 지을 수 있다면 원료를 표준화하고, 공정 중 최종 제품의 품질 특성을 객관적으로 예측할 수 있고, 일관된 품질의 제품을 얻을 수 있도록 공정을 제어할 수 있기 때문에 학문적인 관점에서뿐만 아니라 산업적 관점에서도 큰 도움이 될 것이다.

따라서, 여기에서는 밀가루, 쌀가루 등 곡류 가루 및 이들 제품의 중간 단계인 반죽의 물성을 측정하는 다양한 기계적 장치에 대해서도 소개하고자 한다. 특히, 산업적으로 곡류 가루 및 반죽 상태의 특성을 분석하기 위해 널리 사용되고 있는 패리노그래프farinograph, 믹소그래프mixograph, 엑스텐소그래프extensograph, 알비오그래프alveograph뿐만 아니라 최근에 개발되어 사용되고 있는 믹소랩mixolab에 대하여 소개하고, 곡류 현탁액 분석을 위한 신속 점도계rapid visco-analyzer, 전분 페이스팅 용기starch pasting cell 등도 다루고자 한다.

일반적으로 이들 기기들은 다양한 곡류 가루의 품질 분석에 사용될 수 있지만, 전 세계적으로 밀가루가 가장 큰 시장을 형성하고 있으며 오랜동안 밀가루에 대한 연구가 진행되어 방대한 정보가 축적되어 왔기 때문에 대부분의 기기들이 밀가루를 중심으로 표준화되어 설명되고 있다.

1) 만능 시험기

시료의 다양한 물성학적 특성을 객관적으로 측정하기 위해서는 기계적 장치가 필요한데, 앞에서 언급된 방법들은 압축력, 인장력 등의 수직력normal force을 가하는 방법들이다. 이러한 수직력을 이용하여 다양한 시료의 물성을 분석하기 위하여 만능 시험기universal testing machine, UTM가 개발되어 널리 사용되고 있다(그림 6-27). 만능 재료 시험기라고도 불리는 UTM은 수직력을 가하여 다양한 시료의 물성을 분석하는 다목적 기기인데, 식품뿐만 아니라 금속, 건축, 재료 등 다양한 분야에서 이용되고 있는 기기이다. 만능 시험기는 인스트론Instron이라는 회사 제품이 보편적으로 많이 쓰이고 있기 때문에 만능 시험기라는 이름 대신 '인스트론'이라는 이름으로 흔히 불리기도 한다.

만능 시험기는 다음과 같은 4가지 기본 요소로 구성되어 있다.

① 로드셀load cell : 시료에 받은 힘을 일정한 전기 신호로 변환시켜 주는 일종의 변환기transducer이다. 저울에 추를 올려놓으면 해당 무게 값을 보여 주는 것처럼 로드셀에 힘을 가하면 그에 비례하여 일정한 힘 값을 표시해 준다. 시료마다 매우 넓은 범위의 강도를 가지고 있기 때문에, 다양한 강도 범위를 가진 로드셀이 존재하며 측정하고자 하는 시료 강도에 맞는 로드셀을 선택하여 사용하여야 한다. 아울러, 로드셀이 정확한 힘 값을 표시하는지 측정하기 전에 확인하는 과정이 필요하며 이를 위해 일정한 무게의 추를 올려놓았을 때 그에 해당하는 힘 값을 표시해 주는지 확인하고 보정calibration해 주는 과정이 필요하다.

그림 6-27 만능 시험기

자료 : Instron

② 프로브probe : 시료와 직접 접촉하여 힘을 가함으로써 시료를 변형시키는 장치이다. 측정하고자 하는 물성 방법 및 시료에 따라서 다양한 형태의

프로브가 개발되어 사용되고 있으며, 실험자가 직접 고안하여 사용할 수도 있다.

③ 크로스헤드crosshead : 시료를 변형시키기 위하여 위아래로 움직이는 부분을 가리킨다. 다양한 형태의 프로브를 크로스헤드에 연결하여 측정하고자 하는 속도, 힘 방향 등을 변화시킬 수 있다.

④ 측정 및 기록 장치measuring and recording system : 측정된 값(힘, 거리, 시간 등)을 기록하는 장치로서 대부분 컴퓨터로 연결되어 실시간 모니터링 및 분석이 가능하다.

이러한 만능 시험기는 하나의 특정한 기기를 가리킨다기보다는 압축력, 신장력을 토대로 하여 다양한 시료의 물성을 측정할 수 있는 장치를 통칭한다고 할 수 있다. 분야에 따라서 측정되는 시료의 종류 및 그 특성이 매우 다양하기 때문에 여러 형태로 제조되고 있다. 특히, 식품, 화장품, 의약 분야의 경우 다른 분야에 비하여 시료 크기가 작고 변형시키는 데 필요한 힘도 적게 들기 때문에 텍스처 분석기texture analyzer라는 기기가 널리 사용되고 있다.

2) 텍스처 분석기

텍스처 분석기texture analyzer는 식품을 포함한 바이오 관련 시료에 특화된 물성 측정장치이다. 따라서, 텍스처 분석기는 만능 시험기와 같은 구조로 되어 있으나, 사용되는 시료가 다른 분야의 시료에 비해서 크기가 작고, 강도가 비교적 약하기 때문에 이에 적합하도록 콤팩트한 형태로 구성되어 있다(그림 6-28).

식품 시료를 플랫폼에 올려놓고 로드셀에 연결된 프로브를 아래compression 또는 위tensile 방향으로 움직임으로써 시료에 힘을 가하여 변형시키고 그에 따른 반응을 힘, 거리, 시간

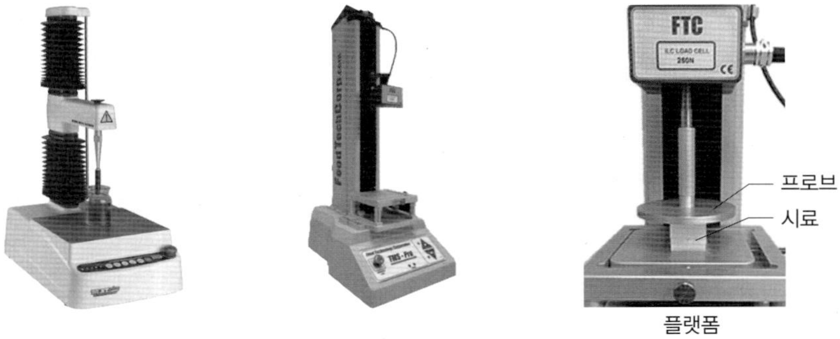

그림 6-28 텍스처 분석기
자료 : MHK, MCIK

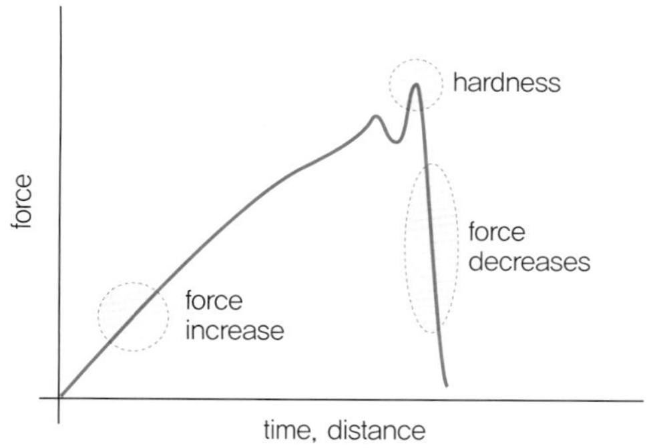

그림 6-29 텍스처 분석기를 통해 얻어진 곡선

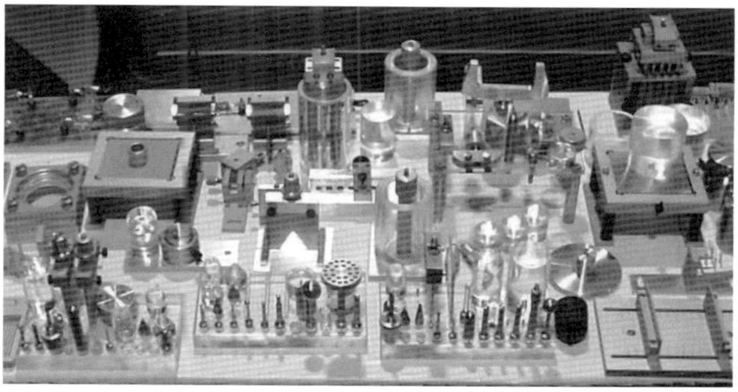

그림 6-30 텍스처 측정기에 사용되는 다양한 형태의 프로브

등의 물리적 변수로 측정한다. 그림 6-29은 텍스처 분석기를 사용하여 시료에 압축력을 가했을 경우 얻어지는 곡선으로서 힘-거리 또는 힘-시간 형태의 곡선을 얻을 수 있고 이 곡선의 힘, 거리, 기울기, 면적 등을 분석하여 식품의 물성학적 특성과 연관시킬 수 있다.

텍스처 분석기도 만능 시험기와 같이 다양한 형태의 물성 측정 방법을 구현할 수 있다. 그림 6-30은 다양한 형태의 프로브를 보여 주고 있는데, 수행하고자 하는 측정 방법에 맞는 프로브를 선택하여 텍스처 측정기에 장착하여 물성을 측정한다.

3) 레오미터

물체의 물성을 측정하는 기기 또는 장치를 통칭하여 레오미터rheometer라고 부른다. 하지만, 통상적으로 전단력을 가하여 시료의 점도와 점탄성을 측정할 수 있는 회전형 물성 측정장치를 일컬어 레오미터라고 한다. 그림 6-31은 레오미터를 보여 주고 있는데, '4.6. 점도 측정장치'에서 언급된 평판형parallel plate, 원추-평판형cone and plate, 원통형concentric cylinder 등 다양한 기하 형태geometry를 회전형 레오미터에 장착하여 시료에 전단력을 가하고 이때 얻어지는 토크torque 값을 측정하여 점도와 점탄성 값을 얻을 수 있다.

그림 6-31 평판이 장착된 레오미터
자료 : TA Instruments Korea

일반적으로 레오미터는 변형률-제어 레오미터strain-controlled rheometer, 응력-제어 레오미터stress-

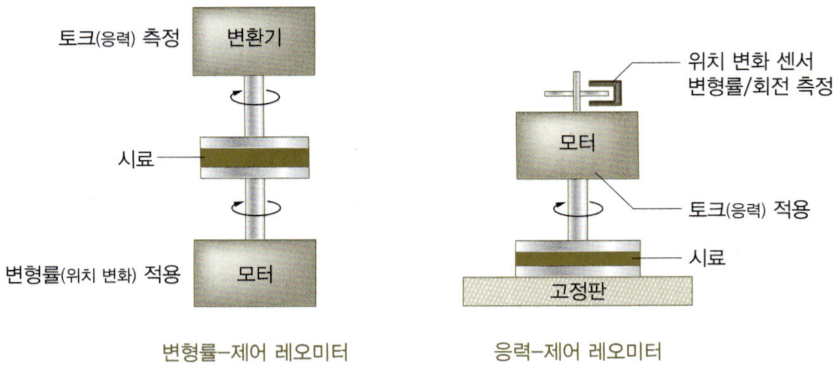

그림 6-32 **변형률-제어 및 전단응력-제어 레오미터**

controlled rheometer로 구분될 수 있다. 그림 6-32에서와 같이 변형률-제어 레오미터에서는 모터motor가 아래에, 변환기transducer가 위로 분리되어 있는데 아래 부분이 회전하고 위 부분에서 측정한다. 반면에 응력-제어 레오미터는 모터와 변환기가 위에 같이 위치하며, 아래 부분은 고정되어 있다. 그래서 위 부분이 회전하면서 동시에 측정이 이루어진다. 이와 같이 두 레오미터의 작동하는 방식은 다르지만 다양한 시료의 점도 및 점탄성을 측정하는데 널리 사용되고 있다.

최근 개발되어 사용되고 있는 회전형 레오미터는 전단력뿐만 아니라 수직력을 측정할 수 있는 센서가 동시에 장착되어 있어 전단력 기반 측정뿐만 아니라 인장력 및 압축력을 가하는 측정을 구현할 수 있다.

4) 점도계

시료의 점도를 측정할 수 있는 장치를 통칭하여 점도계viscometer라고 부르는데, 앞서 '4.6. 점도 측정장치'에서 자세히 설명하였으므로 참고하기 바란다.

5) 패리노그래프

패리노그래프farinograph 기기는 곡류 가루에 일정량의 물을 넣고 혼합하여 반죽이 형성되는 동안 다양한 물성 정보를 제공한다. 특히, 패리노그래프에서는 Z자 형태의 반죽 날이 반대 방향으로 돌아가면서 일정량의 물을 공급해 줌으로써 반죽을 형성하는 동안 토크 값을 측정하여 반죽에 대한 혼합 특성mixing property을 분석한다(그림 6-33). 브라벤더

Brabender라는 회사에서 만든 패리노그래프는 곡류 가루 특히, 밀가루를 다루는 제분, 제빵, 제과, 제면 분야의 산업체에서 가장 보편적으로 사용하는 기기 중 하나이다.

패리노그래프를 작동 시 300 g 또는 50 g의 혼합용기를 사용하는데 밀가루의 수분 함량을 14%로 기준했을 때 각각 300 g 또는 50 g을 넣어 주게 된다. 이때, 실제 측정된 밀가루의 수분 함량을 고려함으로써 넣어 주는 밀가루의 양을 조절한다.

$$300\ \text{g 용기를 사용 시 넣어 주는 밀가루의 양} = \frac{258\ \text{g}}{[100 - \text{밀가루 수분 함량(\%)}]} \times 100$$

$$50\ \text{g 용기를 사용 시 넣어 주는 밀가루의 양} = \frac{43\ \text{g}}{[100 - \text{밀가루 수분 함량(\%)}]} \times 100$$

문제 수분 함량이 12.5%인 밀가루가 있다. 300 g 및 50 g 혼합 용기가 장착된 패리노그래프를 사용하여 품질을 분석 시 넣어 주어야 하는 밀가루의 양은 각각 얼마인가?

풀이 300 g 용기의 경우 : $\frac{258}{100-12.5} \times 100 = 294.9$ g

50 g 용기의 경우 : $\frac{43}{100-12.5} \times 100 = 49.1$ g

패리노그래프를 통하여 분석된 곡선을 패리노그램farionogram이라고 하는데(그림 6-34) X축은 시간, Y축은 FUfarinograph unit 또는 BUBrabender unit의 단위를 가지고 있다. 패리노그래프에서 가장 주목해야 할 부분은 500 FU라는 값이다. 이 500 FU라는 값은 밀가루를 사

그림 6-33 패리노그래프
자료 : Brabender

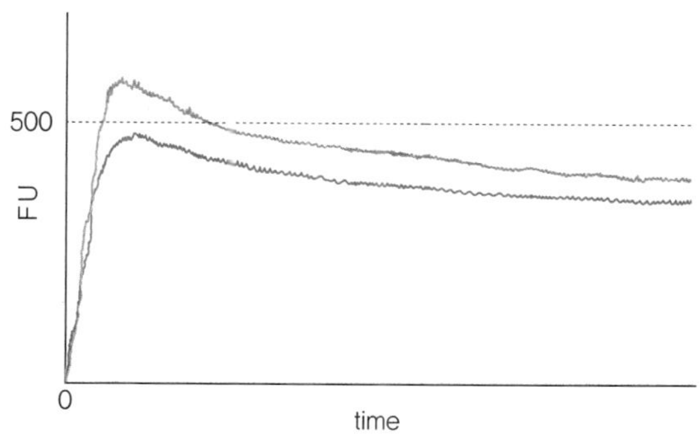

그림 6-34 **패리노그램**

용하여 반죽 시 글루텐 결합이 가장 잘 형성되어 최적의 반죽 상태가 되었을 때를 의미한다. 따라서, 패리노그래프 사용 시 500 FU 값을 기준으로 하여 이 값이 되도록 물의 양을 조절하여 반죽을 만들고, 그 상태에서의 다양한 반죽 혼합 특성 값들을 얻게 된다. 500 FU 값은 밀가루에 해당하는 것이고 쌀가루 등과 같은 다른 곡류 분말의 경우 해당하는 기준 값은 아직 없는 실정이다.

(1) 반죽 형성 시간

반죽 형성 시간dough development time 값은 물을 첨가하여 반죽할 때 최적의 반죽 상태에 이르는 데 걸리는 시간을 의미한다. 즉, 반죽의 경우 혼합 시간이 증가하면서 글루텐 결합 형성이 증가하게 되어 어느 시점에 도달하면 가장 최적화된 글루텐 구조가 형성된다. 하지만, 그 후에도 반죽이 계속 지속되면 형성된 글루텐 결합이 깨지면서 다시 반죽 구조가 약해지게 된다. 따라서, 반죽 형성 시간은 곡류 가루에 물을 첨가하여 반죽이 형성되기 시작한 후 최적의 반죽 상태가 되는 시점을 나타낸다. 패리노그램에서 곡선 최고점이 500 ± 20 FU에서 수평이 이루어지도록 반죽을 혼합하면, 처음부터 곡선의 가장 높은 지점까지의 시간을 나타내기 때문에 최고 시간peak time이라고도 부른다. 이를 통하여 최적의 반죽을 만들기 위하여 얼마 동안 혼합을 해야 하는지 최적의 반죽 혼합 시간을 결정할 수 있다.

(2) 반죽 안정도

반죽 안정도dough stability는 반죽의 패리노그램 곡선이 500 FU를 유지하는 시간을 의미한다(그림 6-35). 앞서 반죽 형성 시간에서 설명했듯이 반죽이 500 FU라는 최적 상태에 도달한 후 계속 혼합을 진행하더라도 일정 시간 동안 그 최적 상태를 유지할 수 있다. 따라서, 반죽 안정도는 반죽 혼합 시 최적의 반죽 상태에 도달한 후 이 상태를 얼마 동안 유지할 수 있는지를 나타낸다. 따라서, 반죽 안정 시간 값이 높을수록 반죽 작업 중 안정성이 증가되어 공정 유연성이 높아질 수 있다. 일반적으로 반죽의 강도와 밀접한 관련이 있는데, 글루텐 함량이 많은 강력분의 경우 반죽 안정도 값이 크고, 박력분의 경우 반죽 안정도 값이 낮게 관찰된다. 아울러, 글루텐이 없는 다른 곡류에서는 반죽 안정도 값이 매우 낮게 관찰되는 경향이 있다.

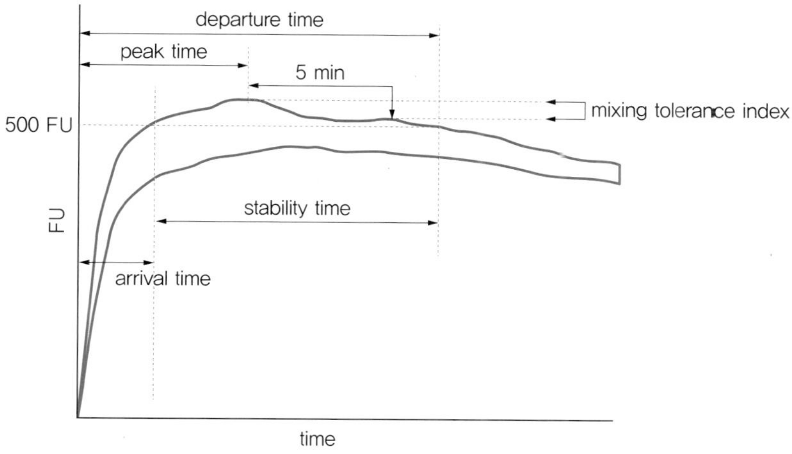

그림 6-35 패리노그래프에서의 지표 변수

(3) 혼합 저항 지수

혼합 저항 지수mixing tolerance index, MTI는 반죽 상태가 최고점에 도달한 때부터 5분 후의 변화 정도를 나타낸다(그림 6-35). 즉, 반죽이 최고 상태에 도달했을 때부터 5분 후 얼마나 변했느냐를 나타내는 지표이다. 이 값이 작을수록 반죽이 지속적인 혼합 과정을 잘 버티고 최적의 반죽 상태를 그대로 유지할 수 있어 혼합에 대한 저항 특성이 강하다고 할 수 있다. 따라서, 이 값은 앞서 설명한 반죽 안정도와 밀접한 관계를 가지고 있다.

(4) 도착 시간

도착 시간arrival time은 반죽 곡선이 500 FU에 처음으로 도달했을 때 시간을 의미한다.

(5) 출발 시간

출발 시간departure time은 반죽 곡선이 500 FU 이하로 내려갈 때까지의 시간을 의미한다.

(6) 수분 흡수율

최적의 반죽 혼합 상태 즉, 글루텐 구조가 최적으로 형성되기 위하여 얼마만큼의 물을 넣어야 하는지 수분 흡수율water absorption 값을 토대로 결정할 수 있다. 즉, 수분 흡수율은 패리노그래프에서 반죽이 500 FU가 되기 위한 수분 흡수율(%)을 의미하며, 이로부터 첨가해야 할 물의 양을 알 수 있다. 수분 흡수율 값은 사용된 패리노그래프 혼합 용기에 따라 14% 수분 함량을 기준으로 아래 식에 의해서 계산된다.

- 300 g 용기 사용 시

$$수분\ 흡수율(\%) = \frac{X+Y-300}{3}$$

X : 500 FU가 되기 위해 첨가된 물의 양 (mL), Y : 사용된 밀가루의 양

- 50 g 용기 사용 시

$$수분\ 흡수율(\%) = (X+Y-50) \times 2$$

X : 500 FU가 되기 위해 첨가된 물의 양 (mL), Y : 사용된 밀가루의 양

만약에 패리노그램에서 곡선이 500 FU보다 높은 값에서 수평을 유지하면 물을 더 넣어 주고, 500 FU보다 적게 나오면 물의 양을 조금 적게 조절하여 500 ± 20 FU 값이 되도록 한다. 따라서, 실제 반죽 시 수분 흡수율 값을 토대로 얼마만큼의 물을 넣어 주는지 결정할 수 있다.

밀가루의 수분 흡수율은 밀가루의 수분 함량을 기준으로 나타내는데 특히, 14%가 보편적으로 사용되고 있으며 그 이외에도 15%, 건량dry weight 기준이 널리 사용되고 있다. 이들의 변환식은 아래와 같다.

수분 함량이 X% 일 때 건량=수분 함량이 Y%일 때 건량

$$\frac{WX+X}{100-X} = \frac{WY+Y}{100-Y}$$

수분 함량이 X%일 때 수분 흡수율 : WX% 　　수분 함량이 Y%일 때 수분 흡수율 : WY%

따라서, 보편적으로 쓰이는 14%로 전환 시에는 아래와 같다

수분 함량이 X%일 때 건량=수분 함량이 14%일 때 건량

$$\frac{WX+X}{100-X} = \frac{W14+14}{100-14}$$

수분 함량이 X%일 때 수분 흡수율 : WX% 　　수분 함량이 14%일 때 수분 흡수율 : W14%

그림 6-36은 강력분, 중력분, 박력분의 패리노그램을 보여 주고 있는데, 글루텐 함량이 많은 강력분의 경우 반죽 시간이 오래 걸려 반죽 형성 시간이 늦지만, 반죽 안정도가 크고 혼합 저항 지수 값이 작아 혼합 과정 중 반죽 안정도가 좋은 결과를 보여 준다. 하지만, 박력분의 경우에는 반죽 형성 시간은 빠르지만, 글루텐 함량이 적어 반죽 안정도는 작고 혼합 저항 지수 값이 큰 것을 알 수 있다.

문제 수분 함량이 15%인 밀가루의 수분 흡수율이 50%이다. 이때 아래의 질문에 답하시오.

(1) 건량 기준으로 했을 때 수분 흡수율은 얼마인가?

(2) 이 밀가루를 250 g 사용한다면 얼마의 물을 사용해야 하는가?

(3) 14% 수분 함량 기준으로 나타낼 때 수분 흡수율은 얼마인가?

풀이

(1) $\frac{50+15}{100-15}=\frac{W0+0}{100-0},\quad W0=76.47\%$

(2) $\frac{250\times 0.15+\chi}{250\times 0.85}\times 100=76.47,\quad \chi=125\text{ mL}$

(3) $\frac{50+15}{100-15}=\frac{W14+14}{100-14},\quad W14=51.76\%$

그림 6-37은 통밀가루와 정제 밀가루의 패리노그래프 변수들을 보여 주고 있는데, 통밀가루의 경우 식이섬유 등을 많이 함유하고 있어 수분 흡수율 값이 큰 반면에 정제 밀가루에 비하여 반죽 안정도 및 반죽 형성 시간이 작은 경향을 보여 준다. 이외에도 패리노그래프는 곡류 분말 자체를 분석하기도 하지만, 다른 식품 소재를 첨가 시 반죽의 물성에 미치는 영향을 분석하는 목적으로도 널리 사용되고 있다.

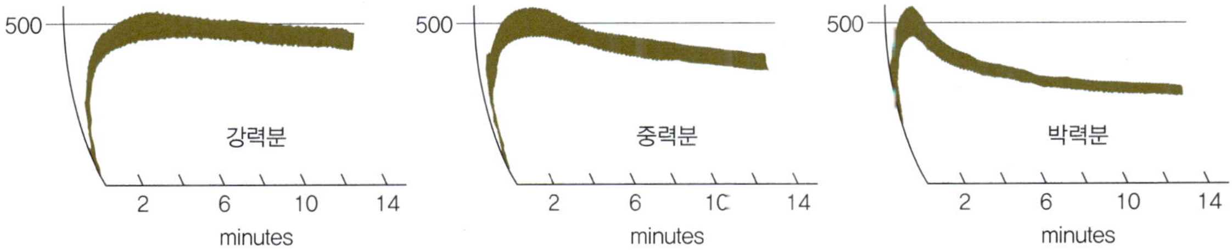

그림 6-36 **강력분, 중력분, 박력분의 패리노그램**

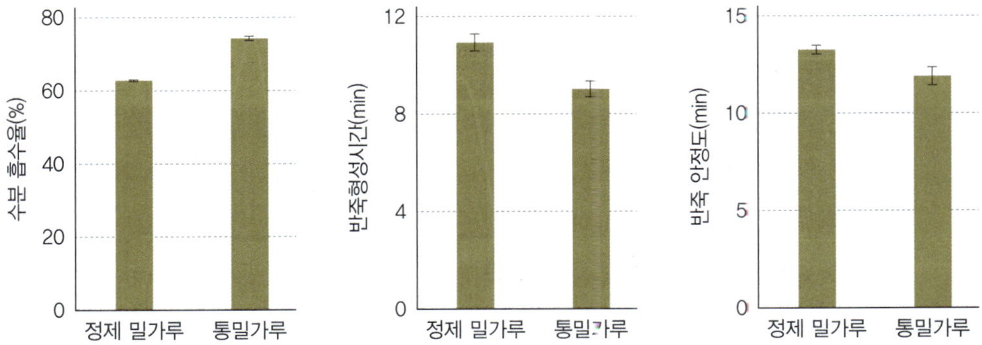

그림 6-37 **패리노그래프를 통한 정제 밀가루와 통밀가루의 반죽 혼합 특성 분석**

6) 믹소그래프

믹소그래프mixograph는 패리노그래프와 마찬가지로 곡류 가루에 물을 넣어 혼합하면서 반죽의 혼합 특성을 측정하는 데 이용되고 있다. 하지만 패리노그래프와는 달리 핀믹서기pin mixer를 사용하고 있으며 물을 공급하는 장치가 없어 별도로 물을 넣어 주어야 한다. 그림 6-38에서 보여 주는 바와 같이 믹소그래프에서는 모터와 연결된 위쪽 핀이 돌아가면서 혼합 용기에서는 반죽이 형성되게 된다. 그 과정에서 반죽 용기와 연결된 판이 좌우로 흔들리고, 그 움직임을 판에 연결된 펜이 종이에 그리거나 또는 컴퓨터와 연결되어 기록하게 된다. 이렇게 얻어진 곡선을 믹소그램mixogram이라고 하며, 이 믹소그램을 분석함으로써 반죽의 혼합 특성에 대한 정보를 얻을 수 있다.

(1) 최고 시간

최고 시간peak time은 반죽이 형성되면서 믹소그램 곡선이 가장 높은 지점에 이르렀을 때까지의 시간을 나타낸다. 즉, 주어진 조건에서 최적의 반죽 시간을 나타내며 패리노그래프에서의 반죽 형성 시간과 동일한 의미를 가지고 있다.

(2) 곡선 밑넓이

곡선 밑넓이area under the curve는 바탕선baseline과 믹소그램 곡선 중앙을 지나는 직선 사이의 넓이를 나타낸다. 이 지표는 반죽의 강도와 밀접한 관계가 있는데 이 넓이가 넓을수록 반죽 강도가 강하고 과반죽overmixing에 대한 저항성이 있다는 것을 의미한다.

(3) 저항 각도

믹소그램 곡선에서 올라가는 부분과 내려가는 부분의 중앙선이 만나는 각도를 저항각도tolerance angle라고 한다. 저항각도 값이 클수록 혼합 작용에 대한 저항성이 크다고more

그림 6-38 믹소그래프

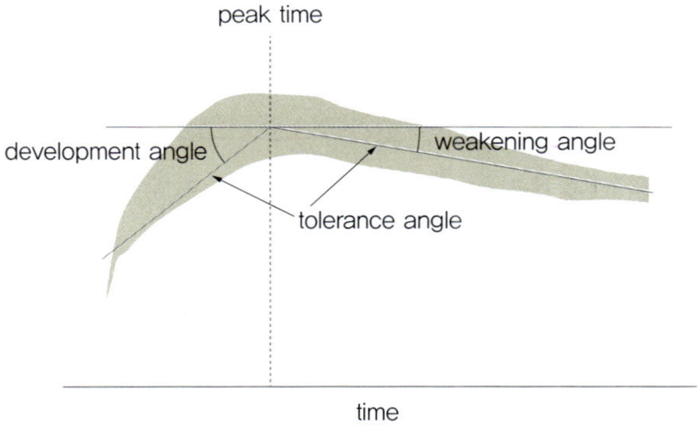

그림 6-39 믹소그램

tolerant 말할 수 있다. 그림 6-39에서 보여지는 약화 각도weakening angle와는 서로 반대의 의미를 가지고 있다.

그림 6-40은 박력분과 강력분의 믹소그램을 보여 주고 있는데, 강력분의 경우 박력분에 비하여 최고 시간이 길고 곡선 밑넓이 값도 크고, 저항 각도 값도 큰 것을 보여 주고 있어 패리노그램과 유사한 패턴을 보여 주고 있다.

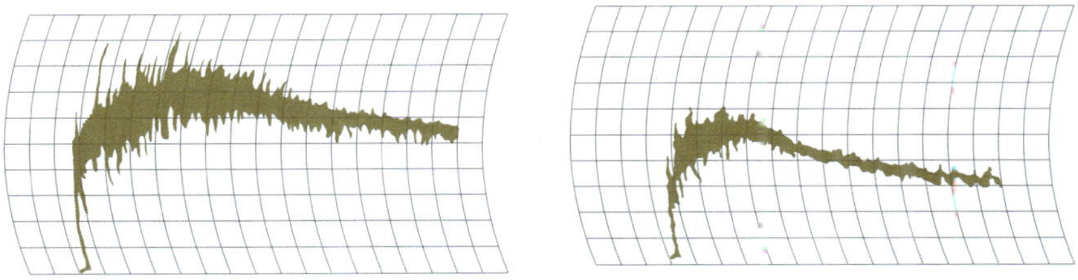

그림 6-40 강력분과 박력분의 믹소그램

곡류 가루, 특히 밀가루를 믹소그래프와 패리노그래프로 분석 시 둘 다 반죽의 혼합 특성에 대한 정보를 주게 되지만, 두 기기의 가장 큰 차이점은 패리노그래프의 경우 500 FU에 맞추어 실험을 진행하는 반면, 믹소그래프의 경우 기준 값을 가지고 있지 않다는 점이다. 즉, 실험자가 원하는 물 양을 넣고 그것에 맞는 최적의 반죽 시간 등의 정보를 얻을 수 있을 뿐 최적의 물 양을 나타내는 수분 흡수율 값은 얻을 수가 없다. 따라서, 보편적으로 믹소그래프보다는 패리노그래프의 활용성이 더 높기 때문에, 일반적으로 제분 및 밀가루 응용 관련 산업에서 믹소그래프보다는 패리노그래프가 널리 사용되고 있는 실정이다.

7) 엑스텐소그래프

엑스텐소그래프extensograph는 반죽의 물성, 특히 신장 특성extensional property을 측정하는 장치이다(그림 6-41). 앞서 설명했던 패리노그래프, 믹소그래프와는 달리 곡류 가루가 아닌 이미 만들어진 반죽의 특성을 분석하는 장치로서 반죽 가운데를 끊어질 때까지 잡아당겨 얻어진 힘-거리 곡선으로부터 최대 힘 값 및 거리를 측정한다. 주로 패리노그래프를 통하여 500 FU가 되도록 최적 상태의 반죽을 만든 후 엑스텐소그래프를 사용하여 반죽의 신장 특성을 분석한다.

그림 6-41 엑스텐소그래프
자료 : Brabender

엑스텐소그래프를 사용하여 반죽의 물성을 측정하는 절차는 그림 6-42에서 보여 주는 바와 같다.

① 패리노그래프 또는 다른 믹서기에서 반죽을 만든다.

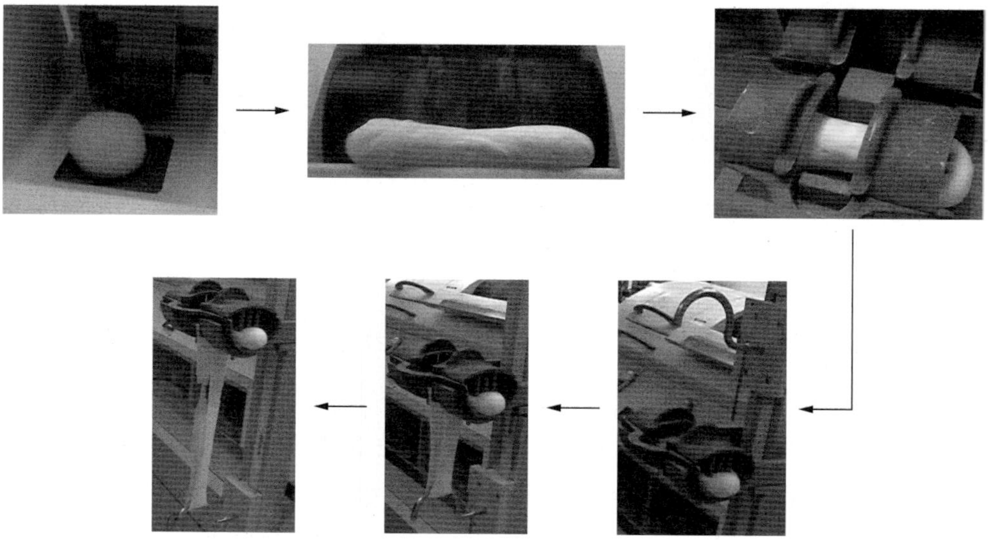

그림 6-42 엑스텐소그래프 측정 순서

② 만들어진 반죽을 엑스텐소그래프에 장착된 동글리기rounding 장치에 넣어 둥근 형태가 되도록 한다.

③ 엑스텐소그래프에 있는 롤러roller에 넣어 실린더 형태의 길쭉한 모양으로 반죽을 만든다.

④ 반죽을 반죽 지지대dough holder에 끼워 놓은 후 30도 온도에서 평형이 되도록 한다.

⑤ 반죽 지지대를 엑스텐소그래프에 장착한 후 고리hook를 아래 방향으로 내려 반죽이 끊어질 때까지 잡아당긴다.

그림 6-43은 엑스텐소그래프를 사용하여 반죽이 끊어질 때까지 잡아당겨 얻어진 곡선extensogram을 보여 주고 있다. A는 반죽을 잡아당겨 끊어뜨리는 데 필요한 에너지를 나타내며, B는 반죽을 잡아당기는 힘에 대한 최대 저항력maximum resistance to stretching, C는 신장 거리extensibility를 의미한다.

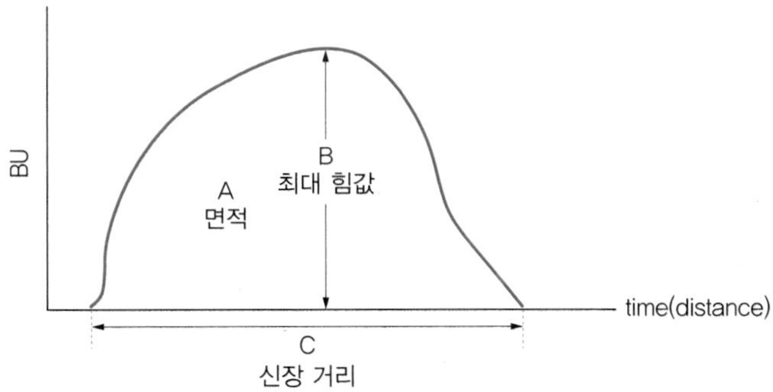

그림 6-43 엑스텐소그램

엑스텐소그래프 곡선의 면적을 나타내는 A의 경우 반죽의 강도dough strength와 관련이 있어 반죽 강도가 클수록 면적이 넓어지게 된다. B의 경우 곡선의 최대 힘 값(N)을 나타내는데 탄성이 많은 반죽의 경우 원래 상태로 돌아오려는 특성이 강해 반죽을 잡아당기는 힘이 커지게 된다. 따라서, 엑스텐소그래프 곡선에서 최대 힘 값은 반죽의 탄성elastic property을 나타내는 변수로 사용한다. C의 경우 엑스텐소그래프 곡선의 힘 값이 0이 될 때까지의 거리(mm)를 나타낸다. 즉, 반죽을 잡아당겨 끊어질 때까지의 거리를 말한다. 반죽의 경우 점성의 특성이 강할수록 잘 끊어지지 않고 늘어나는 성질이 있으므로 엑스텐소그래프 곡선에서 거리 값은 반죽의 점성viscous property을 나타내는 변수로 사용된다. 따라서, 두 변수의 비율(B/C)은 반죽의 탄성과 점성 특성의 상대적인 기여도를 나타내는데 '5.2. 동적 점탄성'에서 설명했던 저장계수(G′)storage modulus, 손실계수(G″)loss modulus의 비로 표시하는 탄젠트(ϕ)와 유사한 개념으로 생각할 수 있다.

그림 6-44는 엑스텐소그래프를 사용하여 얻은 강력분과 박력분 반죽의 엑스텐소그램을 보여 주고 있다. 박력분에 비해 강력분 엑스텐소그램 곡선 면적이 훨씬 크고, 최대 힘값maximum resistance to extension 또한 확연히 높은 것을 알 수 있다. 반면, 박력분 반죽의 경우 강력분과 비교 시 늘어나는 특성이 있어 반죽을 잡아당겨도 잘 끊어지지 않아 신장 거리가 크게 늘어난 것을 알 수 있다.

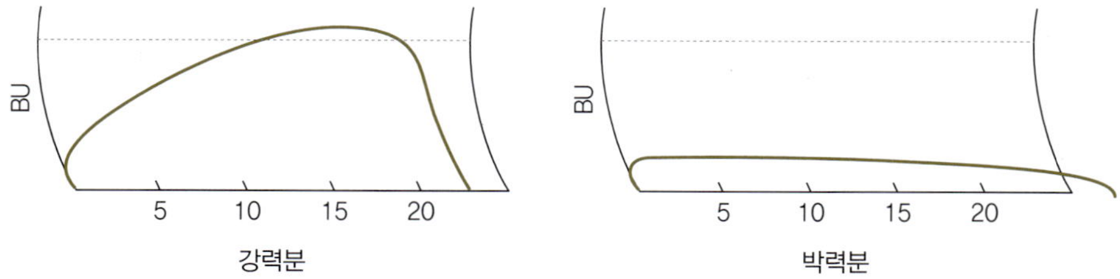

그림 6-44 강력분과 박력분의 엑스텐소그램 비교

그림 6-45는 엑스텐소그래프를 활용하여 정제 밀가루refined white wheat flour와 통밀가루whole-grain wheat flour의 반죽 신장 특성을 분석한 결과이다. 통밀가루 반죽이 신장력에 대한 저항성이 적어 쉽게 끊어지고 늘어나는 신장 거리도 크지 않다는 것을 알 수가 있다.

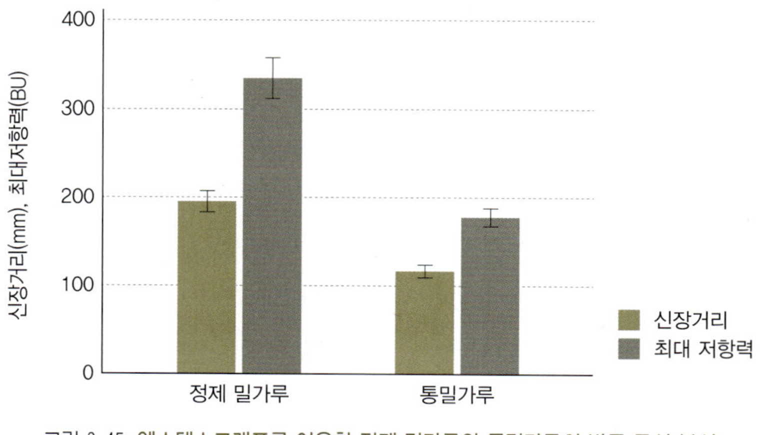

그림 6-45 엑스텐소그래프를 이용한 정제 밀가루와 통밀가루의 반죽 물성 분석

8) 알비오그래프

알비오그래프alveograph는 쇼팽 엑스텐소그래프chopin extensograph라고도 불리는데 앞서 설명한 엑스텐소그래프와 마찬가지로 반죽의 물성을 측정하는 장치이다(그림 6-46). 이 장치의 특이한 점은 기존의 다른 장치들처럼 반죽을 변형시키는 데 필요한 힘 또는 토크값을 측정하는 것이 아니라 압력을 측정하여 반죽의 물성을 분석한다.

그림 6-47에서 보는 바와 같이 알비오그래프를 사용하여 반죽의 물성을 측정하는 절차는 다음과 같다.

① 알비오그래프에 장착된 믹서기에서 혼합된 반죽이 믹서기 입구가 열리면 밖으로 밀려 나온다.

② 롤러를 사용하여 일정한 두께가 되도록 평평하게 편 후 둥근 형태의 틀로 찍어 디스크(disk) 형태가 되도록 반죽 시료를 만든다.

③ 디스크 형태의 시료를 25도 온도에 약 20분 동안 넣어 둔다.

④ 반죽 시료를 알비오그래프에 장착한 후 가운데 밑부분에서 공기를 불어넣어 준다.

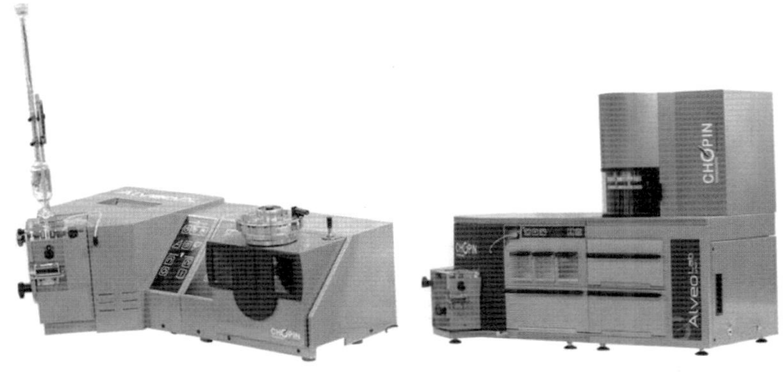

그림 6-46 알비오그래프
자료 : CHOPIN Technologies

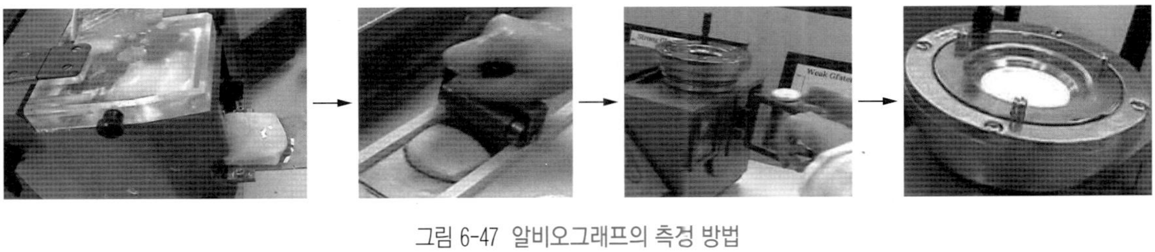

그림 6-47 알비오그래프의 측정 방법

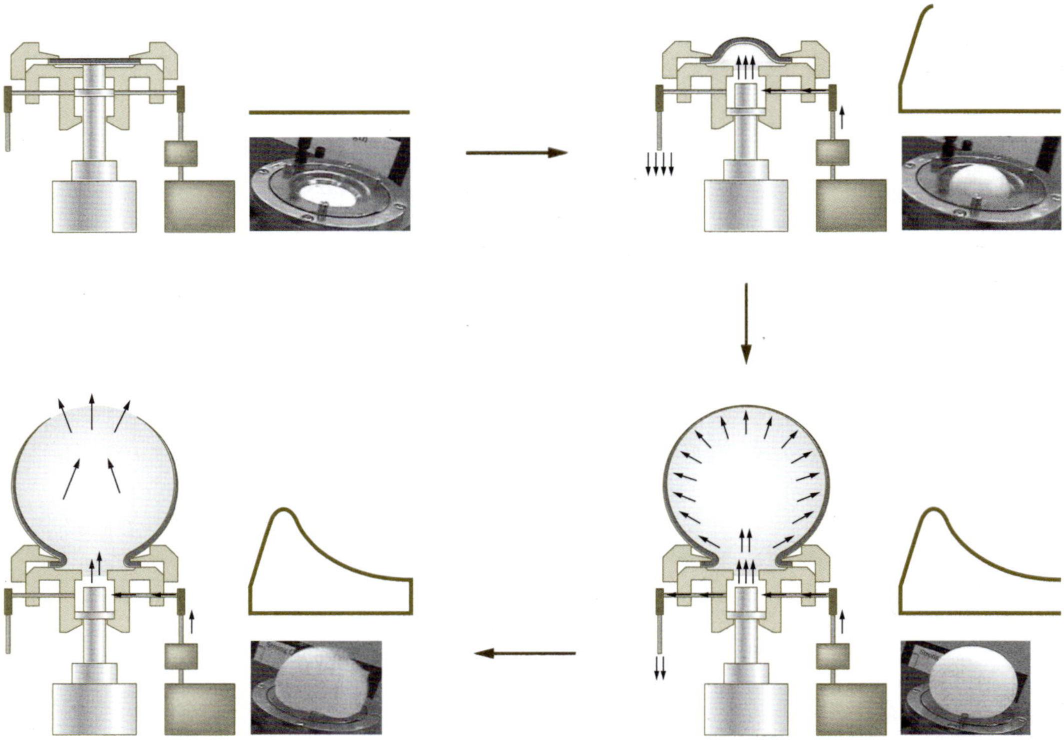

그림 6-48 알비오그래프를 이용한 반죽 특성 분석

그림 6-48은 알비오그래프를 사용하여 공기를 불어넣었을 때 반죽 상태와 그때의 압력 값 변화를 보여 주고 있다. 디스크 형태의 반죽에 공기를 불어 넣으면 반죽이 팽창하기 시작하면서 내부 압력이 증가하게 된다. 그 후 반죽 두께가 매우 얇아지면서 공기의 압력을 잘 견디지 못하여 내부 압력이 감소하게 되고, 부풀어오른 반죽 표면에 구멍이 나면서 압력이 0으로 떨어지게 된다. 여기서 형성되는 얇은 반죽 막이 글루텐 막이다.

그림 6-49는 알비오그래프를 통해서 얻어진 곡선alveogram을 보여 주고 있는데 엑스텐소그램과 유사한 정보를 얻을 수 있다. A는 반죽을 최대한으로 팽창시키는 데 필요한 에너지area under curve를 나타내며, P는 반죽을 팽창시키기 위한 최대 압력 값maximum pressure to extension, L은 반죽이 터지기 전까지 부푼 거리 즉, 신장 거리distance to rupture를 나타낸다.

알비오그램의 면적을 나타내는 A의 경우 반죽의 강도와 관련이 있어 반죽 강도가 클수록 면적이 넓어지게 된다. 탄성이 많은 반죽의 경우 원래 상태로 돌아오려는 특성이 강해 공기 압력에 대한 저항성을 가지고 있기 때문에 압력 값이 커지게 된다. P의 경우 곡

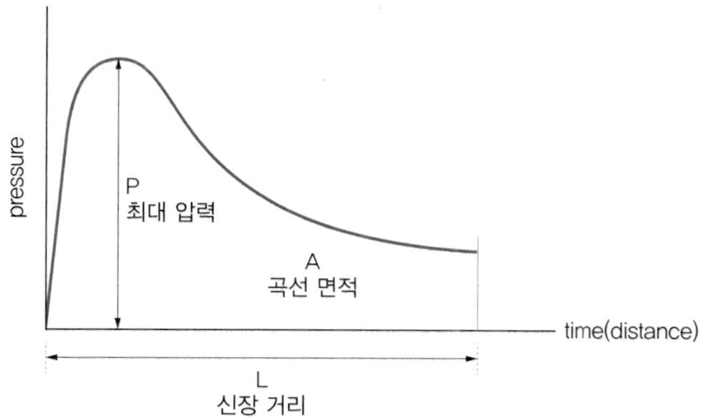

그림 6-49 알비오그램

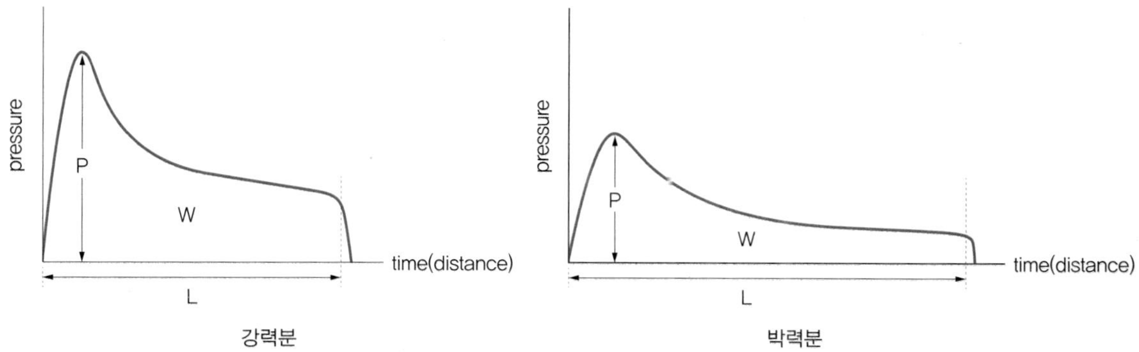

그림 6-50 강력분, 박력분의 알비오그램 비교

선의 최대 압력 값을 나타내는데 반죽의 탄성을 나타내는 지표로 사용된다. L의 경우 공기를 불어넣어 반죽을 팽창시킨 후 그 공기가 빠져나가 압력 값이 0이 될 때까지의 거리(mm)를 나타낸다. 터지지 않고 잘 늘어나는 성질이 강할수록 즉, 점성이 클수록 압력이 0으로 되는 거리가 커질 것이다. 따라서, 알비오그래프 곡선에서 거리 값은 반죽의 점성을 나타내는 변수로 사용된다. 따라서, 두 변수의 비율(P/L)은 반죽의 탄성과 점성 특성의 상대적인 기여도를 나타낸다. 따라서, 엑스텐소그래프에서 B/C 값, 동적 점탄성에서 탄젠트(φ)와 유사한 개념으로 생각할 수 있다.

그림 6-50은 알비오그래프를 사용하여 강력분과 박력분을 비교한 것이다. 엑스텐소그래프와 비슷한 패턴을 보여 주는데 강력분의 경우 최고 압력을 나타내는 P 값이 크고 면적 또한 큰 것을 알 수 있다. 반면에, 박력분의 경우 쉽게 늘어가는 성질이 있어 신장 거

리가 늘어남에 따라서 L 값이 크게 증가한 것을 쉽게 관찰할 수 있다.

반죽의 물성을 측정하는 엑스텐소그래프와 알비오그래프를 비교하자면 엑스텐소그래프의 경우 아래 방향으로만 당기기 때문에 일축 신장uniaxial extension인 반면, 알비오그래프의 경우 공기를 불어넣어 반죽이 위와 옆 방향으로 동시에 팽창하는 이축 신장biaxial extension에 해당한다. 이는 발효와 굽기 공정 중 일어나는 반죽의 변화와 유사하기 때문에 발효 및 굽기 공정 중 반죽의 물성 특성을 분석할 경우에는 알비오그래프가 더 적합할 수 있다.

9) 믹소랩

믹소랩mixolab은 곡류의 물성을 분석하는 기기 중에서 비교적 최근에 개발되었다. 두 개의 블레이드blade가 장착된 혼합 용기에 곡류 가루를 넣고 물이 자동적으로 공급되면서 반죽을 형성하고 그동안 연속적으로 토크 값이 측정된다(그림 6-51). 특히, 패리노그래프의 500 FU와 같이 반죽 시 토크 값이 1.1 Nm이 되도록 함으로써 최적의 반죽 상태가 되었을 때의 물성 정보를 얻을 수 있다.

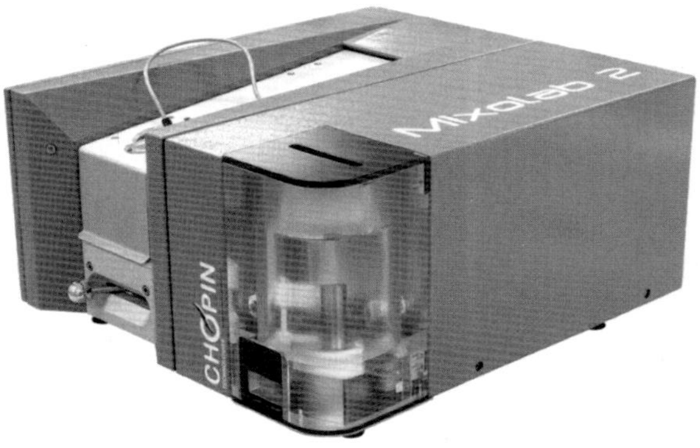

그림 6-51 믹소랩
자료 : CHOPIN Technologies

이러한 점에 있어 믹소랩은 패리노그래프와 매우 유사하다고 할 수 있다. 하지만, 다른 기기들과 비교할 때 믹소랩의 가장 큰 차이점은, 다음에 설명하는 신속 점도계와 같이 반죽 혼합 시 온도 제어를 통한 가열 및 냉각이 가능하다는 것이다. 즉, 기존의 장치들은 일정한 온도에서 작동하면서 반죽의 물성을 측정했지만, 믹소랩의 경우 반죽 시료의 온도를 일정하게 유지할 뿐만 아니라 가열 및 냉각 기능을 가지고 있다. 따라서, 이러한 기능을 활용하면 혼합 과정 중 반죽의 특성뿐만 아니라 전분의 호화 및 노화 특성을 포함한 온도에 따른 다양한 물성 특성을 분석할 수 있는 장점이 있다.

그림 6-52는 밀가루의 전형적인 믹소랩 곡선을 보여 주고 있다. 약 8분 지점까지는 30도의 일정한 온도에서 반죽의 혼합 특성을 보여 주고 있는데 반죽 형성 시간, 반죽 안정

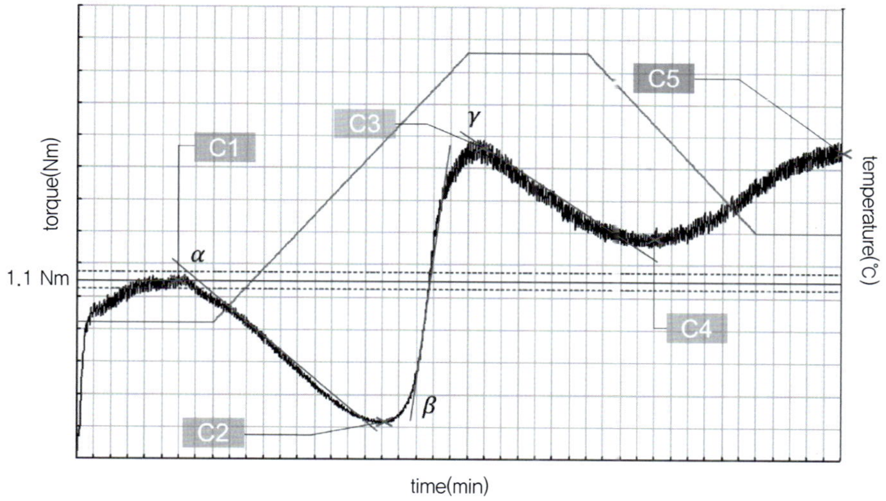

그림 6-52 믹소랩 곡선

표 6-5 믹소랩 분석에 사용되는 온도 프로파일

단계	설정 조건(Mixolab Chopin+)
Initial temperature	30℃
Initial holding time	8 min
Heating time	15 min
Maximum temperature	90℃
Hold at maximum temperature	7 min
Cooling time	10 min
Final temperature	50℃
Final holding time	5 min
Total test time	45 min

도, 수분 흡수율 등의 값을 얻을 수 있어 패리노그램과 유사한 패턴의 결과를 얻을 수 있다. 그 이후에는 설정된 가열 및 냉각 과정 동안 반죽을 지속 혼합하면서 온도 변화에 따른 토크 값을 측정하게 된다.

표 6-5는 믹소랩에서 밀가루 분석 시 이용되고 있는 가장 전형적인 온도 변화 프로파일을 보여 주고 있다. 즉, 30도의 일정한 온도에서 8분간 혼합 후 온도를 90도까지 올리고 그 온도를 7분간 유지한 뒤 50도로 온도를 다시 내린다. 그러면, 그림 6-52에서 보여

주는 바와 같이 온도 상승에 따른 전분 호화가 일어나게 되는데, 이에 따른 점도 증가로 믹소랩 곡선의 토크 값이 증가하게 된다. 그 후 온도를 90도로 유지하는 동안 지속적인 반죽 교반으로 토크 값은 약간 감소한다. 그러나 온도를 50도로 감소시키면 전분 노화에 의한 토크 값의 증가로 다시 믹소랩 곡선은 증가하는 전형적인 패턴을 얻을 수 있다.

믹소랩 곡선을 분석 시 다양한 물성 지표들을 얻을 수 있는데 패리노그래프에서 얻을 수 있는 반죽 혼합 특성뿐만 아니라 온도 변화에 따른 부가적 물성 지표 값을 얻을 수 있다. 믹소랩에서 얻을 수 있는 물성 지표들을 열거하면 아래와 같다.

- C1 maximum torque of the initial mixing stage : C1 값은 반죽 혼합 시 최대 토크 값을 의미하는데 수분 흡수율 값을 구하는 데 필요하다. 즉, 패리노그래프의 경우 500 FU를 기준으로 최적의 반죽 상태가 되도록 물을 첨가하지만 믹소랩에서는 C1 값이 1.1 ± 0.05 Nm에 해당하는 값에 도달하도록 물을 첨가하여 수분 흡수율 값을 구한다.
- C2 protein weakening : 반죽의 지속적 혼합에 의한 기계적 에너지와 온도 상승에 따른 단백질 결합의 약화protein weakening 정도를 나타낸다. 따라서, 이 값이 낮아질수록 단백질 결합이 많이 약화되었다는 것을 의미한다.
- C3 degree of starch gelatinization : 온도의 증가에 따라 반죽에 있는 전분은 호화되어 팽윤한다. 이에 따라 반죽 내 전분 사이의 공간이 꽉 채워지고 반죽 구조가 좀 더 치밀해진다. 따라서, 반죽 혼합 저항성이 커지게 되고 이에 따라 믹소랩 곡선은 증가하게 된다.
- C4 hot gel stability : 온도 상승에 따른 호화 전분으로 인하여 반죽은 젤gel 상태에 가까워지는데 90도에서 온도를 유지하면서 지속적으로 혼합을 하면 젤 상태가 깨지게 되어 C4 값이 감소하게 된다. C4 값은 반죽이 호화 직후 젤 상태에서의 안정도를 나타낸다.
- C5 degree of starch retrogradation : 온도가 내려가면서 호화된 전분은 노화하기 시작하여 믹소랩 곡선이 증가하게 된다. C5 값은 이러한 노화 정도를 나타내는 지표로 사용된다. 따라서, C5 값이 클수록 노화 정도가 더 높다는 것을 의미한다.
- 수분 흡수율 : C1 값이 1.1 Nm가 되도록 하는 데 필요한 물의 양을 나타내며, 패리노그래프에서 500 FU가 될 때의 수분 흡수율 값과 같은 의미를 가진다. 따라서, 수분 흡수율 값이 클수록 최적 반죽을 만드는 데 더 많은 물을 넣어 주어야 한다는 의미이다.

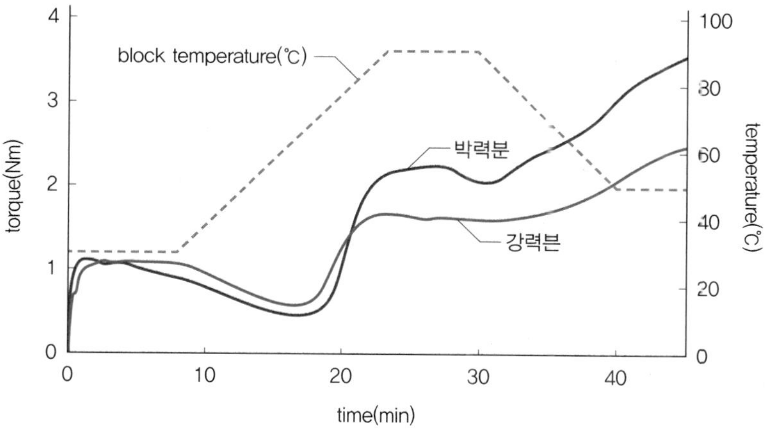

그림 6-53 강력분과 박력분의 믹소랩 곡선 비교

- 반죽 형성 시간 : C1까지 이르는 데 걸리는 시간으로 최적의 반죽 혼합 시간을 의미한다.
- 반죽 안정도 : C1에 도달 후 토크 값이 감소하는데 C1 값의 11%만큼 감소하기 전까지의 시간을 가리킨다. 즉, 최적의 반죽 상태를 유지하는 시간을 의미하며 반죽의 안정도를 나타내는 지표이다.
- 기울기 α : 30도 온도가 끝나는 부분과 C2 사이의 기울기로서 열에 의한 단백질 결합 약화 속도protein weakening speed를 나타낸다.
- 기울기 β : C2와 C3 사이의 기울기로 전분 호화 속드starch gelatinization speed를 나타낸다.
- 기울기 γ : C3와 C4 사이의 기울기로 효소 분해 속도enzyme degradation speed를 나타낸다.

그림 6-53은 강력분과 박력분의 믹소랩 곡선을 보여 주고 있다. 강력분의 경우 1.1 Nm에서의 토크 값이 유지되어 혼합 안정성이 크지만, 그에 반해 박력분의 경우 토크 값이 지속적으로 감소하여 반죽 안정도는 약한 것을 알 수 있다. 그리고 온도가 증가하면서 박력분의 C2 값이 낮아 단백질 약화 정도가 훨씬 크지만 C3, C4, C5 값은 모두 강력분에 비하여 큰 값을 가지는 것을 보여 주고 있다.

10) 신속 점도계

신속 점도계rapid visco-analyzer는 곡류 가루 또는 전분의 페이스트 형성 특성pasting profile을 분석하는 가장 보편적인 장치로서 RVA라는 이름으로 식품 산업에서 널리 사용되고 있다. 곡류 가루를 다량의 물과 섞은 현탁액(10% 내외)을 교반하면서 온도를 변화시킴으로써 온도에 따른 점도 변화를 측정한다. 특히, 전분의 가열에 따른 페이스트 상태에서 전분의 호화 특성 및 냉각에 따른 노화 특성을 얻을 수 있다. 사용되는 시료 양(대략 3 g 정도)이 적게 들고, 분석 시간도 15분 이내로 매우 빠르며 비교적 일관된 분석이 가능하다. 따라서, 곡류 및 전분을 다루는 산업체에서 많이 활용하고 있는 기기 중 하나이다. 앞서 언급한 믹소랩 기기와 유사하지만, 신속 점도계는 현탁액slurry, suspension 상태의 시료를 사용하는 반면 믹소랩은 반죽 상태의 시료를 사용한다는 점이 다르다.

그림 6-54는 신속 점도계를 보여 주고 있는데 알루미늄 용기canister에 시료 및 물을 넣고 패들paddle을 위에 끼운 후 RVA에 장착한다. 그 후 설정된 가열 및 냉각 과정 동안 패들로 시료를 교반하면서 점도 변화를 측정한다. '4.1. 점도의 정의'에서 설명했듯이 점도의 단위는 일반적으로 Pa·s, centipoise(cP)로 나타내지만 RVA에서 측정한 점도는 RVA 단위로 나타내는데 1 RVA는 12 cP를 의미한다.

그림 6-54 신속 점도계

표 6-6은 RVA에서 일반적으로 사용되는 가열 및 냉각을 위한 온도 변화 프로파일을 나타낸다. 50도에서 1분간 유지 후 95도까지 12°C/min의 속도로 온도를 올려 준다. 그 후 95도를 2.5분간 유지 후 12°C/min의 속도로 50도로 냉각시키고, 50도에서 2분간 유지시킨다.

표 6-6 RVA에서 일반적으로 사용되는 가열 및 냉각 과정

단계	설정 조건(RVA STD1)
Initial temperature	50℃
Initial holding time	1 min
Heating time	3 min, 42 sec
Maximum temperature	95℃
Hold at maximum temperature	2 min, 30 sec
Cooling time	3 min, 48 sec
Final temperature	50℃
Final holding time	2 min
Total test time	13 min

그림 6-55는 곡류 가루를 RVA로 분석했을 때 얻어지는 전형적인 RVA 곡선을 보여 주고 있다. 즉, 가열하는 동안 점도 값은 증가하고, 온도가 유지되는 동안 점도가 감소 후 냉각 과정 동안 점도는 다시 증가하게 되는 패턴을 보여 주는데 그림 6-52의 믹소랩 곡선과 유사한 패턴을 보여 준다. 이러한 RVA 곡선을 분석하여 다양한 RVA 물성 변수 값을 얻을 수 있다.

- 호화 개시 온도pasting temperature : 전분의 호화가 일어나면 전분이 팽윤되어 전분 입자가 전체적으로 붕괴되는 페이스트 현상이 시작되는 온도로서 RVA 곡선이 바탕선에서 처음으로 증가할 때의 온도를 나타낸다.

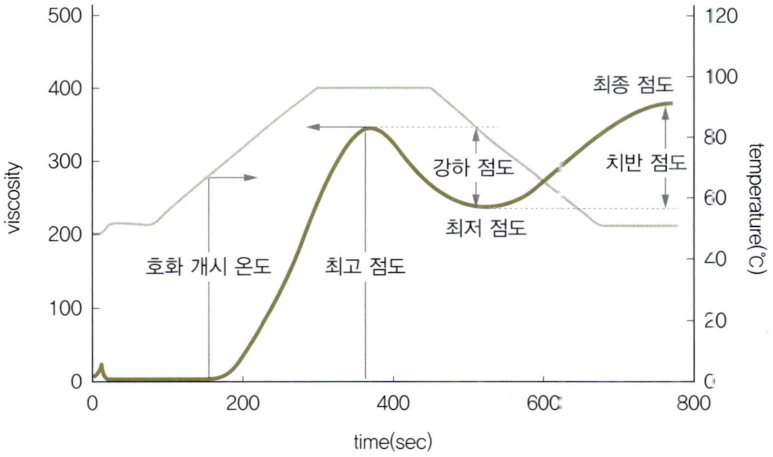

그림 6-55 RVA 곡선

- 최고 점도peak viscosity : 페이스트 현상이 관찰됨에 따라 점도는 증가하기 시작하는데, 모든 전분 입자가 최대로 부풀 때까지 점도는 지속적으로 증가한다. 그와 동시에 패들이 돌아가면서 전단력을 가하기 때문에 팽윤된 전분 입자는 붕괴되는데 전분 입자가 팽윤되는 속도와 팽윤된 호화 전분이 파괴되는 속도가 같아지면 최고 점도에 이르게 된다. 따라서, 전분 입자가 높은 팽윤력swelling power을 가지고 있으면 일반적으로 최고 점도가 높게 관찰된다.
- 최저 점도trough viscosity : 최고 점도에 이르고 나면 패들의 교반으로 인하여 전분 입자가 지속적으로 붕괴되면서 점도가 감소하게 되는데, 최고 점도 이후 최소 점도 값을 나타낸다.
- 강하 점도breakdown viscosity : 최고 점도와 최저 점도와의 차이를 나타낸다.
- 최종 점도final viscosity : RVA 곡선에서 마지막으로 측정된 점도를 가리키는데 전분의 노화도degree of retrogradation를 의미한다.
- 치반 점도setback viscosity : 온도가 내려가면서 노화에 의해 점도가 다시 증가setback하는데 최종 점도와 최저 점도와의 차이를 나타낸다.

이와 같은 전분의 페이스트 특성 분석을 위하여 신속 점도계 이외에 전분 페이스팅 용기starch pasting cell(그림 6-56)와 아밀로그래프amylograph(그림 6-57) 장비도 사용되고 있다. 특히, 전분 페이스팅 용기의 경우 회전형 레오미터에 장착하여 사용하기 때문에 페이스트 시료의 점도뿐만 아니라 점탄성 분석도 가능하다.

그림 6-58은 정제 밀가루와 통밀가루의 페이스트 곡선pasting curve을 보여 주고 있다. 정

그림 6-56 회전형 레오미터의 전분 페이스팅 용기
자료 : TA Instruments Korea

그림 6-57 아밀로그램
자료 : Brabender

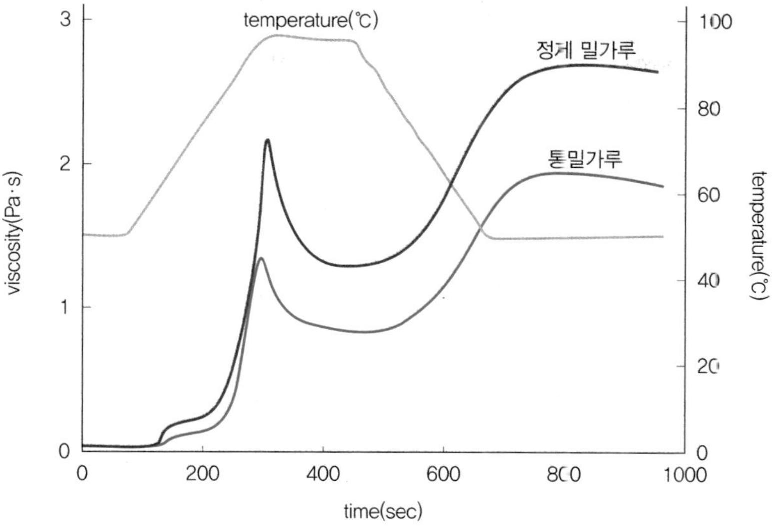

그림 6-58 정제 밀가루와 통밀가루의 페이스트 특성 분석

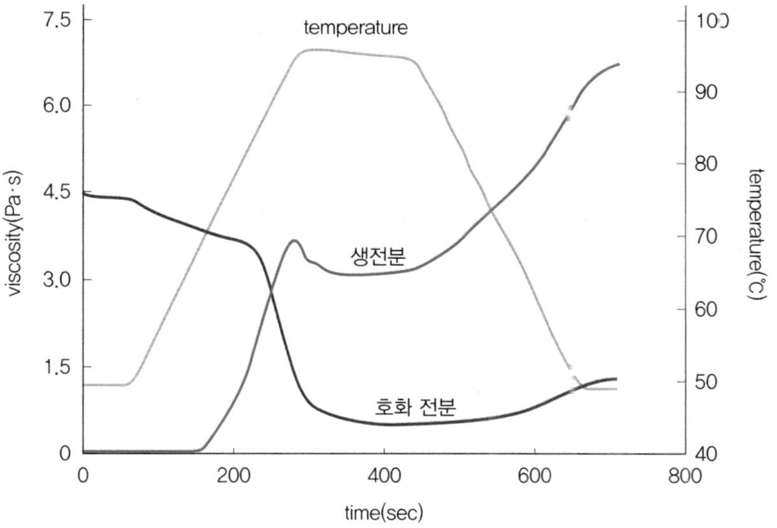

그림 6-59 생전분 및 호화 전분의 RVA 곡선

제 밀가루의 경우 통밀가루에 비해 전분량이 많아 페이스트 변수들이 높게 관찰되는 것을 보여 주고 있다.

신속 점도계는 일반적으로 생전분native starch을 분석하는 데 주로 사용하지만, 호화된 전분gelatinized starch의 특성을 분석하는 데 이용되기도 한다. 그림 6-59는 생전분과 호화 전분을 분석한 곡선을 보여 주고 있는데 전혀 다른 패턴을 보이고 있다. 특히, 생전분에 비하여 호화된 전분은 수화능이 크기 때문에 초기 점도initial cold viscosity 값이 크고, 이미 호화가 되었기 때문에 피크 점도가 관찰되지 않고 온도 변화에 의한 영향, 즉 온도가 증가함에 따라 점도가 지속적으로 감소한 후 온도 감소에 따라 점도가 약간씩 증가하는 경향을 보인다.

단원정리

- 식품의 물성을 기계적으로 측정하는 직접적direct 방법은 기초적fundamental, 경험적empirical, 모방적imitative 방법으로 구분된다.
- 기초적 측정 방법fundamental test은 일정한 형태의 균일한 시료를 특정한 조건에서 수행함으로써 정립된 물성학적 이론에 의해 분석이 가능한 방법이고, 경험적 측정 방법empirical test은 우리가 실제 생활에서 겪을 수 있는 경험을 바탕으로 식품의 물성을 측정하는 방법들을 의미하며, 모방적 측정 방법imitative test은 식품을 실제 사람 입안에서 씹을 때 또는 식품이 담긴 용기 안에서 움직일 때 등의 실제 특정 상황을 모방하여 식품의 물성을 측정하는 방법이다.
- 식품의 물성을 객관적으로 측정하기 위하여 사용되는 다양한 방법 및 장치들은 식품에 대한 물성 정보를 직접적으로 제공하는 것이 아니라 물리적 단위를 가진 변수(힘, 거리, 압력 등)를 측정하고 이를 식품 물성과 연관시킨다.
- 뚫기 시험puncture test은 힘force을 측정하여 식품의 조직감을 분석하는 대표적 방법으로서 가느다란 막대기 형태의 프로브probe 또는 펀치punch로 시료를 뚫는 데 필요한 힘을 측정한다. 뚫기 시험에서는 압축력compressive force 및 전단력shear force이 동시에 작용하는데, 시료의 크기는 사용하는 프로브보다 충분히 커야 한다(반무한 기하학적 법칙semi-infinite geometry 법칙).
- 압축 시험compression test은 식품 분야에서 가장 널리 사용되는 식품 물성 측정 방법으로서 디스크 형태의 프로브를 사용하여 시료를 아래 방향으로 누르고, 이때 얻어지는 힘-시간 또는 힘-거리 곡선으로부터 식품의 물성학적 특성을 분석하게 된다.
- 인장 시험tensile test은 시료를 끊어질 때까지 잡아당겨 얻어지는 힘 값 또는 거리를 측정하여 면, 치즈, 반죽, 껌 등의 물성학적 특성을 분석한다.
- 압축-압출 시험compression-extrusion test은 용기에 담긴 시료를 디스크 형태의 프로브로 눌러 용기 바닥의 구멍outlet으로 시료가 배출되는 전방 압출forward extrusion, 용기보다 작은 프로브를 사용하여 용기와 프로브 사이로 시료가 위로 배출되는 후방 압출backward extrusion로 구분되며, 페이스트paste와 같은 유동 특성이 있는 시료의 물성 분석에 이용된다.
- 휨-스냅핑 시험bending and snapping test은 고체 식품의 가운데 또는 한쪽 끝을 눌러 부서뜨릴 때 필요한 힘 값을 측정하는 방법으로서, 막대기bar 또는 얇은 판sheet 형태를 가진 과채류(바나나, 오이, 당근 등), 건조면(국수, 스파게티), 쿠키, 시리얼바, 초콜릿 등의 물성 측정에 이용된다.
- 절단전단 시험cutting-shear test은 칼과 같은 형태의 날카로운 날blade을 가진 프로브를 사용하여 시료를 2조각으로 절단하는 방법으로서 육류, 과채류, 치즈 등에 이용된다 특히, 시료에 따라 워너-블래츨러 전단날Warner-Bratzler shear blade, 크래머 전단 용기Kramer-shear cell와 같은 특수한 형태의 프로브가 사용된다.
- 텍스처 프로파일 분석texture profile analysis, TPA은 저작 작용mastication을 모방한 식품 물성 측정 방법으로, 식품을 연속적으로 두 번 압축함으로써 얻어진 힘-거리(또는 시간) 곡선을 분석하여 부서짐성fracturability,

단원정리

경도hardness, 부착성adhesiveness, 응집성cohesiveness, 탄력성springiness, 점착성gumminess, 씹힘성chewiness, 순간복원력resilience의 물성 정보를 얻을 수 있다.

- 만능 시험기라고 불리는 universal testing machine(UTM)은 압축력, 신장력 등 수직력을 가하여 다양한 시료의 물성을 분석하는 다목적 기기로서 인스트론instron이라는 이름으로 흔히 불린다. 텍스처 분석기texture analyzer는 식품을 포함한 바이오 관련 시료의 물성 측정에 특화되어 사용되고 있는 물성 측정장치이다.
- 레오미터rheometer는 물체의 물성을 측정하는 기기 또는 장치를 통칭한다. 하지만, 통상적으로는 전단력을 가하여 시료의 점도와 점탄성을 측정할 수 있는 회전형 물성 측정장치를 일컫는다. 평판형parallel plate, 원추-평판형cone and plate, 원통형concentric cylinder 등 다양한 기하 형태geometry를 레오미터에 장착하여 시료에 전단력을 가하고 이때 얻어지는 토크torque 값으로부터 점도와 점탄성을 측정한다.
- 패리노그래프farinograph의 경우 500 FU 값을 기준으로 최적의 반죽 상태를 얻기 위한 혼합 시간, 수분 흡수율뿐만 아니라 반죽 안정도 등의 물성 정보를 얻을 수 있으며, 믹소랩은 최적의 반죽 상태를 나타내는 1.1 Nm 값을 기준으로 반죽 혼합 특성뿐만 아니라 온도 변화에 따른 반죽의 호화, 노화 특성을 분석할 수 있다.
- 엑스텐소그래프extensograph와 알비오그래프alveograph는 반죽의 신장 특성을 분석하는 기기이다. 엑스텐소그래프는 반죽을 끊어질 때까지 잡아당기는 데 필요한 힘 값 및 거리를 측정하고, 알비오그래프는 공기를 불어넣어 반죽을 팽창시키는 동안의 압력을 측정한다. 여기서 얻어진 최대 힘 값 또는 최대 압력 값은 반죽의 탄성을 나타내며, 그때의 거리는 반죽의 점성을 의미한다.
- 신속 점도계rapid visco-analyzer, RVA는 곡류 가루 또는 전분 현탁액을 가열 및 냉각하면서 점도 변화를 측정한다. 이로부터 시료의 페이스트 형성 특성pasting property을 분석할 수 있는데 특히, 현탁액 상태에서의 호화, 노화 특성을 손쉽게 측정할 수 있어 제분, 스낵 관련 산업체에서 널리 이용된다.

7 다양한 식품의 물성 측정

7 다양한 식품의 물성 측정

이제까지 다양한 물성 측정 방법 및 장치에 대하여 설명하였지만, 실제로 식품의 물성을 측정하고자 할 경우 아쉽게도 공인 방법은 없는 실정이다. 하지만, 학문적 관심뿐만 아니라 산업적 필요에 의하여 다양한 식품군마다 보편적으로 사용되는 물성 측정 방법들이 개발되어 사용되고 있다. 따라서, 이번 제7장에서는 다양한 식품의 물성을 측정하고자 할 때 실질적으로 사용되는 방법들의 예시를 제시하고자 한다. 특히, 식품 산업에서는 「식품위생법」에 근거하여 식품의 기준과 규격을 수록한 『식품공전Korean Food Standards Codex』을 지침서로 사용하고 있기 때문에, 『식품공전』을 토대로 한 식품별 물성 측정 방법을 알아보고자 한다. 여기에서 설명하는 방법들은 각 식품에서 보편적으로 많이 사용되는 방법일 뿐 절대적인 방법은 아니며, 그 외 다양한 방법들이 사용될 수 있다.

7.1. 곡류 식품의 물성

1) 과자류

과자류는 식물성 원료 등을 주원료로 다른 식품 또는 식품첨가물을 가하여 가공한 것으로 과자(비스킷, 웨이퍼, 쿠키, 크래커, 한과류, 스낵과자 등), 캔디류(사탕, 캐러멜, 양갱, 젤리 등), 추잉껌, 빙과류가 해당한다.

(1) 과자

비스킷, 쿠키, 크래커 등의 과자는 일반적으로 두 가지 측정 방법이 사용될 수 있는데 휨-스냅핑 시험bending and snapping test 또는 뚫기 시험puncture test을 통하여 손쉽게 물성 분석을 할 수 있다. 이들 방법을 통하여 얻어진 힘force-거리distance (시간time) 곡선의 최고 힘 값maximum force으로부터 경도hardness, 단단함firmness, 파괴 세기breaking strength 값을 얻을 수 있으며 과자 시료의 특성에 따라 부서짐성fracturability 값을 얻을 수 있다. 특히, 과자에 함유된 지방, 수분 함량에 따라서 힘-거리 곡선의 기울기 값에도 경향을 줄 수 있다.

표 7-1 과자류의 물성 측정 방법

시료	측정장치	측정 방법	측정 예시
비스킷, 쿠키, 크래커 등	텍스처 분석기 (texture analyzer)	휨-스냅핑 시험 (bending and snapping test)	
		뚫기 시험 (puncture test)	

(2) 캔디류

캔디류 중 양갱 및 젤리와 같이 젤gel 형태의 시료는 텍스처 프로파일 분석TPA 또는 뚫기 시험을 사용하여 물성을 분석할 수 있다. 칼 또는 쿠키 커터cookie cutter 등을 사용하여 일정한 형태로 만들 수 있을 경우 일반적으로 TPA로 측정할 수 있다. 또는, 시료가 굳기 전에 일정한 형태의 틀mould에 녹은 시료를 넣어 굳힌 다음 뚫기 시험을 할 수 있다. 후자

표 7-2 캔디류의 물성 측정 방법

시료	측정장치	측정 방법	측정 예시
젤 형태 식품	텍스처 분석기 (texture analyzer)	텍스처 프로파일 분석 (texture profile analysis)	
		뚫기 시험 (puncture test)	
	회전형 레오미터 (rotational rheometer)	진동수 변화 시험 (frequency sweep test) 시간 변화 시험 (time sweep test)	

의 경우 젤 시료가 담긴 용기보다 충분히 작은 프로브probe를 사용하여야 한다. 또한, 시료가 굳기 전에 회전형 레오미터rotational rheometer의 프로브 사이에 넣은loading 다음 점탄성을 측정하여 젤화되는 특성을 분석하기도 한다.

2) 빵 또는 떡류

밀가루, 쌀가루, 찹쌀가루, 감자가루 또는 전분이나 기타 곡분 등을 주원료로 다른 식품 또는 식품첨가물을 가하여 가공한 것으로 빵류(식빵, 케이크, 카스텔라, 도넛, 피자, 파이, 핫도그 등), 떡류, 만두류가 해당한다.

(1) 빵류

① 식빵

식빵은 대부분 TPA 방법을 통해 물성을 분석하고 있다. TPA도 일종의 압축 시험compression test이기 때문에 프로브가 사용하는 식빵 시료보다 커야 한다. 하지만, 일반적

표 7-3 빵의 물성 측정 방법

시료	측정장치	측정 방법	측정 예시
식빵	텍스처 분석기 (texture analyzer)	텍스처 프로파일 분석 (texture profile analysis)	

으로 식빵은 크러스트crust 부분을 가지고 있어 크럼crumb 부분만 측정하기 위하여 일정한 형태로 자르는 것이 중요하다. 하지만, 그 과정에서 식빵 물성이 영향을 받을 수 있기 때문에 식빵을 일정한 두께의 슬라이스slice 형태로만 자르고 그 중앙을 누르는 방법이 용인된다.

② 케이크

베이커리 제품 중 하나인 케이크의 경우 크러스트와 크럼 부분으로 되어 있는데 일반적으로 크럼 부분의 텍스처를 측정한다. 칼 등을 사용하여 직육면체로 만들거나 쿠키 커터 등을 사용하여 원기둥 형태의 일관된 모양으로 만든 다음 TPA, 응력 완화 시험stress relaxation test을 한다. 머핀의 경우에는 케이크처럼 일정한 모양으로 자른 후 TPA를 하거나, 자르지 않고 구형sphere 형태의 프로브를 사용하여 머핀 중앙 부분을 눌러 압축 시험을 하기도 한다.

표 7-4 케이크의 물성 측정 방법

시료	측정장치	측정 방법	측정 예시
케이크	텍스처 분석기 (texture analyzer)	텍스처 프로파일 분석 (texture profile analysis) 응력 완화 시험 (stress relaxation test)	
머핀	텍스처 분석기 (texture analyzer)	압축 시험 (compression test)	

(2) 떡류

떡의 종류에 따라 떡의 텍스처 측정 방법이 달라질 수 있지만 일반적으로 TPA를 통한 물성 측정 방법이 흔히 사용되고 있다. 백설기의 경우 정(직)육면체 형태의 일정한 모양으로 자르거나, 가래떡의 경우 원기둥 또는 정(직)육면체 형태로 자른 후 TPA로 측정한다.

표 7-5 떡류의 물성 측정 방법

시료	측정장치	측정 방법	측정 예시
백설기, 가래떡 등	텍스처 분석기 (texture analyzer)	텍스처 프로파일 분석 (texture profile analysis)	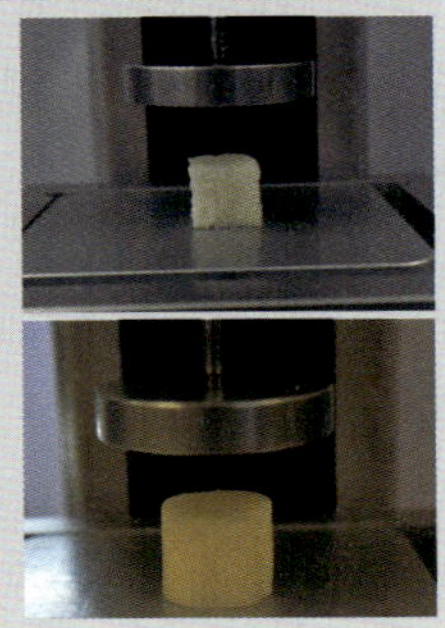

3) 면류

곡분 또는 전분 등을 주원료로 성형, 열처리, 건조 등을 한 것으로 국수, 냉면, 당면, 유탕면류, 파스타류(마카로니, 스파게티 등), 기타 면류(수제비, 만두피 등)가 해당한다. 면은 전 세계적으로 큰 시장을 형성하고 있는 만큼 면의 물성을 분석하기 위한 다양한 방법들이 사용되고 있는데 여기에서는 생면 및 조리면, 건면으로 나누어 설명하고자 한다.

(1) 생면 및 조리면

면의 경우 입안에 넣어 씹던가 아니면 면을 잡아당겨 얼마나 늘어나는지를 살펴봄으로써 물성을 짐작할 수 있다. 따라서, 면의 물성 측정 시 이러한 상황을 모방한 측정 방법들이 흔히 사용되고 있다.

첫 번째 방법은 면 3가닥을 텍스처 분석기 플랫폼platform에 일정한 간격으로 나란히 놓은 후 평판 형태의 프로브를 사용하여 압축 시험 또는 TPA를 실시한다. TPA 시 주의해야 할 것은 사용하는 프로브 끝이 날카로운 경우 절단력이 가해져 시료 고유의 탄력성을 잃어버릴 수 있기 때문에 시료와 닿는 면이 평평한 프로브rectangle flat probe를 사용한다.

끝이 날카로운 나이프 형태의 프로브를 사용할 때에는 TPA가 아닌 한 번만 누르는 한 번 씹기 시험one-bite test을 해야 한다.

두 번째 방법으로는 면을 스파게티/면 인장 리그spaghetti/noodle tensile rig에 감아 고정한 후 이를 잡아당겨 최대 힘 값 및 늘어난 거리를 측정한다. 면을 감아 고정할 때 면 자체에 손상을 줄 수 있어 스파게티와 같이 비교적 단단하고 두꺼운 면의 경우에 적합하다.

쌀면이나 굵기가 얇은 면의 경우처럼 면 가닥의 강도가 약한 경우 물성의 측정이 용이하지 않다. 이럴 경우 키퍼 반죽 및 글루텐 신장성 리그Kieffer dough and gluten extensibility rig를 쓰면 비교적 용이하게 신장 특성tensile property을 측정할 수 있다. 그 결과 면을 잡아당겨 끊

표 7-6 생면 및 조리면의 물성 측정 방법

시료	측정장치	측정 방법	측정 예시
칼국수	텍스처 분석기 (texture analyzer)	텍스처 프로파일 분석 (texture profile analysis)	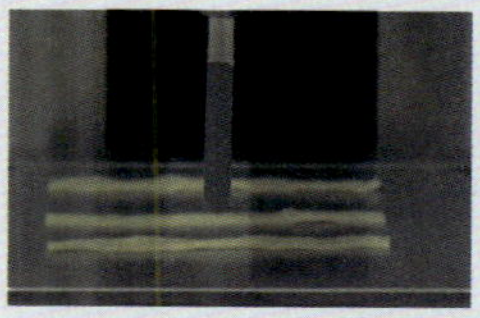
		인장 시험 (tensile test(noodle loop tensile))	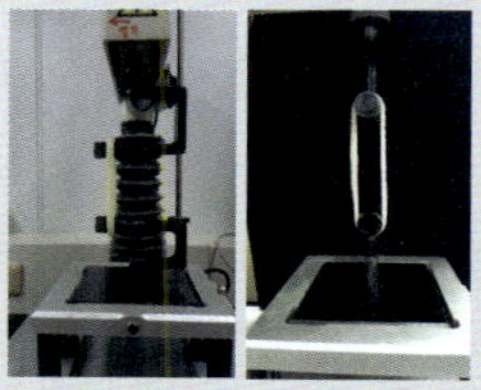
스파게티	텍스처 분석기 (texture analyzer)	인장 시험 (tensile test(spaghetti/noodle tensile rig))	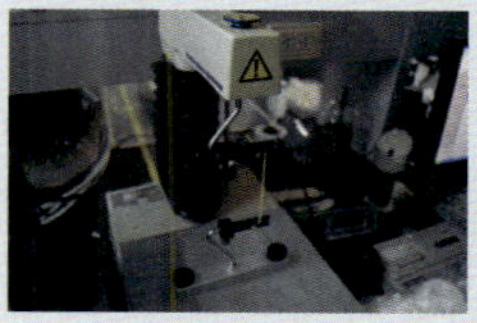
쌀면	텍스처 분석기 (texture analyzer)	인장 시험 (tensile test(Kieffer dough and gluten extensibility rig))	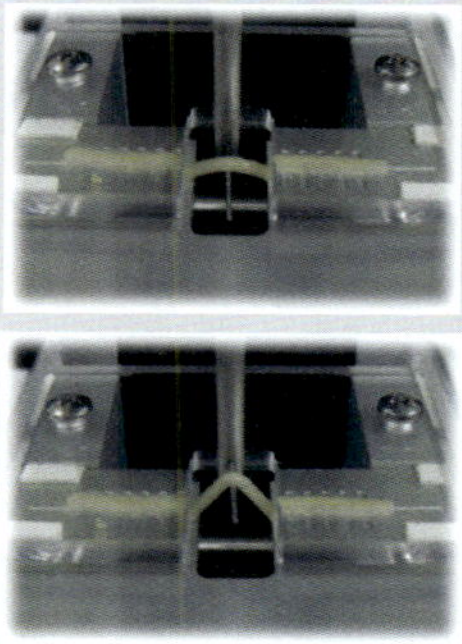

어뜨리는 데 필요한 최대 힘 값maximum resistance to extension과 신장 거리extensibility 값을 얻을 수 있다.

마지막 방법은 면 반죽을 시트sheet 형태로 만들 수 있는 경우 반죽 시트를 지름이 다른 쿠키 커터 등을 사용하여 고리ring 형태로 된 면을 만들고 그것을 면 루프 인장 리그noodle loop tensile rig에 걸고 잡아당겨 끊어질 때의 힘 값 및 거리를 측정한다.

생면 및 조리면의 물성을 측정할 경우 측정 기기 또는 측정 방법보다는 면 시료 자체의 특성에서 기인한 오류가 많이 발생할 수 있다. 따라서, 가능한 한 시료가 균일하도록 해야 하며 특히, 측정 기기에 면 가닥을 올려놓을 때 면에 손상이 가지 않도록 많은 신경을 써야 한다. 아울러, 인장 시험tensile test에서 면 가닥을 잡아당길 때 측정 기기에 고정된 부분이 끊어질 수 있기 때문에 면 중간 부분이 끊어지도록 해야만 비교적 정확하고 일관된 물성 결과를 얻을 수 있다.

(2) 건면

건면의 경우 가장 중요한 품질 특성 중에 하나가 유통 및 저장 중 물리적 충격을 받았을 경우 이를 잘 버티고 부서지지 않아야 한다. 이러한 특성을 측정하기 위하여 휨-스냅핑 시험 또는 압축 시험을 통하여 부러질 때의 파괴력breaking force을 측정할 수 있다.

표 7-7 건면의 물성 측정 방법

시료	측정장치	측정 방법	측정 예시
메밀면	텍스처 분석기 (texture analyzer)	휨-스냅핑 시험 (bending and snapping test)	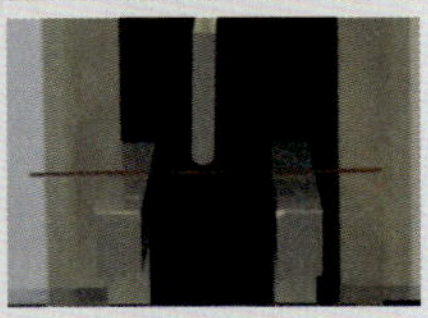
스파게티	텍스처 분석기 (texture analyzer)	압축 시험 (compression test (spaghetti snap fixture))	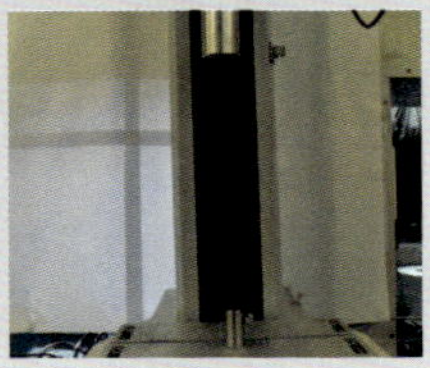

4) 밥류

우리나라 주식으로서 밥류에 대한 중요성은 매우 크지만 밥류의 물성을 객관적으로 측정하는 것은 현재로서는 매우 어려운 실정이다. 특히, 쌀 이외에 보리, 콩, 나물 등 다양한 식재료가 혼합되어 그 조성이 불균일하고 알갱이 형태로 되어 있어 일정한 모양으로 만들기 어렵다. 따라서, 제한적으로 흰쌀밥류의 물성을 텍스처 분석기로 분석한 사례만 보고되고 있다. 이 경우 일정량의 밥을 원기둥 형태로 만들거나 일정 개수의 밥알을 압축 시험을 하는 방법이 시도되고 있는 실정이다. 그 이외에도 밥류가 알갱이 형태이기 때문에 크래머 전단 용기Kramer shear cell을 활용한 물성 측정이 가능하다.

5) 밀가루류

식용 밀을 사용하여 선별, 가수, 분쇄, 분리 등의 과정을 거쳐 얻은 분말 또는 이것에 식품 또는 식품첨가물을 가한 것으로 밀가루, 영양강화밀가루, 기타 밀가루 등이 여기에 해당한다. 밀가루류는 분말 상태에서 물을 첨가한 다음 혼합 과정 동안의 물성을 분석하거나 반죽을 만든 후 그 반죽 자체의 물성을 측정한다.

(1) 분말 상태

분말 상태의 밀가루 경우 물을 첨가하여 혼합하면서 '6.3. 식품 물성 측정장치'에서 언급하였듯이 패리노그래프farinograph, 믹소그래프mixograph, 믹소랩mixolab, 신속 점도계rapid visco-analyzer, 아밀로그래프amylograph 등을 사용하여 물성을 분석할 수 있다. 특히, 신속점도계, 아밀로그래프의 경우에는 밀가루 이외에 전분류(전분질 원료를 사용하여 마쇄, 사별, 분리 등의 과정을 거쳐 얻은 분말) 분석 시 널리 이용된다.

(2) 반죽 상태

밀가루류를 물과 혼합하여 반죽을 만드는데 빵이나 수제비 반죽과 같이 수분 함량이 적어 고체 상태의 반죽을 도우dough라고 하고, 케이크, 머핀 등의 반죽 또는 고구마 튀김, 돈가스 등 유탕 식품 표면에 입히는 반죽은 액상 형태로서 이를 배터batter라고 한다. 도우의 경우에는 '6.3. 식품 물성 측정장치'에서 언급하였듯이 엑스텐소그래프extensograph, 알비오그래프alveograph를 사용하여 물성을 분석할 수도 있고, 텍스처 분석기를 사용하여 압축 시험, 인장 시험을 하거나 회전형 레오미터를 사용하여 점탄성을 측정하기도 한다. 특히, 회전형 레오미터 사용 시 미끄러짐slippage 현상을 방지하기 위하여 표면이 거칠하거나 홈이 파인 평판serrated plate을 이용한다.

표 7-8 밀가루 반죽의 물성 측정 방법

시료	측정장치	측정 방법	측정 예시
빵 반죽	엑스텐소그래프 (extensograph)	-	 
	알비오그래프 (alveograph)	-	 
만두피	텍스처 분석기 (texture analyzer)	압축 시험 (compression test)	 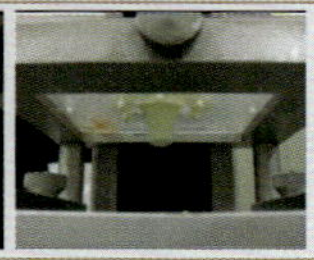
압연면 반죽	회전형 레오미터(rotational rheometer)	진동수 변화 시험 (frequency sweep test) 시간 변화 시험 (time sweep test) 온도 변화 시험 (temperature sweep test)	 

표 7-9 액상반죽의 물성 측정 방법

시료	측정장치	측정 방법	측정 예시
케이크 반죽	보스트윅 점도계 (Bostwick consistometer)	-	 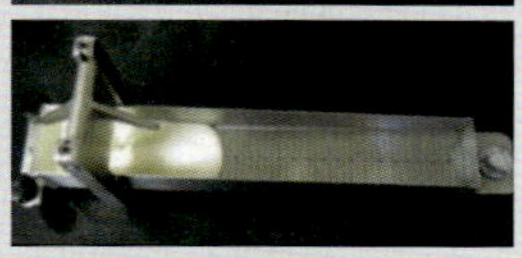
	회전형 레오미터 (rotational rheometer)	진동수 변화 시험 (frequency sweep test)	
튀김용 반죽	텍스처 분석기 (texture analyzer)	인장 시험 (tensile test)	   

액상 반죽의 경우에는 보스트윅 점도계Bostwick consistometer, 브룩필드Brookfield 점도계를 사용하여 점도를 측정하거나 회전형 레오미터를 사용하여 점도 및 점탄성을 측정할 수 있다. 아울러, 튀김용 액상 반죽의 경우 식품에 얼마나 잘 달라붙어 있는지를 나타내는 부착성을 측정하기 위해서 텍스처 분석기의 인장 시험 조건을 응용할 수도 있다.

6) 시리얼류

곡류를 주원료로 하여 비타민류 및 무기질류를 강화, 가공한 것으로 필요에 따라 채소, 과일, 견과류 등을 넣어 제조, 가공한 것을 일컫는다. 시리얼의 경우 제6장의 그림 6-17에서 보여 주듯이 크래머 전단 용기Kramer shear cell를 사용하여 측정할 수 있다.

7.2. 콩류 식품의 물성

1) 두부류

두부류는 콩류를 주원료로 하여 얻은 두유액을 응고시켜 제조, 가공한 것으로 두부, 전두부, 유바, 가공두부가 있다. 일반적으로 두부의 경우 비교적 부드러운 물성을 가지고 있어 칼 등으로 정(직)육면체로 자른 후 TPA를 실시하고 있다. 압착 두부의 경우 압착포와 닿는 표면이 속부분과 다를 수 있기 때문에 표면을 제거하여 시료를 준비하는 것이 일관된 결과를 얻는 데 도움이 될 수 있다.

표 7-10 두부류의 물성 측정 방법

시료	측정장치	측정 방법	측정 예시
두부	텍스처 분석기 (texture analyzer)	텍스처 프로파일 분석 (texture profile analysis) 응력 완화 시험 (stress relaxation test)	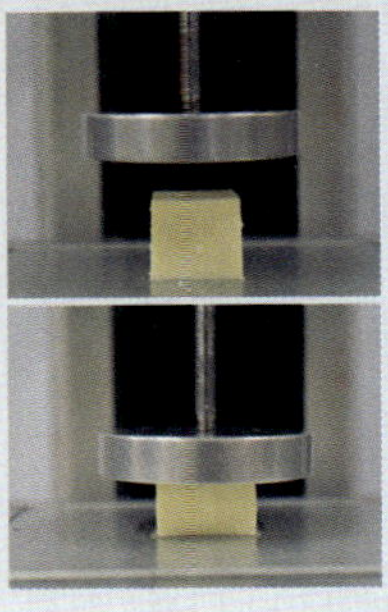

『식품공전』에서는 묵류(전분질이나 다당류를 주원료로 하여 제조한 것)의 경우 두부류 및 묵류로 같이 분류하고 있는데 묵류의 물성 분석 시 두부류와 같은 방법을 사용할 수도 있지만, 캔디류의 양갱 및 젤리처럼 텍스처 분석기, 회전형 레오미터를 사용하여 물성을 분석할 수도 있다.

2) 장류

장류는 동식물성 원료에 누룩균 등을 배양하거나 메주 등을 주원료로 하여 식염 등을 섞어 발효, 숙성시킨 것을 제조, 가공한 것이다. 메주, 한식간장, 양조간장, 산분해간장, 효소분해간장, 혼합간장, 한식된장, 된장, 조미된장, 고추장, 조미고추장, 춘장, 청국장, 혼합장 등이 여기에 해당한다. 현재까지 장류의 물성 평가는 기계적 측정 방법보다는 관능평가 위주로 이루어지고 있는 실정이다. 고추장, 된장 등의 경우 페이스트 형태와 유사하기 때문에 회전형 레오미터를 활용하여 이들 시료의 점도 또는 점탄성을 측정한다. 또는, 일정량을 용기에 넣어 표면을 평평하게 한 다음 구sphere 형태의 프로브를 사용하여 압축시험을 하거나 일정량의 시료를 물과 혼합하여 브룩필드 점도계로 점도를 측정한 방법들이 보고되고 있다.

7.3. 축산물 가공 식품의 물성

축산물 가공 식품의 경우 「축산물위생관리법」에 근거한 '축산물의 가공기준 및 성분규격'에 의해 관리된다.

1) 유가공품

유가공품이라 함은 원유 또는 유가공품을 원료로 하여 가공한 우유류, 저지방우유류, 무지방우유류, 유당분해우유, 가공유류, 산양유, 발효유류, 버터유류, 농축유류, 유크림류, 버터류, 치즈류, 분유류, 유청류, 유당, 유단백가수분해 식품, 조제유류, 아이스크림류, 아이스크림 분말류, 아이스크림 믹스류 등의 제품을 말한다.

(1) 발효유류

발효유류라 함은 원유 또는 유가공품을 유산균, 효모로 발효시킨 것이나, 이에 다른 식품 또는 식품첨가물 등을 위생적으로 첨가한 것을 가리킨다. 특히, 발효유의 일종으로서

표 7-11 발효유류의 물성 측정 방법

시료	측정장치	측정 방법	측정 예시
요구르트	회전형 레오미터(rotational rheometer)	전단속도 변화 시험 (shear rate sweep test) 진동수 변화 시험 (frequency sweep test)	
	텍스처 분석기 (texture analyzer)	뚫기 시험 (Puncture test)	
	브룩필드 점도계 (Brookfield viscometer)	-	
	보스트윅 점도계 (Bostwick consistometer)	-	

우유류에 유산균을 접종, 발효시켜 만든 요구르트yogurt, yoghurt의 경우 텍스처 분석기, 회전형 레오미터, 브룩필드 점도계 및 보스트윅 점도계를 사용하여 물성을 측정하고 있다. 특히, 텍스처 분석기로 뚫기 시험을 할 때에는 용기 크기가 프로브에 비하여 작으면 벽 효과wall effect가 작용할 수 있어 용기 지름이 프로브 지름보다 3배 이상 커야 한다. 즉, 지름 20 mm 프로브를 사용 시 요구르트 시료는 지름 60 mm 이상의 용기에 담아야 한다.

(2) 치즈류

축산물별 기준 및 규격에 의하면 자연치즈는 원유 또는 유가공품에 유산균, 단백질 응유효소, 유기산 등을 가하여 응고시킨 후 유청을 제거하여 제조한 것을 의미하며, 가공치즈는 자연치즈를 원료로 하여 이에 다른 식품 또는 식품첨가물 등을 가한 후 유화시켜 가공한 것이거나 자연치즈에 속하지 아니하는 치즈로 총 유고형분 중 자연치즈에서 유래한 유고형분이 50% 이상인 것을 말한다. 치즈는 종류 및 형태가 워낙 많아서 다양한 물성 측정법이 사용될 수 있는데, 그림 7-1은 치즈 강도에 따라 적용 가능한 물성학적 방법을 보여 주고 있다. 일반적으로 크림치즈cream cheese와 같은 연질 치즈의 경우 회전형 레오미터를 사용하여 점탄성을 측정하거나 텍스처 분석기에서 원뿔cone 형태의 프로브를 사용하여 퍼짐성spreadability을 측정할 수 있다. 체더치즈cheddar cheese와 같은 경질 치즈의 경우 텍스처 분석기를 사용하여 TPA, 응력 완화 시험을 실시할 수 있다.

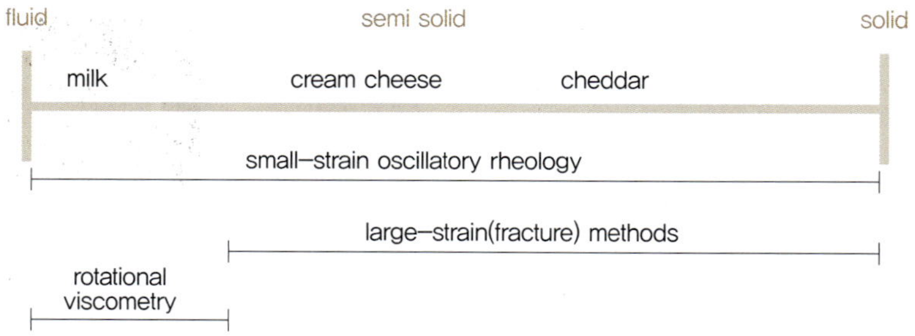

그림 7-1 치즈 강도에 따른 물성 측정 방법

표 7-12 치즈류의 물성 측정 방법

시료	측정장치	측정 방법	측정 예시
크림치즈	회전형 레오미터 (rotational rheometer)	진동수 변화 시험 (frequency sweep test) 온도 변화 시험 (temperature sweep test)	
	텍스처 분석기 (texture analyzer)	뚫기 시험 [puncture test(spreadability cone probe and fixture)]	
체더치즈	텍스처 분석기 (texture analyzer)	텍스처 프로파일 분석 (texture profile analysis) 응력 완화 시험 (stress relaxation test)	 

(3) 버터류

버터류는 원유, 우유류 등에서 유지방분을 분리한 것이나, 발효시킨 것을 그대로 또는 이에 식품이나 식품첨가물을 가하고 교반하여 연압 등 가공한 것을 말한다. 버터류의 물성은 '7.4. 유지 식품의 물성'에서 (반)고체 상태의 유지 물성 측정에서 설명하기로 한다.

2) 식육 가공품

식육 가공품이라 함은 식육 또는 식육 가공품을 원료로 하여 가공한 햄류, 소시지류, 베이컨류, 건조 저장육류, 양념육류, 분쇄 가공 육제품, 갈비 가공품, 식육 추출 가공품, 식용 우지, 식용 돈지 등을 가리킨다.

(1) 햄류

햄류라 함은 식육을 부위에 따라 분류하여 정형 염지한 후 숙성, 건조하거나 훈연 또는 가열 처리한 것이거나, 식육의 육괴에 다른 식품 또는 식품첨가물을 첨가한 후 숙성, 건조하거나 훈연 또는 가열 처리하여 가공한 것을 말한다. 햄의 경우 정(직)육면체 또는 원기둥 모양의 일정한 형태로 자른 다음 텍스처 분석기로 TPA, 절단전단 시험cutting-shear test을 실시한다.

표 7-13 햄류의 물성 측정 방법

시료	측정장치	측정 방법	측정 예시
햄	텍스처 분석기 (texture analyzer)	텍스처 프로파일 분석 (texture profile analysis) 응력 완화 시험 (stress relaxation test)	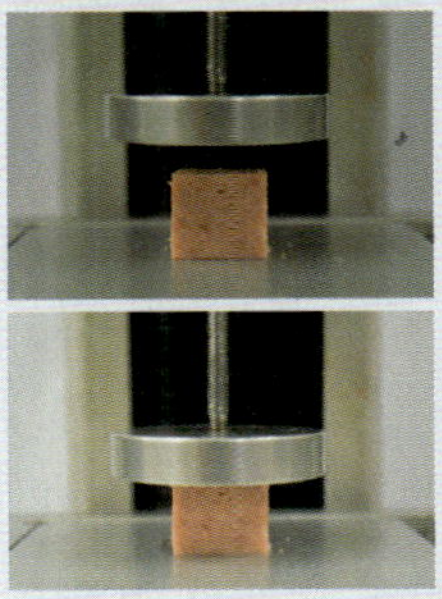
		절단전단 시험 [cutting shear test(rectangular blade, Warner-Bratzler blade)]	

(2) 소시지류

소시지류라 함은 식육을 염지 또는 염지하지 않고 분쇄하거나 잘게 갈아낸 것이나, 식육에 다른 식품 또는 식품첨가물을 첨가한 후 훈연 또는 가열 처리한 것이거나, 저온에서 발효시켜 숙성 또는 건조 처리한 것을 말한다(육 함량 70% 이상, 전분 10% 이하의 것).

표 7-14 **햄류의 물성 측정 방법**

시료	측정장치	측정 방법	측정 예시
소시지	텍스처 분석기 (texture analyzer)	텍스처 프로파일 분석 (texture profile analysis)	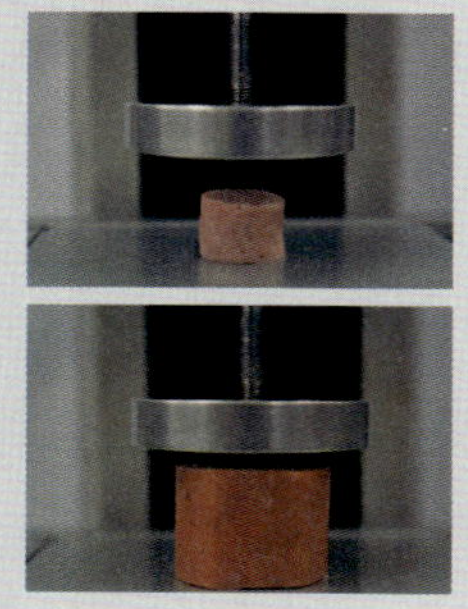
		절단전단 시험 〔cutting shear test(rectangular blade, Warner-Bratzler blade)〕	

7.4. 유지 식품의 물성

1) 식용유지류

유지를 함유한 식물 또는 동물로부터 얻은 원유 또는 이를 원료로 하여 제조, 가공한 것으로 콩기름, 옥수수기름, 채종유, 미강유, 참기름, 들기름, 홍화유, 해바라기유, 목화씨기름, 땅콩기름, 올리브유, 팜유류, 야자유, 혼합식용유, 가공유지, 쇼트닝, 마가린, 고추씨기름, 향미유 등이 여기에 해당한다.

(1) 액체 상태의 유지

콩기름, 옥수수기름 등 식물성 유래 유지들은 액체 상태이기 때문에 대부분의 경우 점도를 측정한다. '4.3. 유체의 점도 특성'에서 언급하였듯이 식물성 유지는 뉴턴 유체

표 7-15 식용유지류의 물성 측정 방법

시료	측정장치	측정 방법	측정 예시
식물성 유지	브룩필드 점도계 (Brookfield viscometer)	-	 
	회전형 레오미터 (rotational rheometer)	전단속도 변화 시험 (shear rate sweep test) 온도 변화 시험 (temperature sweep test)	

Newtonian fluid에 가깝기 때문에 회전형 점도계 등을 사용하여 점도를 측정할 수 있다.

(2) (반)고체 상태의 유지

버터, 마가린, 쇼트닝과 같은 고체 상태의 유지는 일정한 항복응력을 가지고 그 이상의 힘을 받으면 유동성을 갖게 되는데 즉, 가소성plasticity을 가지고 있어 회전형 레오미터를 사용하여 항복응력을 측정하거나, 온도를 변화시킴으로써 상 변화에 따른 점도 또는 점탄성을 측정할 수 있다. 아울러, 상온의 고체 상태에서 뚫기 시험을 통하여 최대 힘 값을 측정하기도 한다. 또한 빵에 바를 때의 퍼짐성을 측정하기 위하여 원뿔 형태의 퍼짐성 프로브spreadability probe를 사용하여 퍼짐성을 측정한다(표 7-16).

2) 드레싱류(마요네즈)

드레싱류는 식용유, 식초 등을 주원료로 하여 식염, 당류, 향신료, 알류 또는 식품첨가물을 가하고 유화시키거나 분리 액상으로 제조한 것 또는 이에 채소류, 과일류 등을 가한 것으로 식품의 풍미를 돋우기 위한 목적으로 사용되는 드레싱, 마요네즈가 여기에 해당한다. 이 중에서 유지 식품에 속하는 마요네즈는 식용유를 주원료로 만들어지는 반고체 식품으로서 케첩과 마찬가지로 회전형 레오미터를 사용하여 점도 및 점탄성을 측정할 수 있다. 특히, 마요네즈는 항복응력yield stress을 가지고 있어 점도 측정 시 이를 고려할 수 있다. 텍스처 분석기를 사용한 후방 압출 시험back extrusion test을 통하여 마요네즈의 물성을 분석하는 방법도 보고되고 있다(표 7-17).

표 7-16 고체 유지류의 물성 측정 방법

시료	측정장치	측정 방법	측정 예시
버터	회전형 레오미터 (rotational rheometer)	전단속도 변화 시험 (shear rate sweep test) 진동수 변화 시험 (frequency sweep test) 온도 변화 시험 (temperature sweep test)	
	텍스처 분석기 (texture analyzer) 페네트로미터 (penetrometer)	뚫기 시험 (puncture test) 압축 시험 〔compression test(spreadability cone probe and fixture)〕	  
		절단전단 시험 〔cutting-shear test (wire blade)〕	

표 7-17 드레싱류(마요네즈)의 물성 측정 방법

시료	측정장치	측정 방법	측정 예시
드레싱, 마요네즈 등	회전형 레오미터 (rotational rheometer)	전단속도 변화 시험 (shear rate sweep test) 진동수 변화 시험 (frequency sweep test)	
	브룩필드 점도계 (Brookfield viscometer)	-	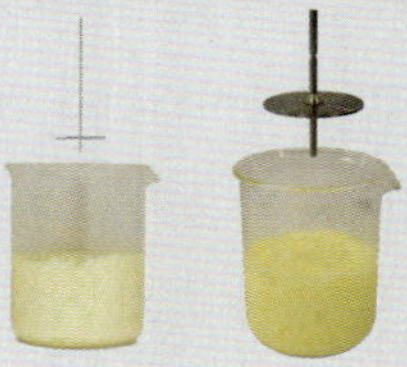

7.5. 과채류 식품의 물성

1) 토마토케첩

조미 식품에 속하는 토마토케첩은 토마토 또는 토마토 농축물(가용성 고형분 25% 기준으로 20% 이상이어야 함)을 주원료로 하여 이에 당류, 식초, 식염, 향신료, 구연산 등을 가하여 제조한 것이다. 토마토케첩의 경우 회전형 레오미터를 사용하여 점도 또는 점탄성을 측정하거나 텍스처 분석기를 사용하여 전방/후방 압출 시험forward/back extrusion test을 하기도 한다.

표 7-18 **토마토케첩의 물성 측정 방법**

시료	측정장치	측정 방법	측정 예시
토마토 케첩	회전형 레오미터 (rotational rheometer)	전단속도 변화 시험 (shear rate sweep test) 진동수 변화 시험 (frequency sweep test)	
	브룩필드 점도계 (Brookfield viscometer)	-	
	보스트윅 점도계 (Bostwick consistometer)	-	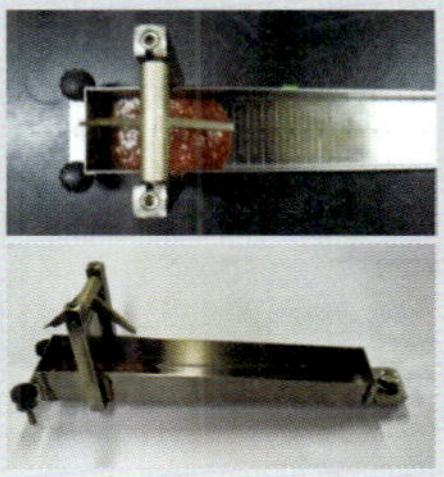

2) 잼류

과일류 또는 채소류를 당류 등과 함께 젤리화 또는 시럽화한 것으로 잼, 마멀레이드 등이 해당한다. 잼류의 경우 회전형 레오미터를 사용하여 항복응력, 점도, 점탄성을 분석하거나 텍스처 측정기를 사용하여 원기둥 형태의 프로브가 시료 표면으로부터 일정한 거리만큼 들어가도록 누르는 뚫기 시험을 수행한다. 또한 잼을 빵에 바를 때 퍼짐성을 측

표 7-19 잼류의 물성 측정 방법

시료	측정장치	측정 방법	측정 예시
잼	회전형 레오미터 (rotational rheometer)	전단속도 변화 시험 (shear rate sweep test) 진동수 변화 시험 (frequency sweep test)	
	텍스처 분석기 (texture analyzer)	뚫기 시험 (puncture test)	
		압축 시험 〔compression test(spreadability cone probe and fixture)〕	

정하기 위하여 원뿔 형태의 퍼짐성 프로브를 사용하여 퍼짐성을 측정한다.

7.6. 그 외 식품의 물성

1) 어육 가공품

어육을 주원료로 식품 또는 식품첨가물을 가하여 제조, 가공한 것으로 어묵, 어육소시지, 어육반제품, 어육살, 연육 등이 해당한다. 특히, 소금(2～3%)을 넣어 갈은 점성이 있는 졸sol 형태의 어육으로 다양한 연제품의 원료로 사용되는 고기풀surimi과, 이 고기풀에 식품(소금, 녹말, 조미료 등)을 넣고 반죽하여 익히거나 기름에 튀기거나 말린 어묵의 경우 그 물성을 측정하기 위한 다양한 방법이 시도되었다. 어육 가공품의 경우 탄력적 특성이 중요한 물성으로 중요시되기 때문에 회전형 레오미터를 이용하여 점탄성을 측정하거나 텍스처 분석기의 응력 완화 시험, 파괴 시험, TPA 방법이 많이 이용되고 있다. 특히, 뚫기 시험의 경우 어묵을 원통형으로 굳힌 후 구sphere 형태의 프로브를 사용하여 파괴력breaking force과 파괴 거리breaking distance를 측정하는 방법이 보고되고 있다.

2) 코코아 가공품류 또는 초콜릿류

코코아 가공품류 또는 초콜릿류라 함은 테오브로마 카카오의 열매로부터 얻은 코코아 매스, 코코아버터, 코코아분말 등이거나 이에 식품 또는 식품첨가물을 가하여 가공한 초콜릿, 스위트초콜릿, 밀크초콜릿, 패밀리밀크초콜릿, 화이트초콜릿, 준초콜릿, 초콜릿 가공품을 말한다. 이 중에서 초콜릿은 코코아 원료에 식품 또는 식품첨가물 등을 가하여 가공한 것으로서 코코아 고형분 함량 35% 이상(코코아버터 18% 이상, 무지방 코코아 고형분 14% 이상)인 것을 말한다. 초콜릿의 물성은 녹은 상태에서와 굳은 상태에서 모두 측정할 수 있는데 녹은 상태에서는 회전형 레오미터를 사용하여 전단속도 변화 시험shear rate sweep test을 하여 점도를 측정한다. 이때에는 40도에서 실시하며 '4.4. 유체 점도의 구성 방정식'에서 언급하였듯이 점도 모델식 중 카슨Casson 식을 구성 방정식으로 사용할 수 있다. 굳은 상태에서의 초콜릿은 텍스처 분석기를 사용하여 뚫기 시험 또는 휨-스냅핑 시험을 실시한다.

표 7-20 초콜릿의 물성 측정 방법

시료	측정장치	측정 방법	측정 예시
초콜릿	회전형 레오미터 (rotational rheometer)	전단속도 변화 시험 (shear rate sweep test)	
	텍스처 분석기(texture analyzer)	뚫기 시험 (puncture test)	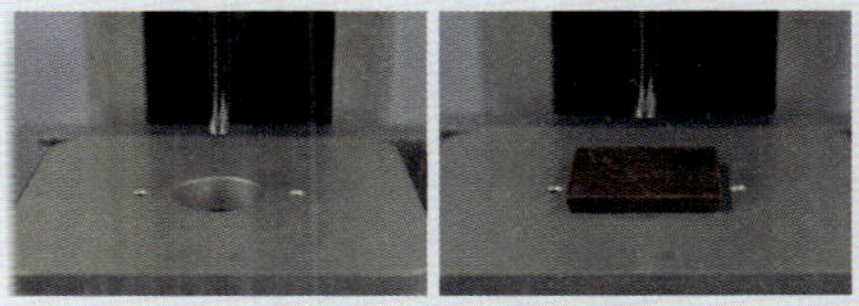
		휨-스냅핑 시험 (bending and snapping test)	

- 식품의 물성을 측정하는 공인 방법은 없지만 학문적, 산업적 필요성에 의하여 다양한 식품군마다 보편적으로 사용되는 물성 측정 방법들이 존재한다.
- 과자류는 휨-스냅핑 시험bending and snapping test 또는 뚫기 시험puncture test 등을 통하여 얻어진 힘-거리(또는 시간) 곡선의 최고 힘 값maximum force으로부터 경도hardness, 단단함firmness, 파괴 세기breaking strength 값을 구할 수 있다.
- 양갱 및 젤리와 같이 젤gel 형태의 캔디류는 텍스처 프로파일 분석TPA 또는 뚫기 시험을 통하여 물성을 분석할 수 있으며 회전형 레오미터를 사용하여 점탄성 측정을 통한 젤화 특성 분석도 가능하다.
- 빵류, 떡류, 두부류의 경우 텍스처 프로파일 분석 및 응력 완화 시험을 통한 물성 분석이 흔히 이루어지고 있다.
- 생면 및 조리면의 경우 압축 시험compression을 하거나 스파게티/면 인장 리그spaghetti/noodle tensile rig, 키퍼 반죽 및 글루텐 신장성 리그Kieffer dough and gluten extensibility rig, 면 루프 인장 리그noodle loop tensile rig를 사용하여 인장 특성을 측정할 수 있다. 건면의 경우 휨-스냅핑 시험, 압축 시험을 통한 파괴력breaking force을 측정한다.
- 분말 상태의 밀가루류는 패리노그래프farinograph, 믹소그래프mixograph, 믹소랩mixolab, 신속 점도계rapid visco-analyzer, 아밀로그래프amylograph를 활용할 수 있으며, 반죽 형태의 경우 엑스텐소그래프extensograph, 알비오그래프alveograph 및 텍스처 분석기(압축 시험, 인장 시험), 회전형 레오미터(점탄성)를 사용하여 물성을 분석한다.
- 발효유류는 텍스처 분석기를 활용한 뚫기 시험 이외에도 점도 측정을 위해 회전형 레오미터, 브룩필드 점도계, 보스트윅 점도계 등이 활용된다.
- 연질 치즈는 회전형 레오미터를 사용하여 점탄성을 측정하거나 텍스처 분석기에서 원뿔cone 형태의 프로브를 사용하여 퍼짐성spreadability을 측정할 수 있다. 경질 치즈의 경우 텍스처 분석기를 사용하여 텍스처 프로파일 분석 및 응력 완화 시험을 실시할 수 있다.
- 식육 가공품 중 햄류와 소시지류는 텍스처 분석기로 텍스처 프로파일 분석, 워너-블래츨러 전단 날Warner-Bratzler shear blade을 활용한 절단전단 시험cutting-shear test을 수행할 수 있다.
- 액체 상태의 식용유지는 브룩필드 및 회전형 점도계를 사용하여 점도를 측정하며, 가소성plasticity을 가지고 있는 (반)고체 유지(버터, 마가린, 쇼트닝 등)는 회전형 레오미터를 사용하여 점도 또는 점탄성을 측정할 수 있고 텍스처 분석기를 활용하여 퍼짐성을 측정한다.
- 드레싱류(마요네즈), 케첩은 회전형 레오미터를 활용하여 점도 및 점탄성을 측정할 수 있으며 브룩필드 또는 보스트윅 점도계 등을 사용하여 점도를 측정한다. 잼류의 경우 회전형 레오미터를 사용하여 항복 응력, 점도, 점탄성을 분석하거나 텍스처 측정기를 사용한 뚫기 시험을 수행한다. 또한 원뿔 형태의 프로브를 사용하여 퍼짐성을 측정한다.
- 초콜릿류는 텍스처 분석기를 사용하여 뚫기 시험 또는 휨-스냅핑 시험을 통하여 물성을 분석할 수 있고 아울러, 40도의 녹은 상태에서 회전형 레오미터를 사용하여 점도를 측정하여 카슨Casson 구성 방정식에 적용할 수 있다.

참고문헌

식품의약품안전처. 식품공전, 식품의약품안전처 (2016)

윤정로, 김석신, 김용노, 목철균, 최영진. 식품물리학. 시그마프레스 (2011)

한국식품과학회. 식품과학용어사전. 광일출판사 (2005)

Amatayakul T, Halmos AL, Sherkat F, Shah NP. Physical characteristics of yoghurts made using exopolysaccharide-producing starter cultures and varying casein to whey protein ratios. ***Int. Dairy J.***, 16: 40-51 (2006)

Awad S, Hassan AN, Muthukumarappan K. Application of exopolysaccharide-producing cultures in reduced-fat Cheddar cheese: texture and melting properties. ***J. Dairy Sci.***, 88: 4204-4213 (2005)

Bayod E, Willers EP, Tornberg E. Rheological and structural characterization of tomato paste and its influence on the quality of ketchup. ***LWT-Food Sci. Technol.***, 41: 1289-1300 (2008)

Bourne M. ***Food Texture and Viscosity: Concept and Measurement***. Academic Press, San Diego, California, USA. (2002)

Borwankar RP. Food texture and rheology: a tutorial review. ***J. Food Eng.***, 16(1): 1-16 (1992)

Brighenti M, Govindasamy-Lucey S, Lim K, Nelson K, Lucey JA. Characterization of the rheological, textural, and sensory properties of samples of commercial US cream cheese with different fat contents. ***J. Dairy Sci.***, 91: 4501-4517 (2008)

Donkor ON, Nilmini SLI, Stolic P, Vasiljevic T, Shah NP. Survival and activity of selected probiotic organisms in set-type yoghurt during cold storage. ***Int. Dairy J.***, 17: 657-665 (2007)

Duran E, Costell E, Izquierdo L, Duran L. Low sugar bakery jams with gellan gum-guar gum mixtures. Influence of composition on texture. ***Food Hydrocolloid***, 8: 373-381 (1994)

Fischer P, Pollard M, Erni P, Marti I, Padar S. Rheological approaches to food systems. ***C. R. Phys.***, 10: 740-750 (2009)

Foegeding EA, Brown J, Drake M, Daubert CR. Sensory and mechanical aspects of cheese texture. *Int. Dairy J.*, 13: 585-591 (2003)

Gaines CS. Instrumental measurement of the hardness of cookies and crackers. *Cereal Foods World*, 36: 989-996 (1991)

Gunasekaran S, Ak M M. *Cheese Rheology and Texture.* CRC Press, NY, USA. (2002)

Graham B. Crosbie and Andrew S. Ross. *The RVA Handbook.* American Association of Cereal Chemists, St. Paul, MN, USA. (2007)

Guinard JX, Mazzucchelli R. Effects of sugar and fat on the sensory properties of milk chocolate: descriptive analysis and instrumental measurements. *J. Sci. Food Agric.*, 79: 1331-1339 (1999)

Hamed Faridi. *Rheology of Wheat Products.* American Association of Cereal Chemists, St. Paul, MN, USA. (1985)

Hamed Faridi, Jon M. Faubion. *Dough Rheology and Baked Product Texture.* Van Nostrand Reinhold, NY, USA (1990)

Han JA, Lee BH, Lim WJ, Lim ST. Utilization of hydroxypropylated waxy rice and corn starches in korean waxy rice cake to retard retrogradation. *Cereal Chem.*, 82: 88-92 (2005)

Jafarpour A, Gorczyca EM. Rheological characteristics and microstructure of common carp (cyprinus carpio) surimi and kamaboko gel. *Food Biophys.*, 4: 172-179 (2009)

Jan A. Delcour and R. Carl Hoseney. *Principles of Cereal Science and Technology.* American Association of Cereal Chemists, St. Paul, MN, USA. (2013)

Jang WY, Kim BY, Shin DH. Studies on the physical properties of soybean curd stored in the solution of different salt concentration. *J. Korean Soc. Appl. Biol. Chem.*, 38: 135-140 (1995)

Jin T, Sun D, Su JY, Zhang H, Sue HJ. Antimicrobial efficacy of zinc oxide quantum dots against *listeria monocytogenes*, *salmonella enteritidis*, and *escherichia coli* O157: H7. *J. Food Sci.*,74: M46-M52 (2009)

Karel Kulp and Robert Lowew. *Batters and Breadings in Food Processing.* American Association of Cereal Chemists, St. Paul, MN, USA. (1996)

Kim J, Lee SM, Bae IY, Park HG, Gyu Lee H, Lee S. (1-3)(1-6)-β-Glucan-enriched materials from lentinus edodes mushroom as a high-fibre and low-calorie flour substitute for baked foods. *J. Sci. Food Agric.*, 91: 1915-1919 (2011)

Kim J, Kim DN, Lee SH, Yoo, SH, Lee S. Correlation of fatty acid composition of vegetable oils with rheological behaviour and oil uptake. *Food Chem.*, 118: 398-402 (2010)

Koocheki A, Ghandi A, Razavi S, Mortazavi SA, Vasiljevic T. The rheological properties of ketchup as a function of different hydrocolloids and temperature. *Int. J. Food Sci. Tech.*, 44: 596-602 (2009)

Lee GD, Lee JM, Jeong EJ, Jeong YJ. Monitoring on organoleptic properties and rheology with recipe of apple kochujang. *J. Korean Soc. Food Sci. Nutr.*, 29: 1068-1074 (2000)

Lee S, Biresaw G, Kinney MP, Inglett GE. Effect of cocoa butter replacement with a β-glucan-rich hydrocolloid (C-trim30) on the rheological and tribological properties of chocolates. *J. Sci. Food Agric.*, 89: 163-167 (2009)

Liu H, Xu XM, Guo SD. Rheological, texture and sensory properties of low-fat mayonnaise with different fat mimetics. *LWT-Food Sci. Technol.*, 40: 946-954 (2007)

Min B, Bae IY, Lee HG, Yoo SH, Lee S. Utilization of pectin-enriched materials from apple pomace as a fat replacer in a model food system. *Bioresour. Technol.*, 101: 5414-5418 (2010)

Moore MM, Schober TJ, Dockery P, Arendt EK. Textural comparisons of gluten-free and wheat-based doughs, batters, and breads. *Cereal Chem.*, 81 567-575 (2004)

Pons M, Fiszman SM. Instrumental texture profile analysis with particular reference to gelled systems. *J. Texture Stud.*, 27: 597-624 (1996)

Rohm H. Consumer awareness of food texture in Austria. *J. Texture Stud.*, 21: 363-374 (1990)

Schiffman S. Food recognition by the elderly. *J. Gerontol.*, 32: 586-592 (1977)

Schiffman SS, Musante G, Conger J. Application of multidimensional scaling to ratings of foods for obese and normal weight individuals. *Physiol. Behav.*, 21: 417-422 (1978)

Steffe JF. *Rheological Methods in Food Process Engineering*. Freeman press, East Lansing, MI, USA. (1996)

Szczesniak AS, Kleyn DH. Consumer awareness of texture and other food attributes. *Food Technol.*, 17: 74-77 (1963)

Szczesniak AS. Classification of textural characteristics. *J. Food Sci.*, 28: 385-389 (1963)

Singh PP, Jindal VK. Pressure drop estimation in tube flow of non-newtonian fluid foods by neural networks. *J. Food Process Eng.*, 26: 49-65 (2003)

Sit N, Misra S, Baruah D, Badwaik LS, Deka SC. Physicochemical properties of taro and maize starch and their effect on texture, colour and sensory quality of tomato ketchup. *Starch*, 66: 294-302 (2014)

Techaratanakrai B, Nishida M, Igarashi Y, Watanabe M, Okazaki E, Osako K. Effect of setting conditions on mechanical properties of acid-induced kamaboko gel from squid todarodes pacificus mantle muscle meat. *Fish. Sci.*, 77: 439-446 (2011)

Thomas G. Mezger. *The Rheology Handbook*. Vincentz Network, Hanover, Germany. (2014)

Wright AJ, Scanlon MG, Hartel RW, Marangoni AG. Rheological properties of milkfat and butter. *J. Food Sci.*, 66: 1056–1071 (2001)

Yoo B. Rheological properties of hot pepper-soybean paste. *J. Texture Stud.*, 32: 307–318 (2001)

Yoshikawa S, Nishimaru S, Tashiro T, Yoshida M. Collection and classification of words for description of food texture. *J. Texture Stud.*, 1: 443–451 (1970)

찾아보기

저자 소개

이수용

현재 세종대학교 식품공학과 교수

서울대학교 식품공학과 학사

서울대학교 식품공학과 석사

Purdue University 식품공학과 박사

United States Department of Agriculture 박사 후 연구원

Wheat Marketing Center 방문교수

김용노

현재 서울대학교 바이오시스템·소재학부 교수

서울대학교 식품·바이오융합연구소 소장

서울대학교 식품공학과 학사

Purdue University 식품공학과 석사

Purdue University 식품공학과 박사

Purdue University 박사 후 연구원

식품 물성학

2017년 2월 27일 초판 1쇄 발행
2017년 8월 14일 초판 2쇄 발행

지은이 이수용 · 김용노

발행인 이 영 호
발행처 **수 학 사**
06653 서울특별시 서초구 효령로 263
출판등록 1953년 7월 23일 No.16-10
전화번호 02) 584-4642(代) 팩스 02) 521-1458
http://www.soohaksa.co.kr
디자인 북큐브

정가 24,000원

ISBN 978-89-7140-708-0 (93570)